TI 杯全国大学生电子设计竞赛系列教材

电子系统设计
——信号与通信系统篇

王新怀　主　编

周佳社　易运晖　蔡觉平
何先灯　徐　茵　　编　著

电子工业出版社

Publishing House of Electronics Industry

北京·BEIJING

内 容 简 介

本书是全国大学生电子设计竞赛系列教材电子系统设计中的信号与通信系统篇。本书从实用性和先进性出发，介绍信号通信类大量的实用电路，既有理论知识的介绍，又有许多电路设计方法的讲解，还涉及部分现代电路系统设计相关的主题，如无线通信系统、电磁兼容等，最后结合全国大学生电子设计竞赛赛题列举了一些信号与通信系统的设计和制作案例。

本系列教材可作为高等学校电类专业电子系统和综合设计相关课程的教材，也可作为电子信息相关领域创新创业及竞赛活动的培训教材，还可供相关领域的工程技术人员学习、参考。

图书在版编目（CIP）数据

电子系统设计. 信号与通信系统篇 / 王新怀主编；周佳社等编著. —北京：电子工业出版社，2024.3

TI 杯全国大学生电子设计竞赛系列教材

ISBN 978-7-121-36897-4

Ⅰ. ①电… Ⅱ. ①王… ②周… Ⅲ. ①电子系统—系统设计—高等学校—教材 ②信号系统—高等学校—教材 ③通信系统—高等学校—教材 Ⅳ. ①TN02 ②TN911.6 ③TN914

中国版本图书馆 CIP 数据核字（2019）第 123418 号

责任编辑：袁　月
印　　刷：大厂回族自治县聚鑫印刷有限责任公司
装　　订：大厂回族自治县聚鑫印刷有限责任公司
出版发行：电子工业出版社
　　　　　北京市海淀区万寿路 173 信箱　邮编　100036
开　　本：787×1092　1/16　印张：16　字数：409.6 千字
版　　次：2024 年 3 月第 1 版
印　　次：2024 年 3 月第 1 次印刷
定　　价：69.00 元

凡所购买电子工业出版社的图书，如有缺损问题，请向购买书店调换。若书店售缺，请与本社发行部联系，联系及邮购电话：（010）88254888，88258888。

质量投诉请发邮件至 zlts@phei.com.cn，盗版侵权举报请发邮件至 dbqq@phei.com.cn。

本书咨询联系方式：（010）88254553，yuany@phei.com.cn。

序一

  全国大学生电子设计竞赛是电子信息类在校大学生的重点学科竞赛。美国德州仪器公司经过与众多竞赛指导教师及任课教师的多次交流,基于提升大学生专业基础课学习质量及理论联系实际能力为总目的,商定以高校教师为主体推出了"TI 杯全国大学生电子设计竞赛系列教材",该系列第一期先行出版 4 本教材,名录及关联的重点大学并列如下:

- 《电子系统设计——基础和测量仪器篇》——华中科技大学
- 《电子系统设计——电源系统设计篇》——武汉大学
- 《电子系统设计——信号与通信系统篇》——西安电子科技大学
- 《电子系统设计——测量与控制系统篇》——东南大学

  在上述 4 本教材出版之际,本人认为教材的定位正确,教材内容实属学生应扎实掌握的知识。同时,教材的出版及高校的使用体现了国际高科技公司与国内高校较深层次的合作。德州仪器、各高校及电子工业出版社之间的合作是一件共赢的善事,其目的在于通过各方的共同努力培养和提升大学生的素质与能力,值得社会的肯定和支持。

  在本人提笔书写之际,已阅读了即将出版的 4 本教材的章节目录,本人认为教材内容均属各专业基础学科应掌握的内容并且较为全面。4 本教材的内容构架均涉及近年来的典型电赛题目解析,虽然全国大学电子设计竞赛绝对不会沿用任何公开或过往的题目,但这部分内容恰恰也说明了该系列教材以结合实际为目的。希望使用教材的老师和同学能够将更多的精力放在掌握教材中所讲授的基础知识上面,最终以灵活的方式去解决实际问题。

  最后,希望"TI 杯全国大学生电子设计竞赛系列教材"的后续工作能够顺利开展和落实,不断以相关的前沿科技补充教材内容,使教材持续地发挥正面作用。

王越谨识

序二

  2021 年是德州仪器（TI）大学计划在中国开展的第 25 年。关于 TI，相信大部分正在阅读这本教材的老师或同学都不会感到陌生。在过去的 20 多年中，TI 在中国的 600 多所大学里建立了超过 3000 个数字信号处理、模拟和微控制器实验室，每年有超过 30 万名学生通过 TI 的实验室及各类活动进行学习和实践。你也许曾在教材中、竞赛上或实验室里与 TI 邂逅。

  一直以来，教育都是 TI 关注的重点。2016 年，TI 与中国教育部签署了第三个十年战略合作备忘录，其中包括在未来十年中全面支持由教育部倡导的大学生电子设计竞赛，TI 将通过提供资金、软硬件开发工具、实验板卡与样片、技术培训和专业工程师指导等，帮助大学生参与竞赛，增强创新意识和设计能力。事实上，早在 2008 年，TI 与全国大学生电子设计竞赛便结下了不解之缘，在对省级联赛超过十年的赞助中，TI 通过提供创新的产品和技术，激励了一批又一批的参赛学生，并帮助培养了数万名电子工程领域的专业人才。

  为了给参赛学生提供一个拓展国际视野的平台和机会，TI 邀请了全国大学生电子设计竞赛 TI 杯的获奖队伍前往美国得克萨斯州参观位于达拉斯的 TI 总部。在那里，他们不仅能够了解半导体行业的最新技术，还能与 TI 的技术专家相互学习交流。此外，TI 还将为部分成绩优异的获奖队伍提供实习机会，帮助他们将学习与实践相结合，为未来的研究和工作打下坚实基础。

  教育也许是我们一生中能收到的最好的礼物。希望同学们能够充分利用老师们精心编写的全国电子设计竞赛系列教材，迎接未来的竞赛。同时，也欢迎同学们登录由 TI 和组委会联合设立的全国大学生电子设计竞赛培训网，使用更多的学习资源。期待在未来的竞赛中看到同学们将自己掌握的知识加以实践、应用和创新，更期待看到同学们举起未来的 TI 杯，在全国大学生电子设计竞赛平台上绽放光彩。

胡煜华

德州仪器（TI）副总裁兼中国区总裁

前　言

电子技术的发展不仅极大地促进了科学技术的发展，而且明显加快了社会信息化的进程。电子学知识已成为高层次科研人才必须具备的基本知识之一。运用电子技术对信息进行提取、处理、传输已成为各学科研究常用的手段。

如今，电子信息技术已经成为人们特别是青年一代需要掌握的重要技能之一。全国大学生电子设计竞赛是由教育部联合工业和信息化部共同发起的全国性的大学生学科竞赛活动，含金量高，广受社会认可。竞赛紧密结合实际，着重基础、注重前沿，促进了电子信息类专业和课程建设，引导了高校在教学中注重培养大学生的创新能力、协作精神，加强了学生动手能力和工程实践能力，提高了学生电子设计、制作的综合能力，提升了学生解决复杂工程问题的能力；同时吸引了广大学生踊跃参加此项课外科技竞赛活动，使许多优秀人才脱颖而出。

电子设计竞赛培训本身带有综合性、自主设计性强的特点，并且注重工程实践与实际动手能力。对于电子信息类、自动化类等本科生和专科生，在学习电路基础、信号与系统、模拟电子线路、数字电子技术、高频电子线路、微机原理、单片机、EDA 技术等理论课程后，可以将多门课程所学知识综合起来扩展视野，使学生站得更高，并能将知识付诸实践。在此基础上，受全国大学生电子设计竞赛官方合作伙伴——德州仪器公司（以下简称 TI）大学计划部和电子工业出版社邀请，与其他三所高校资深教师一起，以全国大学生电子设计竞赛培训为牵引，我们编写了全国大学生电子设计竞赛系列教材。

本书主要介绍电子系统设计信号与通信类的知识和设计方法，全书共 6 章。教材从先进性和实用性出发，介绍信号的产生、预处理、无线通信、有线通信等。

第 1 章主要介绍全国大学生电子设计竞赛，概述历年来的信号与通信类赛题，总结信号与通信类赛题的主要知识点。

第 2 章主要介绍信号的产生，包括正弦波、非正弦波基本信号产生电路，锁相频率产生电路及直接数字频率合成电路等。

第 3 章重点介绍无线通信系统，包括通信信道、噪声与通信频段，常用模拟调制、数字调制解调方式，以及语音编码和声码器等，重点介绍了通用数字无线通信芯片与专用数字无线通信芯片及其应用。

第 4 章为有线通信系统，主要介绍 RS232、RS485、CAN、互联网网络通信系统等。

第 5 章为电源及电磁兼容，介绍常用线性稳压电源、开关型稳压电源、电磁兼容设计等。

第 6 章详细介绍历年来电子设计竞赛代表性的信号与通信类真题典型题及评分标准，并对题目进行简要分析，给出方案设计、理论分析、具体电路硬件设计、软件设计流程图、测试结果及报告总结等。案例赛题均为精心选择，包括调幅信号处理实验电路、远程幅频特性测试系统、自适应滤波器、增益可控射频放大器、80～100MHz 频谱仪、短距视频信号无线通信网络等；其中既有电路复杂、功能丰富的真题，又有电路相对简单、算法性能要求较高的真题；既有偏信号处理的题目，又有无线通信光通信类题目。内容上可作为初学者入门学习参考，也可作为后期的真题训练培训参考。

　　本书第 1 章、第 2 章由王新怀、周佳社编写，第 3 章由易运晖、何先灯编写，第 4 章由蔡觉平编写，第 5 章由徐茵、王新怀编写，第 6 章由王新怀、何先灯、蔡觉平编写。全书由王新怀和周佳社统稿。

　　在本书的编写过程中，得到了孙肖子老师的大力支持和帮助，郭万有教授提出了许多宝贵意见，电子工业出版社的编辑们为本书的出版做了大量工作，TI 大学计划部谢胜祥工程师给予了大力支持和帮助，在此表示感谢。张博超、池欣欣、夏子良、彭烨等同学参与了书中案例的设计、仿真、制作、验证和报告整理工作，还有众多参赛学生的作品方案被书中提及或借鉴，在此一并表示感谢！

　　本书的编写参考了大量近年来出版的相关技术资料，吸取了许多专家和同仁的宝贵经验，在此向他们深表谢意。

　　本书可作为电子设计竞赛培训和电子设计实验的教材，也可作为大学生课外学术科技活动的参考资料。

　　由于电子信息技术发展迅速，作者学识水平有限，书中难免有错误与疏漏之处，望广大读者批评指正。

编 者

2023 年 12 月

目　录

第1章

绪 论

1.1 全国大学生电子设计竞赛简介

全国大学生电子设计竞赛始于 1994 年，每两年举办一次，该竞赛是由教育部和工业和信息化部共同主办的全国性大学生学科竞赛活动，是在全国本专科高校中有着广泛影响力的大型赛事。

竞赛本着与时俱进，紧密结合教学实际，着重基础，注重前沿的原则，促进电子信息类专业和课程的建设，引导高等学校在教学中注重培养大学生的创新能力、协作精神；加强学生动手能力的培养和工程实践的训练，提高学生针对实际问题进行电子设计、制作的综合能力；吸引、鼓励广大学生踊跃参加课外科技活动，为优秀人才脱颖而出创造条件。

全国大学生电子设计竞赛与课程体系和课程内容改革密切结合，与培训学生全面素质紧密结合，与理论联系实际的学风建设紧密结合。竞赛内容既有理论设计，又有实际制作，可以全面检验和促进参赛学生的理论素养和工作能力。其组织运行模式为"政府主办、专家主导、学生主体、社会参与"，以充分调动各方面的参与积极性。

为保证竞赛顺利开展，组建了全国及各赛区竞赛组织委员会和专家组。全国组委会由教育部、工业和信息化部与部分参赛省市教委的代表及有关电子类专家组成，负责全国竞赛组织领导工作。全国专家组由高校电子类专家组成，负责全国竞赛的命题、评审工作。参赛队每队由三名学生组成，除研究生外所有正式学籍的在校本科生、专科生都有资格参加。竞赛全国统一命题，采用"半封闭、相对集中"的组织方式进行。竞赛期间学生可查阅有关文献资料，对内学生集体商讨设计方案，分工负责、团结协作，以队为基本单位独立完成竞赛任务，参赛学校需将参赛学生相对集中在一个或几个实验室内进行竞赛，便于组织人员巡查，为保证竞赛工作，竞赛所需设备、元器件均由各参赛学校负责提供。

全国大学生电子设计竞赛经过多年努力，规模和影响力不断扩大，越来越多的高校和学生认识到大赛的宗旨和积极意义，竞赛对培养学生动手能力、创新意识和团队精神，以及促进教学改革与实验室建设的积极作用已经广受认可。竞赛培养的学生在社会上也得到了肯定，可以说全国大学生电子设计竞赛创造出了属于自己的金字招牌。

1.2　信号与通信类考题解析

全国大学生电子设计竞赛至今已历经数届，参赛的学校、队数及人数逐年递增，赛题的数量及难度也逐年递增。目前，命题正朝着人工智能、大数据、"互联网+"等方向发展，涉及模-数混合电路、单片机、嵌入式系统、DSP、可编程器件、EDA 软件、"互联网+"、大数据、人工智能、超高频及光学红外器件的应用。从以往全国电子设计竞赛题目来看，可大致分为电源电路类、仪器仪表类、测量控制类、信号与通信类。从赛题来看，已不再是简单的电路设计，而是系统设计，有的题目综合多个方向知识点，较难分类，如频谱仪既可以归为信号与通信类，又可以归为仪器仪表类。本书将历年电赛信号与通信类赛题大致进行了汇总，如表 1.2.1 所示。

表 1.2.1　历年电赛信号与通信类赛题汇总

历 年 电 赛	题 目 编 号	题 目 名 称
1994 年第一届	题目二	多路数据采集系统
1995 年第二届	题目二	实用信号源的设计和制作
	题目三	简易无线电遥控系统
1997 年第三届	D 题	调幅广播收音机
1999 年第四届	A 题	测量放大器
	C 题	频率特性测试仪
	D 题	短波调频接收机
2001 年第五届	A 题	波形发生器
	D 题	高效率音频功率放大器
	E 题	数据采集与传输系统
	F 题	调频收音机
2003 年第六届	A 题	电压控制 LC 振荡器
	B 题	宽带放大器
2005 年第七届	A 题	正弦信号发生器
	C 题	简易频谱分析仪
	D 题	单工无线呼叫系统
2007 年第八届	B 题	无线识别装置
	D 题	程控滤波器
	H 题	信号发生器
	I 题	可控放大器
2009 年第九届	C 题	宽带直流放大器
	D 题	无线环境监测模拟装置
	F 题	数字幅频均衡功率放大器
	G 题	低频功率放大器

续表

历年电赛	题目编号	题目名称
2011 年第十届	D 题	LC 谐振放大器
	E 题	简易数字信号传输性能分析仪
2013 年第十一届	D 题	射频宽带放大器
	E 题	简易频率特性测试仪
	F 题	红外光通信装置
2015 年第十二届	D 题	增益可控射频放大器
	E 题	80～100MHz 频谱分析仪
	G 题	短距视频信号无线通信网络
2017 年第十三届	E 题	自适应滤波器
	F 题	调幅信号处理实验电路
	H 题	远程幅频特性测试装置
2019 年第十四届	D 题	简易电路特性测试仪
	E 题	基于互联网的信号传输系统
	G 题	双路语音同传的无线收发系统
2021 年第十五届	A 题	信号失真度测量装置
	D 题	基于互联网的摄像测量系统
	E 题	数字-模拟信号混合传输收发机
	H 题	用电器分析识别装置
2023 年第十六届	B 题	同轴电缆长度与终端负载检测装置
	D 题	信号调制方式识别与参数估计装置
	H 题	信号分离装置

以上信号与通信类题目可以大致分为信号类和通信类。

对于信号类，1995 年题目二实用信号源的设计和制作是典型的信号类题目，在给定电压上设计产生波形，主要考查低频正弦波和脉冲波的生成，最高频率仅为 20kHz。1999 年 A 题测量放大器主要考点是桥式测量电路的差分传输放大，涉及低噪声、共模抑制、通频带等概念。2001 年 A 题波形发生器，除要求产生正弦波外，还要求产生方波、三角波和用户编辑的特定波形，考查任意波形的产生，频率、幅度均要可控，且具有波形存储功能；D 题考查音频信号功率放大器及其参数测量显示，并且要求单电源 5V 供电，涉及最大不失真功率、输入阻抗、低噪声、功放效率及功率测量等概念。2003 年 B 题宽带放大器是典型的信号放大类题目，考查输入阻抗、通频带、低噪声等概念，重点考查可控增益及自动增益控制等技术。2005 年 A 题正弦短距视频信号发生器考查信号产生，要求输出幅度较高，需要增加信号放大电路；另外，发挥部分考查了模拟幅度调制（AM）信号、模拟频率调制（FM）信号，以及产生二进制 PSK、ASK 信号等。2007 年首次开始本科生与高职高专生分开命题和评审，其中本科生组 D 题程控滤波器考查了信号程控放大、程控滤波、椭圆滤波器及具有扫频信号产生等电路；高职高专组 H 题信号发生器，考查正弦波、方波、三角波的产生及幅度控制，频率要求最高到 1MHz，步进 10Hz；I 题可控放大器考点包括可控增益放大器、可调低通滤波器、高通滤波器和带通滤波器。2009 年 C 题宽带直流放大器重点考查信号放大处理，涉及 0～10MHz 信号放大、低噪声、可控增益、功率放大等技术；F 题、G 题均为信号功率放大器，涉及音频功率放大、失真度等。

2011 年 D 题 LC 谐振放大器为高频信号放大器，考查衰减器、谐振放大器、低电压单电源、自动增益控制电路设计与实现等，频率提升至 15MHz。2013 年 D 题射频宽带放大器，涉及低噪声放大器设计、射频可控增益放大器设计、增益起伏（平坦度）、阻抗匹配设计等。2015 年 D 题增益可控射频放大器，上限频率进一步提高至 200MHz 以上，考查射频增益步进控制、高增益（≥52dB）、宽频带（200MHz 以上）、多阶射频滤波器设计等。2017 年 E 题自适应滤波器考查模拟加法器、模拟移相器、自适应滤波器等相关知识，与通信相关，模拟信道有噪声及自适应抵消等概念。2019 年 D 题简易电路特性测试仪涉及多个环节，包括 1kHz 正弦波信号发生、输入电阻测量、输出电阻测量、发生扫频信号测幅频特性、器件开路短路信号的处理判断等。2021 年 A 题信号失真度测量装置考查失真度测量、频率测量、信号采集处理分析等，对学生使用 TI 处理器及其 CCS 编程环境也提出了较高要求；H 题用电器分析识别装置考查信号采集以及对用电器类别的识别和分析能力，包括对不同电器的电压电流特征参量的检测、学习、识别和判断能力，为提高识别率需要采集高次谐波（5 次以上），并要具有较大的动态范围适应大功率用电器及微小功率用电器。2023 年 D 题信号调制方式识别与参数估计装置考查 AM、FM、ASK、FSK 等信号调制和解调、信号特征识别、参数估计等方面的知识点及电路设计、编程能力等；H 题信号分离装置要求将 AB 两路正弦波或三角波信号通过加法器合成一路后再制作分离电路实现两路信号的正确分离，考查相加器、信号频谱分析、滤波、信号发生、移相、同步等相关知识。

对于通信类，1994 年题目二多路数据采集系统是典型的数字通信类题目，采用有线串行通信方式，主要考查信道复用和通信协议。1995 年题目三简易无线电遥控系统考查模拟通信，包括 AM/FM/FSK 调制、射频功率放大器、谐振放大电路、编解码电路（多达 8 个遥控对象），主要考点包括功率效率、天线匹配等。1997 年 D 题调幅广播收音机，要求使用 SonyCX1600P 制作调幅广播中波收音机，主要考查低噪声设计、频率合成、滤波等知识。1999 年 D 题短波调频接收机属于典型无线接收机电路设计，主要考查灵敏度、频率合成、自动频率搜索 AFC 技术等。2001 年 E 题数据采集与传输系统，主要考点包括数据通信的实现、多路信号复用、信道概念及伪随机序列的产生等；F 题调频收音机，涉及灵敏度、频率合成、镜像抑制比、最大不失真功率等电路设计的概念。2003 年 A 题电压控制 LC 振荡器要求设计 15～30MHz 的振荡器，涉及压控振荡、频率测量、自动增益控制、C 类放大等电路，也是典型的通信电路类题目。2005 年 C 题简易频谱分析仪考查通信接收机的超外差、混频、检波处理、频谱分析和信号调制识别等概念；D 题单工无线呼叫系统要求设计 30～40MHz 的无线呼叫系统，涉及锁相环电路、阻抗变换电路、音频功放、衰减器电路、选呼和群呼的通信协议，以及数据与语音同传，特别是引入低功耗设计的概念。2007 年 B 题无线识别装置是一个基于 RFID 技术的题目，包括阅读器、应答器、电感耦合线圈、功率效率、载频振荡、RF 功率放大、检波信号放大、滤波器、FSK 调制及接收电路等考点。2009 年 D 题无线环境监测模拟装置，考查传感网络、低功耗设计等基本概念，特别增加了收发公用天线、中继通信等考点。2011 年 E 题简易数字信号传输性能分析仪是基带通信的题目，涉及基带传输、m 序列码、眼图等概念，并重点考查了信道概念，采用低通滤波器实现传输信道的模拟。2013 年 F 题红外光通信装置基于红外光的无线传输，要求低功耗设计，重点是中继通信和语音数据同传等考点。2015 年 G 题短距视频信号无线通信网络，要求完成模拟彩色视频的传输，属无线通信类题目，涉及中继通信、多节点组网和多路选择接收等考点。2017 年 F 题调幅信号处理实验电路，该题把通信接收电路的设计提高到较高频率，工作频率达 250～300MHz；强化了接收灵敏度的概念与 LNA 设计，并考查了 AGC 概念和电路设计。2019 年 E 题基于互联网的信号传输系统要求设计并制作一个基于互联网的信号传输系统，考查高速信号采集、网络传输、时延补偿、相位同步等；G 题双路语音同传的无线收发系统是典型的传统通信类题，考查 FM 无线收发、双路语音信号合成传输、双路语音信号分离、载波漂移、调制解调等，避开常用 FM 频率范围 87~108MHz，基本部分频点为 48.5MHz，要求具有设计或改造 FM 发射机接收机能力。2021 年 D 题基于互联网的摄像测量系统考查对互联网、摄像测量技术的理解和应用能力，要求设计和实现一个基于互联网和摄像测量的系统，需要深入理解摄像测量技术和互联网传输技术；E 题数字-模拟信号混合传输收发机是典型的通信题，需要设计并制作一个收发机，能够在发送端将数字信号和模拟信号进行混合传输，并在接收端将混合信号解码为数字信号和模拟信号，考查对数字和模拟信号混合传输技术的理解和应用能力。2023 年 B 题同轴电缆长度与终端负载检测装置考查参赛者对信号传输与处理、电路设计、测量与控制等技术的综合应用能力。

综观这些年来的信号与通信类考题，总结为 4 个字——"与时俱进"，信号工作频率越来越高，通信类从有线信道发展至特殊信道上以某种调制/解调方式传递信息，除往年传统无线通信之外，2013 年还考查了光通信。随着科学技术日新月异的发展，"互联网+"、物联网、车联网、大数据、人工智能等新概念与新技术层出不穷，应紧跟新技术发展和行业应用变化，关注通信等行业产品的发展，以及互联网、物联网技术的应用等。

1.3　信号与通信类赛题知识点

历届全国大学生电子设计竞赛信号与通信类考题涉及的知识面和知识点范围颇广，这里仅列出主要涉及的课程、知识面和知识点。

信号与通信类赛题涉及的基本课程和知识面有电路分析基础、信号与系统、模拟电子技术基础、数字电子技术基础、高频电子线路、电磁场与电磁波、射频/微波电路、微波技术与天线、通信原理、天线原理、微机原理、单片机原理及其应用、可编程逻辑器件原理及其应用、EDA 技术及其应用、无线接收与发射技术、C 语言、Python 语言、Verilog 等硬件描述语言，以及电子系统设计等。

信号与通信类赛题涉及的知识点也非常多，如模拟电路有运放比例放大器、相加器、相减器、积分器、微分器、VI/IV 变换器、有源滤波器、无源滤波器、三极管放大器、场效应管放大器、组合放大器、差动放大器、功率放大器、电流源、负反馈放大器等，还包括非线性失真、线性失真、饱和失真、截止失真、相位失真、幅度失真、共模抑制、阻抗匹配、低频响应、高频响应等概念；高频电路有高频放大器、功率放大器、振荡器[包括压控振荡器（VCO）等]、模拟乘法器、混频器、倍频器、限幅器、自动增益控制电路（AGC）、自动频率控制电路（AFC）、自动相位控制电路（APC）、调制与解调器（含 AM、FM、PM 和数字信号调制与解调器）等，不仅包括模拟与数字频率合成技术、功率合成技术、宽频带技术、相关处理技术、反馈控制技术等，还涉及发射机、接收机、频率源等组件设计方法。

以通信类题目为例，需要重点训练的内容如下。

（1）数字频率合成（DDS）电路设计与制作。

（2）锁相环（PLL）电路设计与制作。

（3）压控振荡器（VCO）电路设计与制作。

（4）LC 振荡器电路设计与制作。

（5）射频（RF）小信号放大器电路设计与制作。

（6）射频（RF）功率放大器（A～F 类）电路设计与制作。

（7）射频（RF）混频电路设计与制作。

（8）射频（RF）滤波电路设计与制作。

（9）射频（RF）信号检测电路设计与制作。

（10）中频宽带放大器电路设计与制作。

（11）中频滤波器（有源及无源）电路设计与制作。

（12）自动增益控制电路设计与制作。

（13）自动频率控制电路设计与制作。

（14）AM 调制与解调电路设计与制作。

（15）FM 调制与解调电路设计与制作。

（16）ASK 调制与解调电路设计与制作。

（17）FSK 调制与解调电路设计与制作。

（18）MSK 调制与解调电路设计与制作。

（19）正交调制与解调电路设计与制作。

（20）射频（RF）电路阻抗匹配（包括单器件及电路之间）电路设计与制作。

（21）天线匹配电路设计与制作。

（22）高频电感线圈设计与绕制。

（23）射频（RF）接收机电路设计与制作。

（24）射频（RF）发射机电路设计与制作。

（25）射频（RF）频率综合器电路设计与制作。

（26）射频（RF）PCB 电路板设计与制作。

（27）电源管理电路及电磁兼容设计等。

第2章
信号的产生

2.1 概述

　　信号产生电路也称为波形发生电路，是无线通信、信号测量及自动控制系统中的一种重要电路，广泛应用在开关电源、仪器仪表及无线电发射/接收系统中。以其为核心构成的仪器称为信号发生器或波形产生器，是科研单位和实验室经常用到的电子仪器设备，可以用来产生各种信号及波形，用途非常广泛。信号产生电路也是全国大学生电子设计竞赛历年考查的重点之一。在历届电赛的全国赛题中，信号产生电路以信号源形式直接作为全国赛题的年份有第二届（实用信号源的设计和制作，1995 年）、第五届（A 题波形发生器，2001 年）、第六届（A 题电压控制 LC 振荡器，2003 年）、第七届（A 题正弦信号发生器，2005 年）、第八届（H 题信号发生器，2007 年），如表 2.1.1 所示。

表 2.1.1　信号源直接作为赛题汇总

年　　份	赛　　届	题　　号	题 目 名 称	类　　别
1995 年	第二届	题目二	实用信号源的设计和制作	本科
2001 年	第五届	A 题	波形发生器	本科
2003 年	第六届	A 题	电压控制 LC 振荡器	本科
2005 年	第七届	A 题	正弦信号发生器	本科
2007 年	第八届	H 题	信号发生器	高职高专

　　在其他年份，信号产生电路大多作为其他赛题的重要组成部分出现。例如，2013 年全国电赛本科组 E 题"简易频率特性测试仪"要求设计正交扫频信号源，2017 年 F 题"调幅信号处理实验电路"要求设计本振信号源，2017 年 H 题"远程幅频特性测试装置"要求制作一信号源等。

　　根据用途需求不同，信号发生器所产生的信号波形种类也不同。信号产生电路可根据其产生的信号波形进行分类：按波形调制类型可分为调幅、调频、调相、脉冲调制及组合调制波形等；按频率控制方式分为点频、扫频、程控波形等；按波形种类分为正弦波、三角波、阶梯波、脉冲波及任意波形等；按产生过程是否依赖外部输入激励信号，可分为他激振荡器和自激振荡器；按振荡频率高低，可分为低频振荡器、高频振荡器、微波/毫米波振荡器等。不同种类的波形发生器有不同的特性要求，下面以常用的正弦波发生器为例说明其工作特性要求。

2.1.1　频率特性

（1）有效频率范围：各项指标都能得到保证时的输出频率范围，称为波形发生器的有效频率范围。

（2）频率准确度：输出频率准确的程度。一般频率准确度以 10^{-6} 度量，即 ppm（parts per million）度量。

（3）频率稳定度：输出频率稳定的程度。它与频率准确度有密切关系。

2.1.2　输出特性

（1）输出电压范围：表征波形发生器所能提供的最大和最小输出电压幅度范围。电压度量的单位一般是 mV、V 或 dBV。

（2）输出电压稳定度：输出电压随时间变化的规律。

（3）输出电压平坦度：表征在有效频率范围内调节频率时，输出信号幅度的变化。

（4）输出电压准确度：实际输出电压与设定的期望输出电压之间的关系。

（5）输出阻抗：从输出口看进去的等效阻抗。对于低频信号源，阻抗越小，驱动更大负载的能力越高。

2.2　基本信号产生电路

2.2.1　正弦信号产生电路

正弦信号是一种常用的基本信号，电赛中经常考查正弦信号产生电路。在模拟电路中，正弦波一般由正弦波振荡电路产生。正弦波振荡电路是在没有外加输入信号的情况下，依靠电路自激振荡而产生正弦波电压输出的电路，一般由放大电路、正反馈网络、选频网络和稳幅环节组成。放大电路保证电路能够有从起振到动态平衡的过程，使电路获得一定幅值的输出量。反馈网络引入正反馈，以满足振荡的相位条件，反馈网络可以是 RC 移相网络、电容分压网络、电感分压网络、变压器反馈网络或电阻分压网络等。选频网络用于保证电路只在某单一频率上满足振荡的相位条件，产生频率纯度较高的正弦波振荡，可以设置在放大电路中，也可以设置在反馈网络中。常用的选频网络有 RC 选频网络、LC 谐振回路、石英晶体振荡器等，它们都具有负向斜率的相频特性。稳幅环节其实就是非线性环节，其作用是使输出信号幅值稳定。RC 正弦波振荡电路的振荡频率较低，一般在 1 MHz 以下；LC 正弦波振荡电路的振荡频率多在 1 MHz 以上；石英晶体正弦波振荡电路也可等效为 LC 正弦波振荡电路，其特点是振荡频率非常稳定。

1. RC 正弦波振荡电路

RC 正弦波振荡电路采用 RC 选频网络构成，成本较低，通常用于产生 1MHz 以下的低频正弦波信号。常见的 RC 正弦波振荡电路有 RC 串并联网络振荡电路、RC 移相振荡电路和双 T 选频网络振荡电路。表 2.2.1 给出了 3 种常见 RC 正弦波振荡电路的比较。

表 2.2.1　3 种常见 RC 正弦波振荡电路的比较

振荡电路名称	RC 串并联网络振荡电路	RC 移相振荡电路	双 T 选频网络振荡电路
典型电路			
振荡频率	$f_o = \dfrac{1}{2\pi RC}$ （令 $R_1 = R_2 = R$，$C_1 = C_2 = C$）	$f_o = \dfrac{1}{2\sqrt{3}RC}$ （令 $R_1 = R_2 = R$，$C_1 = C_2 = C_3 = C$）	$f_o \approx \dfrac{1}{5RC}$
起振条件	$\lvert \dot{A} \rvert > 3$ $R_F > R'$	$R_F > 12R$	$R_3 < \dfrac{R}{2}$ $\lvert \dot{A}\dot{F} \rvert > 1$
电路的特点及应用	可方便连续地调节振荡频率，便于加负反馈稳幅电路，容易得到良好的振荡波形	电路简单，经济方便，但失真大，频率稳定度低，适用于输出固定振荡频率且波形要求不高的轻便测试设备中	选频特性好，但频率调节比较困难，适用于产生单一频率的振荡波形

2. LC 正弦波振荡电路

LC 正弦波振荡电路可以产生几兆赫兹以上的正弦波信号。放大电路以 LC 并联回路作为负载，用于选频网络。常见的 LC 正弦波振荡电路有电感反馈式（电感三点式）振荡电路（也称为 Hartley 振荡电路）、电容反馈式（电容三点式）振荡电路（也称为 Colpitts 振荡电路）。表 2.2.2 给出了 4 种常用 LC 正弦波振荡电路的比较，其中，L_1、L_2 分别为电感线圈抽头的上、下两部分绕组的自感，M 为互感。

表 2.2.2　LC 正弦波振荡电路的比较

振荡电路名称	典型电路	振荡频率	起振条件	电路的特点及应用
电感反馈式振荡电路（Hartley 振荡电路）		$\omega_g \approx \dfrac{1}{\sqrt{LC}}$ $L = L_1 + L_2 + 2M$	$g_m > (g_m)_{min}$ $= \dfrac{1}{F}g_{oe} + Fg_{ie}$	优点：起振较容易，调整方便 缺点：输出波形不好；在频率较高时不易起振

续表

振荡电路名称	典 型 电 路	振 荡 频 率	起 振 条 件	电路的特点及应用
电容反馈式振荡电路（Colpitts 振荡电路）		$\omega_g = \sqrt{\dfrac{1}{LC} + \dfrac{g_{ie}g_{oe}}{C_1C_2}}$ $\omega_g \approx \dfrac{1}{\sqrt{LC}}$ $C = \dfrac{C_1C_2}{C_1+C_2}$	$g_m > (g_m)_{min}$ $= \dfrac{1}{F}g_{oe} + Fg_{ie}$ $F = \dfrac{C_1}{C_2}$	优点：输出波形好，工作频率较高 缺点：调整频率、起振困难
克拉泼振荡器		$\omega_g = \omega_o \approx \dfrac{1}{\sqrt{LC_3}}$	$g_m > (g_m)_{min}$ $= \dfrac{1}{F}(g_{oe}+g_L)$ $+Fg_{ie}$	优点：减小了 C_{oe}、C_{ie} 对频率的影响
西勒振荡器		$\omega_g \approx \omega_o = \dfrac{1}{\sqrt{L(C_3+C_4)}}$	$g_m > (g_m)_{min}$ $= \dfrac{1}{F}(g_{oe}+g_L)$ $+Fg_{ie}$ $F = \dfrac{C_1}{C_2}$	优点：减小了 C_{oe}、C_{ie} 对频率的影响

三点式振荡电路起振相位条件的判断原则是"射同基反"。也就是说，与发射极相接的是两个同性质的电抗元件，与基极相接的是两个异性质的电抗元件。根据晶体管放大电路的连接方式，三点式振荡电路还可分为共射组态和共基组态两种，表 2.2.2 中的为共射组态连接。在 LC 正弦波振荡电路中，振荡频率的稳定除受振荡电路中三极管的电容效应和所带负载 R_L 的影响外，还与 LC 正弦波振荡回路的品质因数 Q 有关。一般 LC 回路的 Q 值最高可达数百，在要求高频率稳定度的场合，往往采用高 Q 值的石英晶体振荡器代替 LC 回路。

3. 晶体振荡电路

用石英晶体可以取代 LC 振荡器中的 L、C 元件来组成正弦波振荡电路，称为晶体振荡电路，其频率稳定度可高达 10^{-9}，甚至达到 10^{-11} 量级，在高频率稳定度要求的设备中得到广泛应用。

石英晶体是一种天然的电子材料，其内在参数指标由晶体的内部结构、切割方式和厚度共同决定。在现代电子仪器设备中，石英晶体及各类一体化晶体振荡器常用于稳定工作点、精确低损耗滤波等，是系统的重要组成元件。

1）由石英晶体构成的振荡电路

由石英晶体所构成的振荡电路可分为并联晶体振荡电路和串联晶体振荡电路。并联晶体振荡电路是由三点式振荡电路变换而来的，它可以构成基频振荡电路和泛音振荡电路。由于石

英晶体有极高的 Q 值，晶体参量有高度的稳定性，因此并联型晶体振荡电路具有很高的频率稳定度。实际设计时，由于老化及寄生参量的影响，实际振荡频率与标称频率会有偏差，因此在对振荡频率准确度要求高的应用场合，一般可以在晶体旁串联一个调节范围很小的微调电容，作为微调振荡频率的辅助电路。

　　2）一体化石英晶体振荡器

　　一体化石英晶体振荡器是将石英晶体及其外围振荡电路集成在一个金属壳封装的芯片内，构成具有标准封装形式的一体化芯片。一体化石英晶体振荡器作为标准频率源或脉冲信号源，为系统提供频率基准，在远程通信、卫星通信、移动电话系统、全球定位系统（GPS）、导航、遥控、航空航天、高速计算机、精密计测仪器及消费类民用电子产品中具有广泛应用，这是目前其他类型的振荡器所不能替代的。

　　晶体振荡器的封装有多种类型，其电气性能规范也是多种多样的。常用的晶体振荡器类型有：无温度补偿式普通晶体振荡器（PXO），它的频率-温度特性主要由内部所采用的晶体元件来确定；电压控制晶体振荡器（VCXO），其输出频率可以通过外部控制电压来偏移或调制；温度补偿晶体振荡器（TCXO），包括数字补偿晶体振荡器（DCXO）和微控制器式补偿晶体振荡器（MCXO），器件内部采用模拟补偿网络或数字补偿方式，利用晶体负载电抗随温度的变化而补偿晶体元件的频率-温度特性，从而减少其频率-温度偏移；恒温控制晶体振荡器（OCXO），与 TCXO 等其他晶体振荡器相比，不仅具有更高的频率稳定特性，而且具有更好的相位噪声指标；电压控制-温度补偿晶体振荡器（VCTCXO）、电压控制-恒温晶体振荡器（VCOCXO）等。

　　一体化晶体振荡器的常用参数如下，在具体应用中应根据需要选择合适的晶体振荡器。

　　（1）频率稳定性。在工作温度范围内的稳定性是晶体振荡器的主要特性之一。对于频率稳定性要求在 $\pm 20 \times 10^{-6}$ 以上的应用，可使用普通无补偿的晶体振荡器；对于频率稳定性要求为 $\pm 1 \times 10^{-6} \sim \pm 20 \times 10^{-6}$ 的应用，应考虑使用温度补偿晶体振荡器；对低于 $\pm 1 \times 10^{-6}$ 的频率稳定性要求，应该考虑使用温度补偿晶体振荡器或恒温控制晶体振荡器。

　　（2）输出的相位噪声和抖动。输出相位噪声是用来表征晶体振荡器输出频率相对其平均值随机起伏特性的频域和时域上的量度，即振荡器短期频率稳定性。振荡器的相位噪声在远离中心频率处有所改善，一般温度补偿晶体振荡器（TCXO）、恒温控制晶体振荡器（OCXO）及其他利用基波或谐波方式的晶体振荡器具有较好的相位噪声性能。抖动与相位噪声相关，但它是在时域测量的，一般用阿伦方差来表示。

　　（3）电源和负载。振荡器的频率稳定性受到振荡器电源电压变动和振荡器负载变动的影响，需要正确选择振荡器的电压频差和负载频差参数，将这些影响降到最小。

　　（4）工作环境。需要慎重考虑振荡器的实际工作环境。例如，大的振动或冲击环境可能使振荡器造成物理损坏，也可能使振荡器在某些频率下产生错误的输出。对于要求电磁兼容的应用，电磁干扰（EMI）也要优先考虑，要选择辐射量最小的晶体振荡器。一般具有较慢上升/下降时间的振荡器才有较好的电磁干扰特性。

2.2.2　非正弦信号产生电路

　　在实际工程中，除正弦波之外，还有其他多种形式的波形。方波和脉冲波通常用来作为数字信号，三角波和锯齿波可用于驱动压控振荡器（Voltage Controlled Oscillator, VCO）及其他扫描电路。在电子设计竞赛中也常常考查波形发生问题，通常可由运放或 555 定时器等产生非正弦波形。

1）由运放构成的方波、三角波发生器

弛张振荡器是一种形式简单的波形发生器，可由单运放或双运放构成。在运放的外围电路中同时引入正反馈和负反馈：正反馈构成迟滞比较器，产生方波的高低电平并设置门限电压；负反馈回路为积分电路，产生三角波或近似三角波，并与门限电压比较，获得方波。正反馈和负反馈相互作用，同时获得方波与三角波（近似三角波）。图 2.2.1 所示为单运放弛张振荡器基本电路及其输出波形。

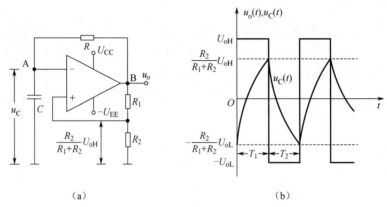

（a）　　　　　　　　　　　　　　　　（b）

图 2.2.1　单运放弛张振荡器基本电路及其输出波形

图 2.2.1（a）中的 B 点输出方波，A 点输出近似三角波。方波的高电平幅度 U_{oH} 和低电平幅度 U_{oL} 由运放的最大输出电压决定，三角波的幅度由比较器的门限电压决定，分别为高电平 $U_{TH} = \dfrac{R_2}{R_1 + R_2} U_{oH}$ 和低电平 $U_{TL} = -\dfrac{R_2}{R_1 + R_2} U_{oL}$，振荡频率 f_o 与积分时间常数 $\tau = RC$ 及三角波的峰峰值有关，有

$$f_o = \cfrac{1}{RC \ln \left| \cfrac{U_{oH} - U_{TL}}{U_{oH} - U_{TH}} \right| + RC \ln \left| \cfrac{U_{oL} - U_{TH}}{U_{oL} - U_{TL}} \right|} \tag{2-2-1}$$

当 $U_{oH} = U_{oL}$ 时，有

$$f_o = \cfrac{1}{2RC \ln \left(1 + 2\dfrac{R_2}{R_1} \right)} \tag{2-2-2}$$

由于电容积分的非线性因素影响，电容上的积分电流不断变化，最终导致了三角波波形的不完美。要改善此问题，需引入双运放来改变电容的充放电电流。

双运放构成的弛张振荡器基本电路如图 2.2.2 所示，u_{o1} 输出方波，u_{o2} 输出三角波，其输出波形如图 2.2.3 所示。

若运放为理想运放，且正电源与负电源的绝对值相等，则方波的高电平 U_{oH} 与低电平 U_{oL}

的绝对值也相等，方波峰峰值的绝对值为$U_{o1pp} = 2U_{CC}$。

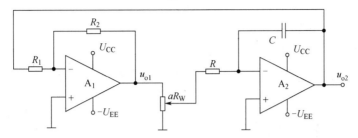

图 2.2.2　双运放构成的弛张振荡器基本电路

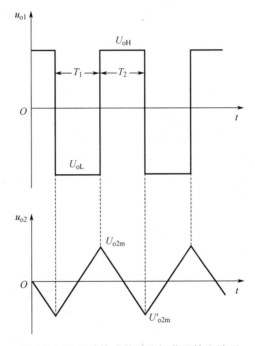

图 2.2.3　双运放构成的弛张振荡器输出波形

由于运放的"虚断"和"虚短"特性，电容 C 的充电电流恒定，为 $i_C = \dfrac{aU_{oH}}{R}$（a 为电位器 R_W 的分压比）。在 T_1 时间间隔内，电容 C 的电压增量为 $\Delta U_C = 2\dfrac{R_1}{R_2}U_{CC}$，则有

$$\Delta U_C = 2\frac{R_1}{R_2}U_{CC} = \frac{\Delta Q}{C} = \frac{1}{C}\int i_C \mathrm{d}t = \frac{1}{C}\frac{aU_{CC}}{R}T_1 \tag{2-2-3}$$

故

$$T_1 = \frac{2RCR_1}{aR_2} \tag{2-2-4}$$

$$f_o = \frac{1}{T} = \frac{1}{2T_1} = \frac{aR_2}{4RCR_1} \tag{2-2-5}$$

改变分压比 a 可改变电容 C 的充放电电流，从而对振荡频率进行调整。由于电容的充电

时间和放电时间相同，因此脉冲波形的占空比为 50%，若要对占空比进行调整，则要改变电容对高电平和低电平的积分时间，可参考图 2.2.4 中的电路。

图 2.2.4 中，电位器的总阻值为 R_W，当 u_{o1} 为高电平时，VD 导通，积分电阻为 aR_W；当 u_{o2} 为低电平时，VD 导通，积分电阻为 $(1-a)R_W$。由于阻值不同，积分电流也不同，导致 u_{o2} 输出波形的上升和下降斜率不同，形成锯齿波，进而引起 u_{o1} 输出脉冲波形占空比的变化。

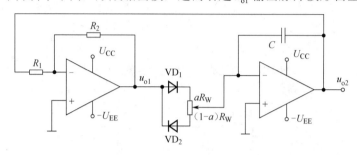

图 2.2.4   占空比可调的弛张振荡器

需要注意的是，运放的非理想特性会对其输出波形造成很大的影响。输入失调电压和失调电流会引起门限的漂移，造成方波的占空比变化；输出失调电压会使输出波形不以零电位为参考。图 2.2.5 所示为用不同运放构成的方波/三角波发生器产生的波形仿真图。除运放本身不同之外，电路中其他元件参数都相同。图 2.2.5（a）中使用的运放为 LM358，图 2.2.5（b）中使用的运放为 TL082。

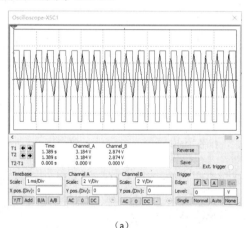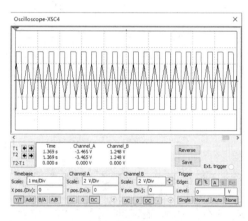

（a）   （b）

图 2.2.5   用不同运放构成的方波/三角波发生器产生的波形仿真图

从图 2.2.5 中可明显看出，受 LM358 的输入失调电压、输入失调电流等影响，图 2.2.5（a）中方波的高电平和低电平幅值差异较大，且占空比不均匀，每个周期内的波形变化比较大。由于 TL082 在输入失调电压等精度上优于 LM358，因此其输出波形质量有了很大改善。

2）由 555 定时器构成的波形发生电路

555 定时器是一种单片集成电路，其内部包含了电阻分压器、比较器、RS 触发器和集电极开路的三极管。在电子设计竞赛的综合测评题中，多次出现了使用 555 定时器产生波形的题目，如 2013 年和 2015 年的综合测评题。

由 555 构成的多谐振荡器基本电路及其输出波形，如图 2.2.6 所示。

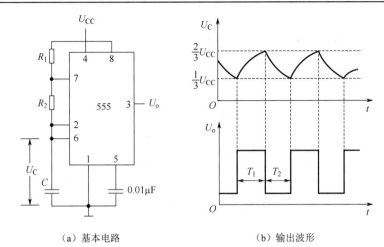

（a）基本电路　　　　　　　　　　　（b）输出波形

图 2.2.6　由 555 定时器构成的多谐振荡器基本电路及其输出波形

多谐振荡器的振荡周期为两个暂稳态的持续时间，即 $T = T_1 + T_2$，由图 2.2.6 中 U_C 的波形求得电容 C 的充电时间 T_1 和放电时间 T_2 分别为

$$T_1 = (R_1 + R_2)C \ln \frac{U_{CC} - \frac{1}{3}U_{CC}}{U_{CC} - \frac{2}{3}U_{CC}} = (R_1 + R_2)C \ln 2 = 0.7(R_1 + R_2)C \tag{2-2-6}$$

$$T_2 = R_2 C \ln \frac{0 - \frac{2}{3}U_{CC}}{0 - \frac{1}{3}U_{CC}} = R_2 C \ln 2 = 0.7 R_2 C \tag{2-2-7}$$

因而其振荡周期为

$$T = T_1 + T_2 = 0.7(R_1 + 2R_2)C \tag{2-2-8}$$

可知其脉冲波形占空比为

$$D = \frac{T_1}{T_1 + T_2} = \frac{R_1 + R_2}{R_1 + 2R_2} \tag{2-2-9}$$

若要调整其占空比，则可通过电位器和二极管来实现，如图 2.2.7 所示。

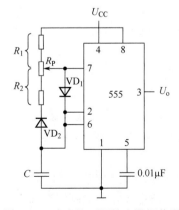

图 2.2.7　占空比可调的多谐振荡器

在该电路中，电源 U_{CC} 经过 R_1 和二极管 VD$_1$ 向电容充电，故 $T_1 = 0.7R_1C$。电容通过 VD$_2$ 和 R_2 向第 7 引脚放电，故 $T_2 = 0.7R_2C$，其振荡周期为

$$T = T_1 + T_2 = 0.7(R_1 + R_2)C \tag{2-2-10}$$

占空比为

$$D = \frac{T_1}{T_1 + T_2} = \frac{R_1}{R_1 + R_2} \tag{2-2-11}$$

在此电路中，由于 $R_1 + R_2$ 的值恒定，因此调整占空比时，方波的振荡周期并不会发生改变。

2.3　锁相式频率合成

频率合成器作为无线通信收发机中的一个重要模块，它通过产生一系列与参考信号具有同样精度和稳定度的离散信号，为频率转换提供基准的本地振荡信号。锁相环频率合成器采用锁相环实现频率合成，是目前频率合成器的主流实现方式之一，锁相环频率合成器的应用使得无线通信系统可在很小的频率间隔内快速地切换频率和相位，满足频率分辨率高、频率转换时间较短、转换时信号相位连续、调频电路频率稳定性高及相对带宽较宽的要求。近年全国电赛题中高频源的部分，可选用锁相式频率源实现，如 2017 年调幅信号处理实验电路（F 题）中本振源设计，以及 2015 年 80～100MHz 频谱分析仪（E 题）中本振源设计。

2.3.1　锁相环简介

1. 锁相环的基本特性

锁相环（Phase Locked Loop，PLL）是一个相位误差控制系统，它将参考信号与输出信号之间的相位进行比较，产生相位误差电压来调整输出信号的相位，以达到与参考信号同频的目的。

1）良好的跟踪特性

锁相环的输出信号频率可以精确地跟踪输入参考信号频率的变化，环路锁定后，输入参考信号和输出信号之间的稳态相位误差可以通过增加环路增益而被控制在所需数值范围内。这种输出信号频率随输入参考信号频率变化的特性称为锁相环的跟踪特性。

2）良好的窄带滤波特性

当压控振荡器的输出频率锁定在输入参考频率上时，由于信号频率附近的干扰将以低频干扰的形式进入环路，绝大部分的干扰会受到环路滤波器低通特性的抑制，从而减少了对压控振荡器的干扰作用，因此锁相环具有良好的窄带滤波特性，环路对干扰的抑制作用相当于一个窄带的高频带通滤波器，其通带可以做得很窄（如在数百兆赫兹的中心频率上，带宽可做到几赫兹）。不仅如此，锁相环还可以通过改变环路滤波器的参数和环路增益来改变带宽，作为性能优良的跟踪滤波器，用以接收信噪比低、载频漂移大的空间信号。

3）良好的门限特性

在调频通信中，锁相环用作鉴频器时虽然有门限效应存在，但是在相同调制系数的条件下，它比普通鉴相器的门限低。当锁相环处于调制跟踪状态时，环路有反馈控制作用，跟踪相

位差小。这样，通过环路的作用就限制了跟踪的变化范围，减少了鉴相特性的非线性影响，改善了门限特性。

锁相环在通信系统中的用途极为广泛，如锁相接收机、微波锁相振荡源、锁相调频器、锁相鉴频器、窄带的高频带通滤波器等。在锁相环频率合成器中，锁相环具有稳频作用，能够完成频率的加、减、乘、除等运算，可以作为频率的加减器、倍频器、分频器等使用。目前，在比较先进的模拟和数字通信系统中大都使用了锁相环。

2．锁相环的基本结构

锁相环的基本结构由鉴相器（Phase Detector，PD）、环路滤波器（Loop Filter，LF）和压控振荡器（Voltage Control Oscillator，VCO）3 部分组成，如图 2.3.1 所示。

图 2.3.1　锁相环的基本结构

1）鉴相器

鉴相器（PD）用来比较输入信号 $u_i(t)$ 与压控振荡器输出信号 $u_o(t)$ 的相位，它的输出电压 $u_d(t)$ 是对应于这两个信号相位差的函数。鉴相器是锁相环的关键部件，形式很多。例如，采用模拟乘法器的正弦波鉴相器，设输入信号 $u_i(t)$ 为

$$u_i(t) = U_{1m} \sin\left[\omega_o t + \varphi_i(t)\right] \tag{2-3-1}$$

压控振荡器输出信号 $u_o(t)$ 为

$$u_o(t) = U_{2m} \cos\left[\omega_o t + \varphi_o(t)\right] \tag{2-3-2}$$

经乘法器相乘后，其输出通过环路滤波器滤波，将其中的高频分量滤除，则鉴相器的输出 $u_d(t)$ 为

$$u_d(t) = \frac{1}{2} A_m U_{1m} U_{2m} \sin\left[\varphi_i(t) - \varphi_o(t)\right] \tag{2-3-3}$$

即

$$u_d(t) = K_d \sin\varphi(t) \tag{2-3-4}$$

式中，$K_d = \frac{1}{2} A_m U_{1m} U_{2m}$，其中，$A_m$ 为乘法器的增益系数，量纲为 1/V；$\varphi(t) = \varphi_i(t) - \varphi_o(t)$。

鉴相器的作用是将两个输入信号的相位差 $\varphi(t) = \varphi_i(t) - \varphi_o(t)$ 转变为输出电压 $u_d(t)$。由式(2-3-4)可得出，鉴相特性具有正弦波特性。由于 $u_d(t)$ 随 $\varphi(t)$ 呈周期性的正弦变化，因此这种鉴相器称为正弦波鉴相器。

2）环路滤波器

环路滤波器（LF）是将 $u_d(t)$ 中的高频分量滤掉，得到控制电压 $u_c(t)$，以保证环路所要求的性能。环路滤波器是低通滤波器，由线性元件电阻、电感和电容组成，有时还包括运算放

大器。常用的滤波器形式有 RC 积分滤波器、无源比例积分滤波器和有源比例积分滤波器。

锁相环通过环路滤波器的作用，具有窄带滤波器特性。在一个好的设计中，这个窄带滤波器的通带能做得极窄。例如，在几十兆赫兹的频率范围内，实现几十赫兹甚至几赫兹的窄带滤波，可以有效地将混进输入信号中的噪声和杂散干扰滤除。

3）压控振荡器

在压控振荡器电路中，压控元件一般采用变容二极管。由环路滤波器送来的控制信号电压 $u_c(t)$ 加载到压控振荡器振荡电路中的变容二极管上，当 $u_c(t)$ 变化时，引起变容二极管结电容的变化，从而使振荡器的频率发生变化。压控振荡器是一种电压/频率变换器，它在锁相环中起着电压-相位变化的作用。

在一定范围内，$\omega(t)$ 与 $u_c(t)$ 之间为线性关系，即

$$\omega(t) = \omega_o + K_\omega u_c(t) \tag{2-3-5}$$

式中，ω_o 为压控振荡器的中心频率（或自由振荡频率）；K_ω 为一个常数（其量纲为 1/s·V 或 Hz/V），它表示单位控制电压所引起的振荡角频率变化的大小。

但在锁相环中需要的是输出信号的相位变化，即把由控制电压所引起的相位变化作为输出信号。由式(2-3-5)可以求出瞬时相位 φ_{o1} 为

$$\varphi_{o1}(t) = \int_0^t \omega(t)\,\mathrm{d}t = \omega_o(t) + \int_0^t K_\omega u_c(t)\,\mathrm{d}t \tag{2-3-6}$$

所以由控制电压所引起的相位变化，即压控振荡器的输出信号为

$$\varphi_o(t) = \varphi_{o1}(t) - \omega_o(t) = \int_0^t K_\omega u_c(t)\,\mathrm{d}t \tag{2-3-7}$$

由此可见，压控振荡器在环路中起了一次理想积分的作用，因此压控振荡器是一个固有积分环节。

压控振荡器受环路滤波器输出电压 $u_c(t)$ 的控制，使振荡频率向输入信号的频率靠拢，直至两者的频率相同，使得压控振荡器的输出信号的相位和输入信号的相位保持某种特定的关系，从而达到相位锁定的目的。

3. 锁相环的基本工作过程

锁相环的基本工作过程如下。

（1）设输入信号 $u_i(t)$ 和本振信号（压控振荡器输出信号）$u_o(t)$ 分别为正弦和余弦信号，它们在鉴相器内进行比较，鉴相器的输出是一个与两者间的相位差成比例的电压 $u_d(t)$，一般把 $u_d(t)$ 称为误差电压。

（2）环路滤波器滤除鉴相器输出中的高频分量，然后把输出电压 $u_c(t)$ 加到压控振荡器的输入端，压控振荡器的本振信号频率随着输入电压的变化而变化。若两者频率不一致，则鉴相器的输出将产生低频变化分量，并通过低通滤波器使压控振荡器的频率发生变化。若环路设计恰当，则这种变化将使本振信号 $u_o(t)$ 的频率与鉴相器输入信号 $u_i(t)$ 的频率一致。

（3）如果本振信号的频率和输入信号的频率完全一致，两者的相位差将保持某一恒定值，那么鉴相器的输出将是一个恒定直流电压（忽略高频分量），环路滤波器的输出也是一个直流电压，压控振荡器的频率将停止变化，这时环路处于"锁定状态"。

在锁相环的工作过程中，环路存在锁定、捕捉和跟踪 3 个状态。

（1）当没有输入信号时，压控振荡器以自由振荡频率 ω_o 振荡。如果环路有一个输入信号 $u_i(t)$，开始时，输入频率总是不等于压控振荡器的自由振荡频率，即 $\omega_i \neq \omega_o$。如果 ω_i 和 ω_o 相差不大，在适当范围内，鉴相器输出一误差电压，经环路滤波器变换后控制压控振荡器的频率，使其输出频率接近 ω_i，而且两信号的相位误差为 φ（常数），这时环路锁定。

（2）从信号的加入到环路锁定以前，称为环路的捕捉过程。

（3）环路锁定以后，如果输入相位 φ_i 有变化，鉴相器鉴别出 φ_i 与 φ_o 之差，产生一个正比于这个相位差的电压，并反映相位差的极性，经过环路滤波器变换去控制压控振荡器的频率，使 φ_o 改变，减少它与 φ_i 的差，直到保持 $\omega_i = \omega_o$，相位差为 φ，这一过程称为环路跟踪过程。

2.3.2　PLL 频率合成器电路设计

随着无线通信与雷达技术的发展，PLL 频率合成器应用越来越广泛，其集成度越来越高，以 TI 公司和 ADI 公司为代表的国际知名半导体公司将鉴相器、分频器、压控振荡器等集成于芯片上，不断推出各种频段的 PLL 频率合成器芯片。以下以 TI 公司的 LMX2491 为例，介绍 PLL 频率合成器的电路设计。

LMX2491 是一款具有斜坡/线性调频生成功能的低噪声宽带锁相环频率合成电路芯片，可广泛应用于调频连续波（FMCW）雷达、军用雷达、微波回程、测试和测量、卫星通信、无线基础设施、无线电数字调谐系统中，这款芯片也常用作高速模数转换器/数模转换器（ADC/DAC）的采样时钟。

1. LMX2491 的主要技术特性

LMX2491 的工作频率范围为 500MHz～6.4GHz，具有-227dBc/Hz 标准化锁相环低噪声，支持一组广泛且灵活的斜坡功能，包括 FSK、PSK 和多达 8 段的可配置分段线性 FM 调制配置简表。该器件还支持精细的 PLL 分辨率及相位检测器速率高达 200MHz 的快速斜坡。LMX2491 可由单个 3.3V 电源供电运行，它的任何一个寄存器均可被回读。此外，它还支持电压高达 5.25V 的电荷泵，这样就不再需要外部运算放大器，从而可获得一个具有更佳相位噪声性能的更简单的解决方案。

2. LMX2491 的封装形式和引脚功能

LMX2491 有 24 个引脚和 1 个散热接地盘，其封装形式如图 2.3.2 所示，各引脚功能表如表 2.3.1 所示。

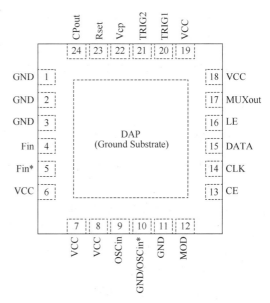

图 2.3.2　LMX2491 的封装形式

表 2.3.1　LMX2491 的引脚功能表

引　脚	符　号	类　型	功　能
1	GND	地	电荷泵接地
2,3	GND	地	Fin 缓冲器地
4,5	Fin，Fin*	输入	高频输入差分端，需交流耦合
6	VCC	电源	Fin 缓冲器供电电源
7	VCC	电源	片上 LDO 供电输入
8	VCC	电源	OSCin 缓冲器供电电源
9	OSCin	输入	参考频率输入
10	GND/OSCin*	地/输入	地或参考频率互补输入端。如果不用，那么推荐做端接阻抗匹配（从 OSCin 端看进去）
11	GND	地	OSCin 缓冲器的地
12	MOD	输入/输出	多路复用输入/输出引脚，可以作为斜坡触发器，FSK/PSK 调制，快速锁定和诊断引脚
13	CE	输入	芯片使能
14	CLK	输入	串行接口时钟
15	DATA	输入	串行接口数据
16	LE	输入	串行接口锁存
17	MUXout	输入/输出	多路复用引脚，可以作为斜坡触发器，FSK/PSK 调制，快速锁定和诊断引脚
18	VCC	电源	供电引脚
19	VCC	电源	供电引脚
20	TRIG1	输入/输出	多路复用引脚，可以作为斜坡触发器，FSK/PSK 调制，快速锁定和诊断引脚
21	TRIG2	输入/输出	多路复用引脚，可以作为斜坡触发器，FSK/PSK 调制，快速锁定和诊断引脚
22	Vcp	电源	电荷泵供电电源
23	Rset	NC	无连接
24	CPout	输出	电荷泵输出

3．LMX2491 的内部结构

LMX2491 的内部结构如图 2.3.3 所示，芯片内部包含参考时钟输入分频器（16 位 R 分频器）、高频输入分频器（16 位 N 分频器）、电荷泵（CP）、鉴相器（PD）、调制发生器（MG）、多路复用开关和其他数字逻辑等。

4．LMX2491 的工作模式

LMX2491 有两种工作模式：连续波工作模式、调制波工作模式。

1）连续波工作模式

在这种工作模式下，LMX2491 只产生一个频率，当高频输入分频器值改变时，生成对应新的频率，对应这种模式的 RAMP_EN 位设置为 0，禁用斜坡控制。分数分母可以编程为 1～16777216 内的任意值。在这种应用中，锁相环可被调谐到不同的固定频率。

2）调制波工作模式

在这种工作模式下，LMX2491 可以产生各种不同种类的扫频波形。用户可以指定产生这些波形的 8 个线性段。当斜坡函数运行时，分母固定为强制值 $2^{24}=16777216$。除斜坡功能之外，还可以使用终端添加相位或频率，也可自行完成在斜坡产生的波形上的调制。

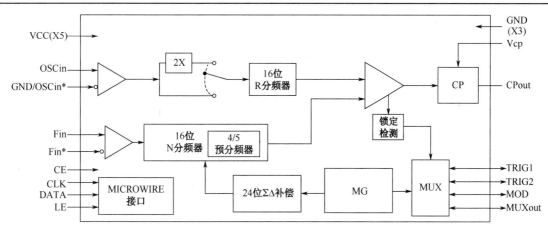

图 2.3.3 LMX2491 的内部结构

5．LMX2491 数字接口

LMX2491 提供对外串行数字接口，由数据（DATA）、时钟（CLK）、锁存（LE）组成。LMX2491 串行总线时序图如图 2.3.4 所示，LMX2491 串行总线时序要求如表 2.3.2 所示。

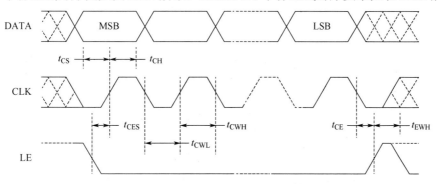

图 2.3.4 LMX2491 串行总线时序图

表 2.3.2 LMX2491 串行总线时序要求

	最 小 值	单 位
t_{CE}（时钟到锁存）	10	ns
t_{CS}（数据到时钟设置时间）	4	ns
t_{CH}（数据到时钟持续时间）	4	ns
t_{CWH}（时钟脉冲高电平宽度）	10	ns
t_{CWL}（时钟脉冲低电平宽度）	10	ns
t_{CES}（启用时钟设置时间）	10	ns
t_{EWH}（启用脉冲高电平宽度）	10	ns

LMX2491 使用 24 位寄存器进行编程。每个寄存器包括一个数据字段、一个地址字段和 R/W 位。MSB 是 R/W 位，0 表示寄存器写入，1 表示寄存器读取。紧随其后的 15 位是地址，然后是 8 位数据。发送完数据可以将 LE 拉高，也可以继续发送数据，此时数据将会发送到下个寄存器。发送 24 位有效数据，可以通过数据总线发送 40 位（16 位地址+24 位数据），而不必发送 3 个 24 位（16 位地址+8 位数据）。具体寄存器说明参见 LMX2491 数据手册。

6．LMX2491 应用电路设计

下面以 LMX2491 EVM 开发板为例，介绍其原理图设计与 PCB 板图设计。

1）原理图设计

LMX2491 的外部电路如图 2.3.5 所示，主要由 LMX2491、外部 VCO 电路 MAOC-009265、参考时钟 CWX813、外部环路滤波器及去耦电路等构成。环路滤波器的电阻值、电容值，可采用 TI 公司 PLLatinum 仿真工具计算得到。

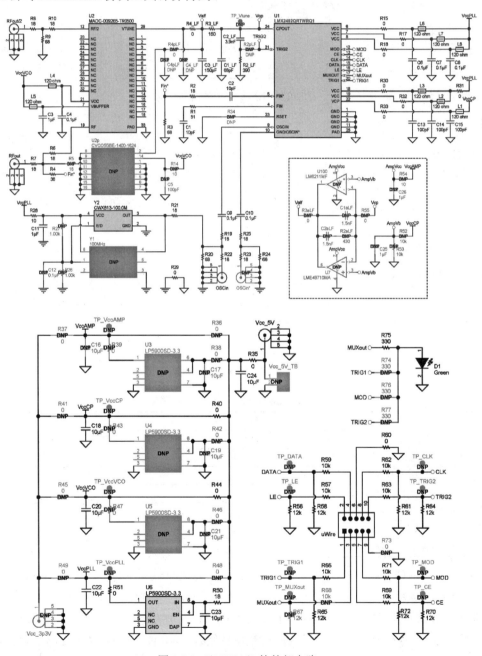

图 2.3.5　LMX2491 的外部电路

2）PCB 板图设计

LMX2491 开发板采用 4 层结构，由 Rogers 公司 16mil 的 RO4003 层压 FR4 构成。LMX2491 开发板的层叠结构如图 2.3.6 所示，LMX2491 开发板的布局布线参考图如图 2.3.7 所示。

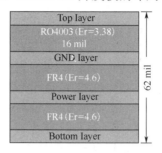

图 2.3.6　LMX2491 开发板的层叠结构

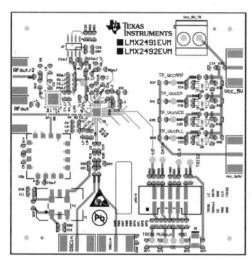

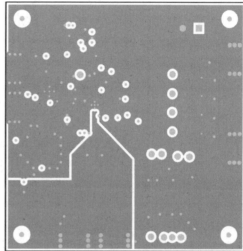

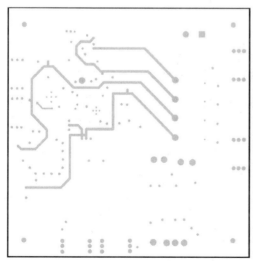

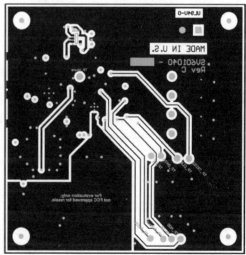

图 2.3.7　LMX2491 开发板的布局布线参考图

2.4　直接数字频率合成

2.4.1　DDS 简介

　　DDS（Direct Digital Synthesis，直接数字频率合成）是一种数字式波形产生技术。与传统的频率合成技术相比，DDS 具有低功耗、低成本、高分辨率、频率转换速度快、易于调整、控制灵活等优点。DDS 是通过相位累加器直接合成波形的频率合成技术，典型的 DDS 系统由相位累加器、ROM 查找表、D/A 转换器（DAC）、低通滤波器（LPF）组成，其原理如图 2.4.1 所示。

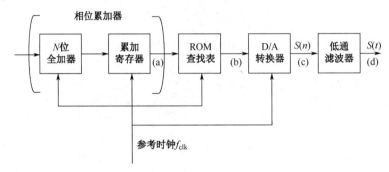

图 2.4.1　DDS 系统原理

　　其工作原理为：相位累加器在时钟频率 f_{clk} 的控制下以频率控制字 K 为步长做累加，输出字长为 N 的数据作为 ROM 查找表的地址并对查找表进行寻址，ROM 查找表的输出数据经 D/A 转换器得到阶梯式波形 $S(n)$，再通过低通滤波器获得目标波形输出 $S(t)$。DDS 系统各阶段输出波形如图 2.4.2 所示。

|　　　(a)　　　　　　　　(b)　　　　　　　　(c)　　　　　　　　(d)|

图 2.4.2　DDS 系统各阶段输出波形

　　DDS 产生的输出信号频率 f_s、频率分辨率 Δf、相位分辨率 $\Delta \varphi$ 及幅度分辨率 ΔW 是由系统中频率控制字 K、查找表字长 M、存储空间深度 L、D/A 转换器的参考电平 V_{REF} 及时钟频率 f_{clk} 决定的，其计算公式如下。

　　输出信号频率

$$f_s = \frac{f_{clk}}{L} \times K \tag{2-4-1}$$

　　频率分辨率

$$\Delta f = \frac{f_{clk}}{L} \tag{2-4-2}$$

　　相位分辨率

$$\Delta\varphi = \frac{2\pi}{L} \tag{2-4-3}$$

幅度分辨率

$$\Delta W = \frac{V_{\text{REF}}}{2^{M}} \tag{2-4-4}$$

2.4.2　基于 FPGA 的 DDS 波形发生器

1.　DDS 波形发生器的硬件电路设计

DDS 波形发生器具有频率分辨率高、输出相位噪声低、可产生任意波形等优点，本节以基于 Cyclone Ⅲ系列 FPGA 的 DAC5672 开发平台为例，介绍 DDS 波形发生器的硬件电路设计。

1）DAC5672 的主要技术特点

DAC5672 是一款内置电压基准源的双通道 14 位 DAC 芯片，DAC5672A 可在高达275MSPS 的更新频率下运行，具有出色的动态性能、高增益及偏移匹配特性。每个 DAC 都具有高阻抗差动电流输出，适用于单端或差动模拟输出配置。外部电阻允许对每个 DAC 的满量程输出电流进行单独或整体调节，使其介于 2～20mA。精确的片上电压基准具有温度补偿特性，并可提供稳定的 1.2V 基准电压，适用于 I/Q 基带、IF 通信、任意波形发生器、DDS等方面的应用。

2）DAC5672 的封装形式和引脚功能

DAC5672 具有 48 个引脚，其封装形式如图 2.4.3 所示，引脚功能表如表 2.4.1 所示。

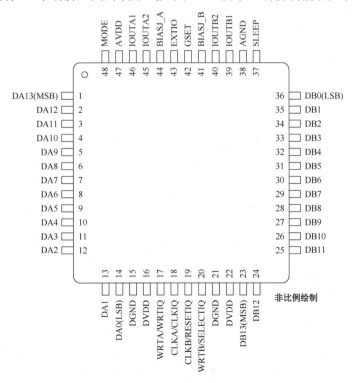

图 2.4.3　DAC5672 的封装形式

表 2.4.1　DAC5672 的引脚功能表

引　　脚	符　　号	类　型	功　　能
38	AGND	地	模拟地
47	AVDD	电源	模拟电源电压
44	BIASJ_A	输出	DACA 满量程输出电流偏置
41	BIASJ_B	输出	DACB 满量程输出电流偏置
18	CLKA/CLKIQ	输入	DACA 时钟输入，交错模式下为 CLKIQ
19	CLKB/RESETIQ	输入	DACB 时钟输入，交错模式下为 RESETIQ
1,2,3,4,5,6,7,8,9,10,11,12,13,14	DA[13:0]	输入	DACA 数据端口，DA13 为最高位，DA0 为最低位
23,24,25,26,27,28,29,30,31,32,33,34,35,36	DB[13:0]	输入	DACB 数据端口，DB13 为最高位，DB0 为最低位
15,21	DGND	地	数字地
16,22	DVDD	电源	数字电源电压
43	EXTIO	输入/输出	内部参考输出或外部参考输入
42	GSET	输入	增益设置模式选择
46	IOUTA1	输出	DACA 电流输出
45	IOUTA2	输出	DACA 互补电流输出
39	IOUTB1	输出	DACB 电流输出
40	IOUTB2	输出	DACB 互补电流输出
48	MODE	输入	工作模式选择
37	SLEEP	输入	睡眠模式控制
17	WRTA/WRTIQ	输入	输入端口 A 写信号，交错模式下为 WRTIQ
20	WRTB/SELECTIQ	输入	输入端口 B 写信号，交错模式下为 SELECTIQ

3）DAC5672 的内部结构与工作模式

DAC5672 的内部结构如图 2.4.4 所示，芯片内部包含两个独立的 14 位 DAC 及可选择的 1.2V 参考电压基准源。

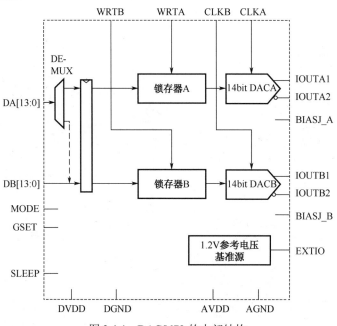

图 2.4.4　DAC5672 的内部结构

DAC5672 有两种工作模式：双总线输入模式和单总线交错输入模式。

（1）双总线输入模式。在这种工作模式下，每个 DAC 具有独立的数据输入总线、时钟输入及数据写信号。DAC5672 双总线输入模式时序图如图 2.4.5 所示。

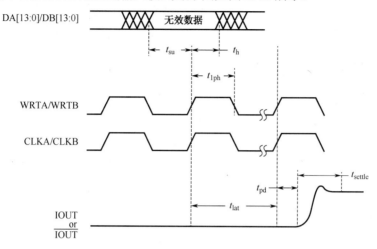

图 2.4.5　DAC5672 双总线输入模式时序图

（2）单总线交错输入模式。在这种工作模式下，两路 DAC 数据仅能通过 A 通道的输入总线输入，B 通道的输入总线在该模式下不工作。在单总线交错输入模式下，A 通道输入数据速率为 DAC 内核刷新频率的 2 倍，通过选择信号实现数据输入总线的复用。DAC5672 单总线交错输入模式时序图如图 2.4.6 所示。

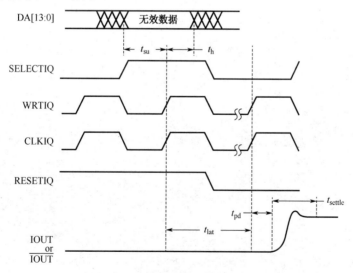

图 2.4.6　DAC5672 单总线交错输入模式时序图

4）DAC5672 应用电路设计

（1）原理图设计。DAC5672 的外部电路如图 2.4.7 所示。

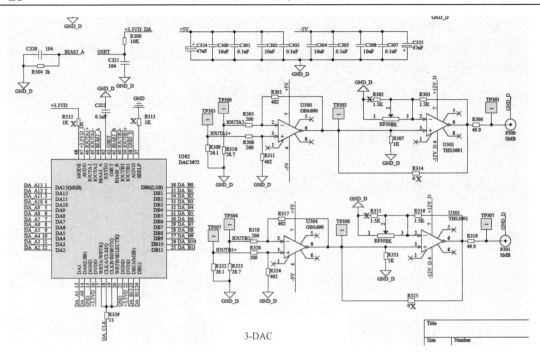

图 2.4.7　DAC5672 的外部电路

（2）PCB 板图设计。DAC5672 PCB 板的布局布线参考如图 2.4.8 所示。

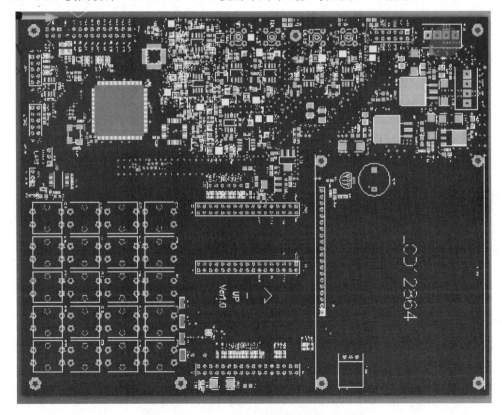

图 2.4.8　DAC5672 PCB 板的布局布线参考

（3）测试板实物图。实验平台实物图如图 2.4.9 所示。

图 2.4.9　实验平台实物图

2. DDS 波形发生器的软件设计

下面基于上述 DAC5672 硬件平台，实现 DDS 波形发生器的软件设计。

根据图 2.4.1 中的 DDS 系统原理，软件设计主要包括 PLL 设计、ROM 查找表设计、相位累加器设计。图 2.4.10 所示为利用 Quartus II EDA 软件实现基于 FPGA 的 DDS 设计框图，其中输入信号包括系统复位信号 RESET_i、输入时钟信号 OSCCLK_i、频率控制信号 FreqCtrl_Add，输出信号包括 DAC 时钟信号 DA_CLK_o 及 DAC 数据信号 DA_Data_o。

图 2.4.10 中包括 PLL、相位累加器（8 位）、频率控制字生成器（4 位）及 ROM 查找表（8 位存储深度及 16 位数据）。系统时钟 MCLK 与 DAC 时钟 DA_CLK_o 通过外部输入时钟 OSCCLK_i 经锁相环模块 u_PLL 得到。利用外部输入信号 FreqCtrl_Add 对频率控制字进行调整，输入信号下降沿将触发相位累加器对频率控制字 Freq_Ctrl[3:0]加一操作，从而实现输出信号频率的变化。频率控制字 Freq_Ctrl[3:0]作为相位累加器 u_Phase_Adder 的输入信号，并经累加获得 ROM 查找表的输入地址 ROM_Addr[7:0]，通过寻址得到数据输出 DA_DATA_o[13:0]并作为外部 DAC 的数据输入，DAC 输出阶梯式信号经低通滤波器获得目标波形信号。

1）PLL 设计

根据 DAC5672 的最大刷新频率，系统设计 PLL 模块用于产生 275MHz 时钟作为 DAC 输入时钟信号，PLL 模块通过调用 IP 核 ALTPLL 实现。

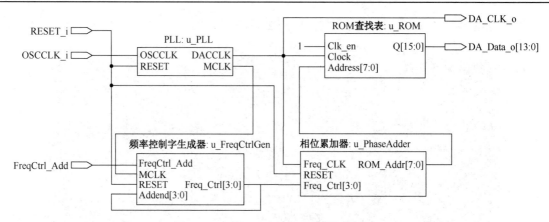

图 2.4.10　基于 FPGA 的 DDS 设计框图

PLL 调用过程如下。

（1）配置器件速度等级与锁相环输入时钟频率，器件速度等级由所使用的 FPGA 芯片决定。

（2）配置异步复位输入与锁定方式选择输入，锁定方式包括频率锁定与相位锁定。

（3）配置锁定输出，频率锁定后锁定输出信号输出高电平，当时钟失锁时，锁相环自动复位。

图 2.4.11 所示为通过 IP 核 ALTPLL 生成 PLL 模块控制时序图。

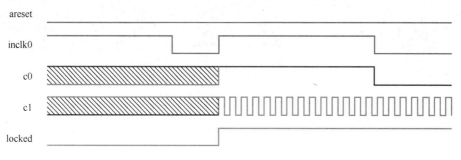

图 2.4.11　PLL 模块控制时序图

2）ROM 查找表设计

ROM 查找表用于存储 DDS 信号发生器标准输出波形的量化数据（正弦波、三角波、方波等），系统通过控制选择调用不同 ROM 查找表数据以产生不同的输出波形，设计者可通过调用 IP 核 ROM-1-PORT 生成 DDS 系统中的 ROM 查找表模块。

ROM-1-PORT 调用过程如下。

（1）配置 ROM 查找表模块输入地址位数与输出数据位数。输入地址位数决定 ROM 查找表的存储深度，存储深度越大数据越精确，同时占用存储空间越多，这里输入地址位数取 8 位（存储深度为 256）。DAC 数据位数决定输出数据位数，本实验平台 DAC 芯片 DAC5672 数据位数为 14 位，因此输出数据位数取 14 位。

（2）配置输入时钟。ROM-1-PORT 具有两种时钟输入模式：单时钟输入和双时钟输入。单时钟输入模式下 ROM 模块地址输入与数据输出共用同一时钟，双时钟输入模式下地址输入与数据输出时钟分别由外部提供。

（3）配置外部时钟使能信号、读使能信号。

（4）初始化 ROM 查找表。

配置 ROM 查找表数据初始化文件，用于对 ROM 查找表初始化。将标准输出波形量化数据存储在查找表中，初始化文件为 MIF 文件（Xilinx FPGA 芯片初始化文件为 COE 文件）。MIF 文件可通过以下 3 种方式生成。

① 利用 Quartus II 内置 MIF 编辑器手动输入数据，常用于生成数据量较少的文件。

② 利用 MIF 生成软件来生成（如 Mif_Maker2010.exe）。

③ 利用高级语言（C 语言、MALTAB 语言）生成。

图 2.4.12 所示为通过 IP 核 ROM-1-PORT 生成 ROM 查找表模块读数据时序图。

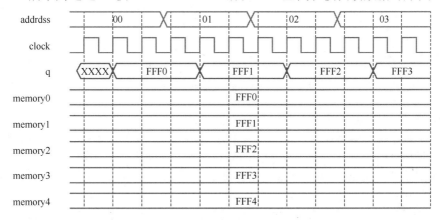

图 2.4.12　ROM 查找表模块读数据时序图

ROM 查找表初始化过程中配置存储不同波形的文件，能够实现 DDS 系统任意波形的输出。表 2.4.2 给出了利用 MATLAB 生成的几种常见波形的参考函数。k 为存储到 ROM 查找表中的数据，N 为 ROM 查找表深度，n 为数据位数，$\text{fix}(x)$ 用于表示对参数 x 进行取整操作。

表 2.4.2　几种常见波形的参考函数

波　形	生 成 函 数	说　明
正弦波	$W_K = \text{fix}\left(\left(2^{n-1}-1\right)\sin\left(\dfrac{2\pi k}{N}\right)+2^{n-1}\right)$	
三角波	$W_K = \text{fix}\left(\left(2^{n-1}-1\right)\text{sawtooth}\left(\dfrac{k}{N},0.5\right)+2^{n-1}\right)$	sawtooth 用于产生三角波信号
方波	$W_K = \text{fix}\left(\left(2^{n-1}-1\right)\text{square}\left(\dfrac{k}{N},0.5\right)+2^{n-1}\right)$	square 用于产生方波信号

以生成脉冲信号 ROM 查找表为例，脉冲信号可通过 Sa 函数与指数函数合成获得。图 2.4.13 所示为合成脉冲信号 ROM 查找表数据。

3）ROM 查找表压缩技术

为得到高质量信号，设计者常采用提高 ROM 查找表数据位数及存储深度的方法以获得更准确的输出数据，然而上述方法需要占用较大的存储空间，如生成一个数据位数为 16 位、存储深度为 256 的标准正弦信号，需要占用 FPGA 芯片 512B 的存储空间。因此，对 ROM 查找表中存储数据进行压缩处理在 DDS 波形发生器设计中至关重要。

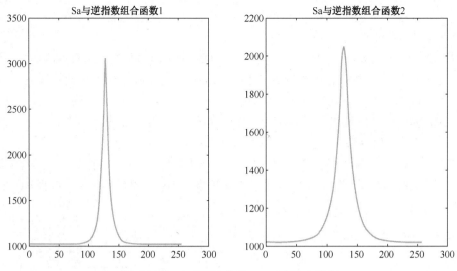

图 2.4.13　合成脉冲信号 ROM 查找表数据

（1）选择合适的数据位数与存储深度。数据位数与存储深度决定 ROM 查找表所需占用的存储空间，选取合适的数据位数与存储深度能够避免占用冗余的存储空间。查找表数据位数一般根据所选择的 DAC 芯片决定，以 DAC5672 为例，选择数据位数为 14 位。存储深度影响 DDS 系统输出信号的杂散，因此需根据设计要求选取 ROM 查找表的存储深度。

（2）采用对称性压缩 ROM 查找表。标准波形信号一般具有一定的对称性，可利用波形的对称性对 ROM 查找表进行压缩，因此无须将整个周期内的量化数据存储在 ROM 查找表中。以正弦信号为例，利用正弦信号的对称性只需将 1/4 周期（一个象限）的信号量化数据存储在 ROM 查找表中，设计者通过控制相位状态标志位（2 位）选择当前输出信号的象限，通过对输入地址及输出数据的取反操作，从而完成对正弦信号整个周期的波形还原。图 2.4.14 所示为基于信号对称性的 ROM 查找表压缩原理框图。

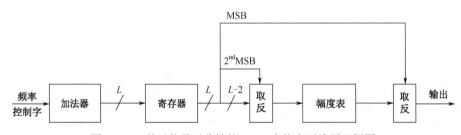

图 2.4.14　基于信号对称性的 ROM 查找表压缩原理框图

由图 2.4.14 可知，基于信号对称性的 ROM 查找表压缩实质上是将原本 ROM 查找表中的数据地址的高两位地址作为新的存储模式下的相位状态标志，用于控制地址取反单元与数据取反单元将从 ROM 查找表中读出的数据处理转换成对应象限的正弦信号波形数据。同时，由于正弦信号的对称性，第一象限的 1/4 周期量化数据能够通过上下翻折从而完成对下半周期信号的还原，在相同的分辨率下，ROM 查找表所需的数据位数相较于整个周期存储少一位。例如，对于整个周期存储 ROM 查找表所需数据位数为 16 位、存储深度为 1024，即正弦信号的最大数据与最小数据之间的差值为 2^{16}（即 65536），而 ROM 查找表经对称性压缩后在相同分辨率下的最大数据与最小数据差值能够减小到 2^{15}（即 32768），即在数据位数上减小一位，且在存储深度上减小至先前深度的 1/4。经计算，利用信号对称性对正弦信号 ROM 查找表进行压缩可获得 64∶15 的压缩比，图 2.4.15 所示为正弦信号对称压缩实例。

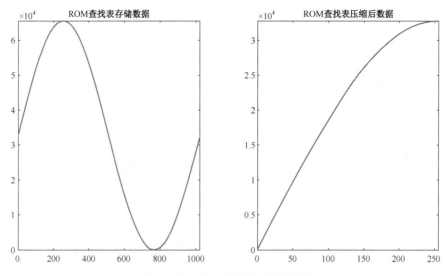

图 2.4.15　正弦信号对称压缩实例

4）EDA 时序仿真

（1）DDS 系统仿真。参考图 2.4.10 所示的 DDS 波形发生器设计方案，利用 HDL 语言仿真软件 ModelSim 10.1.c 对 DDS 波形发生器时序进行仿真。当频率控制字 Freq_Ctrl[3:0]=1 时，输出到 D/A 转换器的数据 DA_DATA_o[13:0]的时序仿真波形如图 2.4.16 所示。当频率控制字 Freq_Ctrl[3:0]=4 时，输出 D/A 转换器的数据 DA_DATA_o[13:0]的时序仿真波形如图 2.4.17 所示。对比图 2.4.16 与图 2.4.17 可知，能够通过调整频率控制字 Freq_Ctrl[3:0]来改变 DDS 波形发生器的输出信号频率。

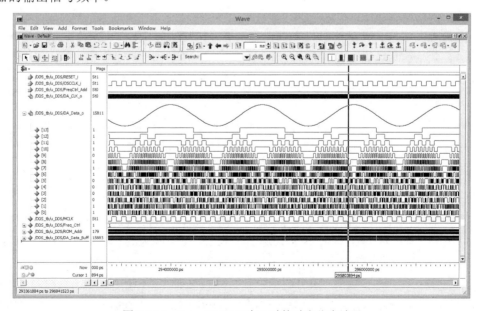

图 2.4.16　Freq_Ctrl[3:0]为 1 时的时序仿真波形

（2）ROM 查找表压缩与波形还原。根据上述基于信号对称性的 ROM 查找表压缩原理，若需获得数据位数为 16 位、存储深度为 1024 的正弦信号查找表，经对称压缩后，ROM 查找表数据位数为 15 位、存储深度为 256。图 2.4.18 所示为利用 ModelSim 10.1.c 对压缩后的 ROM 查找表进行调用并实现波形还原的时序仿真图。PhaseFlag 为相位标志位，用于控制选择当前输出信号的象限，ROM_Data 为 DDS 输出结果。

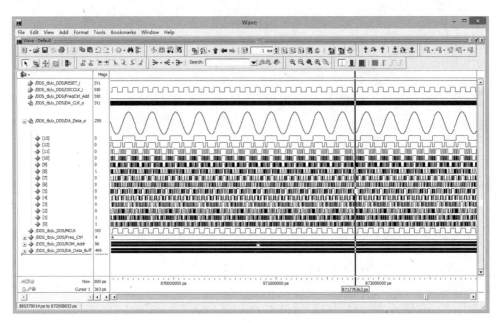

图 2.4.17　Freq_Ctrl[3:0]为 4 时的时序仿真波形

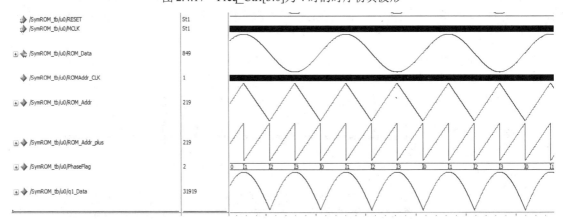

图 2.4.18　基于对称性的压缩方法还原的时序仿真图

5）实测结果

下面以数据位数为 14 位、存储深度为 256 的 ROM 查找表为例，测试 DDS 系统经 D/A 转换、滤波、放大后波形的输出结果。

当配置频率控制字为 1 时，输出正弦信号的频率约为 1.07MHz（DAC 时钟为 275MHz，ROM 查找表存储深度为 256）。示波器显示信号波形如图 2.4.19 所示。

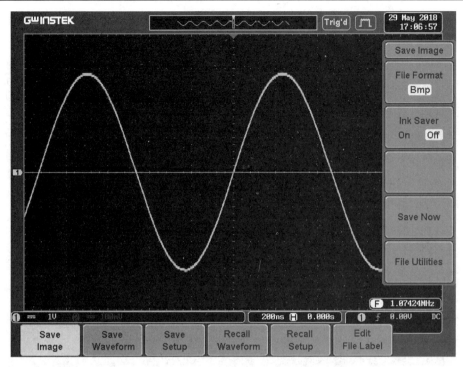

图 2.4.19　频率控制字为 1 时输出正弦信号波形（正弦波 $f \approx 1.07\text{MHz}$）

当调整频率控制字至 10 时，输出频率为原先的 10 倍（约为 10.7MHz），示波器显示 DDS 输出信号波形如图 2.4.20 所示。

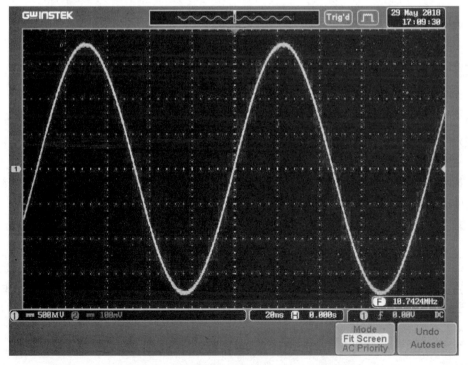

图 2.4.20　频率控制字为 10 时输出正弦信号波形（正弦波 $f \approx 10.7\text{MHz}$）

修改 ROM 查找表中存储数据为脉冲信号，频率控制字为 1，示波器显示 DDS 输出脉冲信号波形如图 2.4.21 所示。

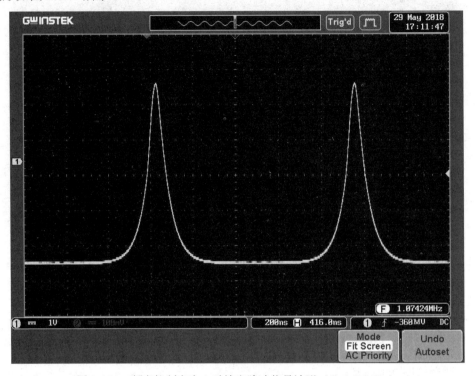

图 2.4.21　频率控制字为 1 时输出脉冲信号波形（f≈1.07MHz）

2.4.3　常用 DDS 集成芯片

本节介绍一些常用 DDS 集成芯片的特性和应用设计。

1. AD9833

1）AD9833 的主要技术特性

AD9833 是一个完全集成的直接数字频率合成（DDS）芯片。该芯片需要一个参考时钟、一个精密低电阻和多个去耦电容，用数字方式产生高达 12.5 MHz 的正弦波。除产生 RF 信号外，该芯片还完全支持各种简单和复杂的调制方案。这些调制方案完全在数字域内实现，使得可以使用 DSP 技术精确而轻松地实现复杂的调制算法。

AD9833 是一款低功耗、可编程的波形发生器，能够产生正弦波、三角波和方波输出。输出频率和相位可通过软件进行编程，调整简单，无须外部元件。频率寄存器为 28 位，当时钟速率为 25 MHz 时，可以实现 0.1 Hz 的分辨率；当时钟速率为 1 MHz 时，可以实现 0.004 Hz 的分辨率。

2）AD9833 的封装形式与引脚功能

AD9833 是一个 10 引脚芯片，其封装形式如图 2.4.22 所示，各引脚功能描述如表 2.4.3 所示。

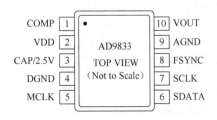

图 2.4.22　AD9833 封装形式

表 2.4.3 AD9833 的引脚功能描述

引 脚	符 号	功 能
1	COMP	DAC 偏置引脚。此引脚用于对 DAC 偏置电压进行去耦
2	VDD	模拟和数字接口部分的正电源。片内 2.5 V 稳压器也采用 VDD 供电。VDD 的取值范围为 2.3～5.5 V。VDD 和 AGND 之间应连接一个 0.1 μF 和一个 10 μF 去耦电容
3	CAP/2.5V	数字电路采用 2.5 V 电源供电。当 VDD 超过 2.7 V 时,此 2.5 V 利用片内稳压器从 VDD 产生。该稳压器需要在 CAP/2.5V 至 DGND 之间连接一个典型值为 100 nF 的去耦电容。如果 VDD 小于或等于 2.7 V,那么 CAP/2.5V 应与 VDD 直接相连
4	DGND	数字地
5	MCLK	数字时钟输入。DDS 输出频率是 MCLK 频率的一个分数,分数的分子是二进制数。输出频率精度和相位噪声均由此时钟决定
6	SDATA	串行数据输入。16 位串行数据施加于此输入
7	SCLK	串行时钟输入。数据在 SCLK 的各下降沿逐个输入 AD9833
8	FSYNC	低电平有效控制输入。FSYNC 是输入数据的帧同步信号。当 FSYNC 变为低电平时,即告知内部逻辑,正在向器件中载入新数据
9	AGND	模拟地
10	VOUT	电压输出。AD9833 的模拟和数字输出均通过此引脚提供。由于该器件片内有一个 200Ω 电阻,因此无须连接外部负载电阻

3) AD9833 的内部结构和工作原理

AD9833 的内部结构框图如图 2.4.23 所示,芯片的内部电路包含数控振荡器(NCO)、频率和相位调制器、存储器、DAC 及稳压器等主要部分。

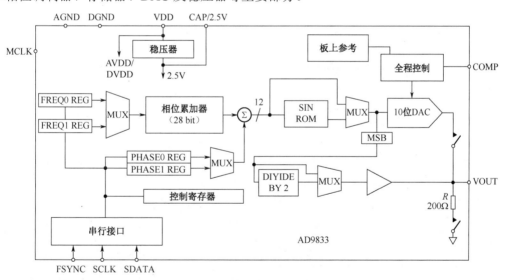

图 2.4.23 AD9833 的内部结构框图

数控振荡器的主要元件是一个 28 位相位累加器,其将相位数值范围扩大至多位数字。在数控振荡器之后,可以使用 12 位相位寄存器添加一个相位偏移来执行相位调制。SIN ROM 可以将数字相位信息用作查找表的地址并将相位信息转换成幅度。DAC 从 SIN ROM 收到数字并将其转换成相应的模拟电压。AD9833 的内部数字部分采用 2.5 V 工作,片内稳压器会将施加于 VDD 的电压下调至 2.5 V。

4）AD9833 应用电路设计

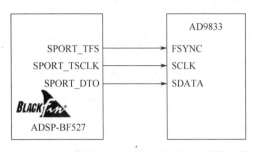

图 2.4.24　AD9833 与 SPORT 串行接口连接示意

下面以 ADI 公司的 SDP 板为例，介绍 AD9833 的原理图设计和 PCB 板图设计。

（1）原理图设计。ADI 公司的 SDP 板配有 SPORT 串行接口，可用于控制 AD9833 的串行输入。AD9833 与 SPORT 接口连接示意如图 2.4.24 所示，其原理图设计如图 2.4.25 所示。

（2）PCB 板图设计。ADI 公司的 SDP 板采用 3 层板设计，其布局布线参考图如图 2.4.26 所示。

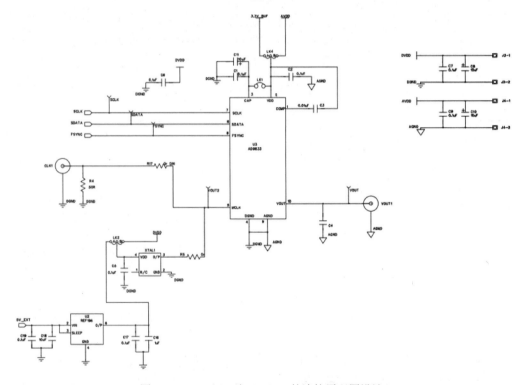

图 2.4.25　AD9833 与 SPORT 的连接原理图设计

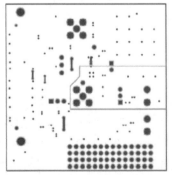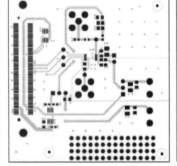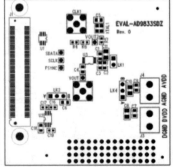

图 2.4.26　AD9833 的 PCB 板布局布线参考图

2. AD9954

AD9954 是采用先进的 DDS 技术生产的高集成度频率合成器，它能产生 200MHz 的模拟正弦波，其应用范围包括灵敏频率合成器、可编程时钟发生器、雷达和扫描系统的调制源，以及测试和测量装置等。

1）AD9954 的主要技术特性

AD9954 内置高速、高性能 D/A 转换器及超高速比较器，可作为数字编程控制的频率合成器，能产生 200MHz 的模拟正弦波。AD9954 内含 1024×32 位静态 RAM，利用该 RAM 可实现高速调制，并支持几种扫频模式。AD9954 提供可自定义的线性扫频模式，通过 AD9954 的串行 I/O 口输入控制字可实现快速变频且具有良好的频率分辨率。

2）AD9954 的封装形式和引脚功能

AD9954 采用 48 引脚 TQFP / EP 封装，其封装形式如图 2.4.27 所示，各引脚功能描述如表 2.4.4 所示。

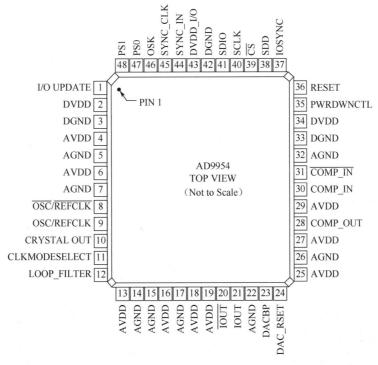

图 2.4.27　AD9954 的封装形式

表 2.4.4　AD9954 的引脚功能描述

引　　脚	符　　号	类　　型	功　　能
1	I/O UPDATE	输入	在该引脚上升沿可把内部缓冲存储器中的内容送到 I/O 寄存器中
2,34	DVDD	电源	数字电源引脚，电压值为 1.8V
4,6,13,16,18,19,25,27,29	AVDD	电源	模拟电源引脚，电压值为 1.8V
3,33,42	DGND	地	数字地

引　脚	符　号	类　型	功　能
5,7,14,15,17,22,26,32	AGND	地	模拟地
8,9	$\overline{OSC/REFCLK}$，OSC/REFCLK	输入	参考时钟或振荡输入端
10	CRYSTAL OUT	输出	振荡器输出端
11	CLKMODESELECT	输入	振荡器控制端，为 1 时使能振荡器，为 0 时不使能振荡器
12	LOOP_FILTER		该引脚应与 AVDD 间串联一个 1kΩ 电阻和一个 0.1μF 电容
20,21	$\overline{IOUT}$，IOUT	输出	DAC 输出端，使用时应接一个上拉电阻
23	DACBP		DAC 去耦端，使用时应接一个 0.01μF 的旁路电容
24	DAC_RSET	输入	DAC 复位端，使用时应通过一个 3.92kΩ 的电阻接至 AGND 端
28	COMP_OUT	输出	可以输出方波或脉冲信号
30,31	COMP_IN，$\overline{COMP\_IN}$	输入	比较器输入端
35	PWRDWNCTL	输入	外部电源掉电控制输入引端
36	RESET	NC	芯片复位端
37	IOSYNC	NC	异步串行端口控制复位引端
38	SDD	输出	采用三线串行接口操作时，SDD 为串行数据输出端；采用双线串行接口操作时，SDD 不用，可以不连
39	$\overline{CS}$	输入	片选端，允许多芯片共用 I/O 总线
40	SCLK	输入	I/O 操作的串行数据时钟输入端
41	SDIO	输入	采用三线串行接口操作时，SDIO 为串行数据输入端；采用双线串行接口操作时，SDIO 为双向串行数据端
43	DVDD_I/O	电源	I/O 电源，可以使用 1.8V 或 3.3V
44	SYNC_IN	输入	同步多片 AD9954 的输入信号，使用时与主 AD9954 的 SYNC_CLK 相连
45	SYNC_CLK	输出	时钟输出，为内部时钟的 1/4，可用作外围硬件同步
46	OSK	输入	在编程操作时可用该引脚来控制幅度与时间斜率，与 SYNC_CLK 相连
47,48	PS0,PS1	输入	可用来选择 4 个 RAM 段控制字区中的一个

3）AD9954 的内部结构

AD9954 的内部结构框图如图 2.4.28 所示，它由 DDS 核心、14 位 DAC、参考时钟输入电路、时钟和控制电路、比较器及用户接口等部分组成。

4）AD9954 的工作模式

AD9954 可以工作在不同的模式，满足不同场合的应用需求。AD9954 共有 3 种工作模式，分别为单一频率模式、RAM 控制模式和线性扫频模式，下面进行具体介绍。

（1）单一频率模式。单一频率模式是 AD9954 的最基本工作模式，用户只需将频率控制字（FTW）送入对应的 FTW0 寄存器，将相位控制字（POW）送入对应的 POW0 寄存器（默认值为 0）中，便可实现单一的频率确定、相位可调的正弦波输出。当系统主时钟为 400MHz 时，AD9954 可输出高达 180MHz 的正弦波。

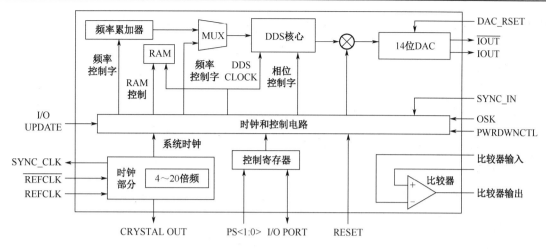

图 2.4.28 AD9954 的内部结构图

频率控制字的计算公式为

$$FTW = \left(f_{out} / f_{sys} \right) \times 2^{32} \tag{2-4-5}$$

相位的计算公式为

$$\varphi = \left(\frac{POW}{2^{14}} \right) \times 360° \tag{2-4-6}$$

（2）RAM 控制模式。AD9954 共有 1024×32 位的 RAM 空间，可存储 1024 个频率控制字或相位控制字。需要注意的是，相位控制字应存储在 32 位中的<17:0>位中，其他位不用。目的控制字的选择由寄存器 CFR1<30>决定。

AD9954 的 RAM 可根据 4 个 RAM 控制字（RSCW0、RSCW1、RSCW2、RSCW3）的值划分成 4 块地址可重复、大小自由的空间。编程设置时，只需在每一个 RAM 控制字的对应位上写入各自的开始地址与结束地址即可。

RAM 空间确定后，可根据具体应用要求，在 5 种不同的传送方式中选择一种，并可以一定的速率传送到预先设定的目的寄存器中。该传送速率可编程设置。在控制字 RSCW 中，有一个 16 位的传送速率控制字 RSARR，实际传送速率为

$$F = \frac{f_{sys}}{RSARR}$$

所以，在 RAM 控制模式下，可以根据不同的需求，预先存入需要的波形表，即可输出各种复杂正弦波相关的波形，如 FM 波形、2PSK 波形、2ASK 波形、2FSK 波形等。

（3）线性扫频模式。除 RAM 控制模式之外，AD9954 还有一种高级的工作模式——线性扫频模式。线性扫频模式极为简便地实现了单、双向扫频。具体设置时，需将起始频率控制字存入 FTW0 中，终止扫描频率控制字存入 FTW1 中。要求终止频率控制字大于起始频率控制字。线性扫频时，AD9954 的增步进频率和减步进频率可分别设置，只需将增步进频率控制字存入 PLSCW 中，减步进频率控制字存入 NLSCW 中。两个步进频率控制字都是 32 位，可实现大小不同的步进。在扫频模式下，AD9954 的扫频方向由外部引脚 PS0 的值和 CFR1<2>（No-Dwell）的值共同决定，具体如图 2.4.29 和图 2.4.30 所示。注意，在线性扫频模式下，应

将 PS1 引脚的值置为 0。

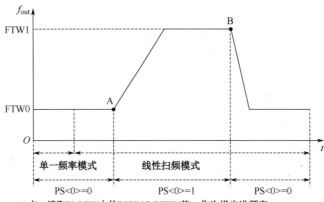

A点：读取PLSCW中的RISING DFTW值，作为增步进频率。
B点：读取NLSCW中的RISING DFTW值，作为减步进频率。

图 2.4.29　单频率模式步进图

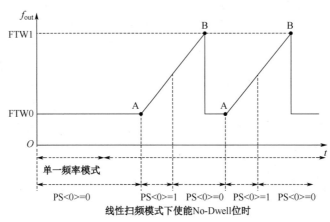

线性扫频模式下使能No-Dwell位时

图 2.4.30　线性扫频模式步进图

5）AD9954 的串行操作

在 AD9954 的串行操作中，指令字节用来指定读 / 写操作和寄存器地址。在串行操作通信阶段，一般先传送指令字节，对应于 SCLK 的前 8 个上升沿，其对应的 8 位信息如表 2.4.5 所示。

表 2.4.5　指令字节信息

MSB	D6	D5	D4	D3	D2	D1	LSB
R/$\overline{\text{W}}$	×	×	A4	A3	A2	A1	A0

其中，R/$\overline{\text{W}}$ 位用于决定指令字节后的操作是读还是写，高电平为读出，低电平为写入；6、5 位的电平高低与操作无关；4～0 位则对应于 A4～A0，表示操作串行寄存器地址。通过该地址信息查阅指令表，可获得接下来传送的控制字的控制信息与控制字字节数。

当前通信周期完成后，AD9954 的串口控制器即认为接下来的 8 个 SCLK 的上升沿对应的是下一个通信周期的指令字节。另外，当 IOSYNC 引脚为高电平时，将立即终止当前的通信周期，当 IOSYNC 引脚回到低电平时，AD9954 的串口控制器即认为接下来的 8 个 SCLK 的上升沿对应的是下一个通信周期的指令字节，从而保持通信的同步，具体如图 2.4.31～图 2.4.33 所示。

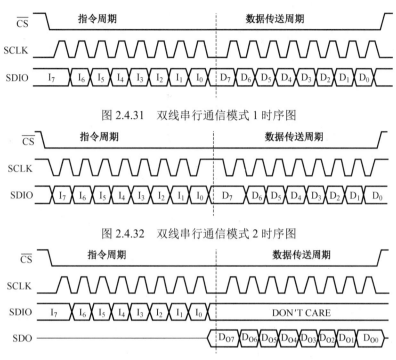

图 2.4.31 双线串行通信模式 1 时序图

图 2.4.32 双线串行通信模式 2 时序图

图 2.4.33 三线串行通信模式时序图

通信完成后，需对 I/O UPDATE 引脚加一个正脉冲，利用脉冲的上升沿将传送的控制数据从 AD9954 的串口控制器中送入对应的各个寄存器，从而启动设定的功能。

AD9954 的串行通信又可编程设定为高位数据先发送与低位字节先发送、三线串行通信与双线串行通信方式，共有 4 种不同的组合。因此，设计者可以根据具体应用情况灵活地选择不同的串行通信方式，这给应用带来了极大的方便。

6）AD9954 应用电路设计

系统时钟频率的稳定度与时钟上升/下降沿的陡峭程度有关，它直接决定了 DDS 芯片输出信号的频率精确度和稳定度。因此，本系统中采用了工作频率为 20MHz 的有源晶振作为 AD9954 的时钟输入，并在 AD9954 内部 20 倍倍频至 400MHz，以同时确保系统的工作速度与信号的稳定度。由于 20MHz 有源晶振会在电源处带入约为 300mV 的噪声，如果处理不当就会耦合进 AD9954 的输出信号，降低系统信噪比。因此，在 PCB 布局时，要重点注意晶振电源线、地线与 AD9954 电源线、地线间的布局，尽量采用平行布线，并在 AD9954 的各个供电引脚与地间加上去耦电容。AD9954 的内部 DAC 为电流型输出，因此应采用电流型运算放大器（如 TI 的 THS4011）接一射极跟随器电路进行输出。此时，输出的信号中有一幅度为 1.8V 的直流分量，可在运算放大器输出端接一隔直电容除去。AD9954 应用电路如图 2.4.34 所示。

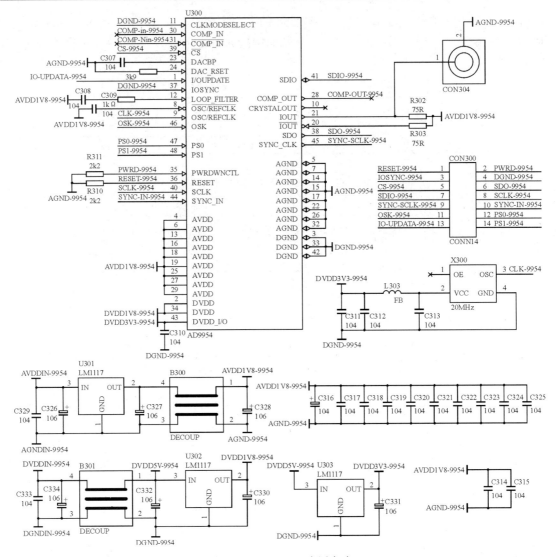

图 2.4.34 AD9954 应用电路

第 3 章
无线通信系统

通信系统是用于完成信息传输的技术系统的总称。现代通信系统主要分为无线通信系统和有线通信系统两种类型，前者借助电磁波在空间完成信息传播，后者主要依靠电磁波（包括光）在双绞线、电缆线等导引媒介中进行传输。在电子设计竞赛中，无线通信系统是很重要的一个出题方向，主要包括 3 种类型的题目。其中，第一类是要求设计一个完整的通信系统；第二类是控制、仪器等题目中要求或需要进行无线通信；第三类是设计无线通信系统的关键电路或模块。

图 3.0.1 所示为通信系统的简化模型，所有通信系统不管复杂程度如何，都包括 3 部分：发送端（信源和发射设备）、接收端（接收设备和信宿）和信道。其中，信源将原始信息转换为相应的电信号，即基带信号；发射设备对基带信号进行调制（变换和处理）、放大（通常需要放大），将其变为适用于信道传输的信号；信道也称为通信链路，包括自由空间、空气、电缆线等传播介质；接收设备的功能与发射设备相反，将接收到的信号进行解调（变换和处理）后变为基带信号，送给信宿；噪声源是包括信道及通信系统中的发射设备和接收设备等各处噪声的集中表示。

图 3.0.1　通信系统的简化模型

3.1　信道、噪声与通信频段

信道是通信系统必不可少的组成部分，而信号传输时信道的噪声也是不可避免的，都是通信的基本问题。本节简要讨论信道和噪声的一些特性。

3.1.1　信道和信道模型

人们常说的信道主要是狭义信道，是指电缆、空气等信号传输的媒质；广义信道包括传输媒质及各种信号变换和耦合装置。在通信系统的设计过程中，往往需要根据狭义信道的特性，通过选择适当的调制频率、调制方式、编码、天线优化等一系列技术手段，优化编码信道的性能。调制信道和编码信道如图 3.1.1 所示。

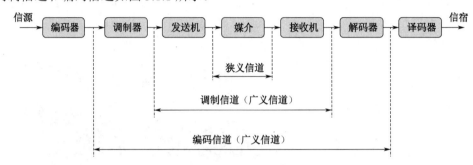

图 3.1.1　调制信道和编码信道

通常分别用调制信道模型和编码信道模型来评估调制信道和编码信道。调制信道属于模拟信道，它对于信号的影响是使信号的模拟波形发生变化。如图 3.1.2（a）所示，可以将信道看成一个时变线性网络，信道对信号的影响包括乘性干扰 $h(\tau,t)$ 和加性干扰 $n(t)$，而编码信道对信号的影响是数字序列的变化，即把一种数字序列变成另一种数字序列。常见的二进制无记忆数字调制系统的编码信道如图 3.1.2（b）所示。编码信道模型主要用于信道编码，编码时应考虑如何尽量利用信道，达到信道容量。

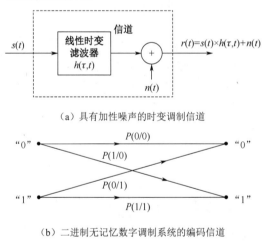

（a）具有加性噪声的时变调制信道

（b）二进制无记忆数字调制系统的编码信道

图 3.1.2　信道模型

对于电子设计竞赛常见的收发系统，常常需要考虑调制信道对通信的影响。有线信道通常具有固定的幅频特性和相频特性，造成信号失真的主要原因是信道的不平坦，这类信道称为恒参信道。针对图 3.1.3 所示的信道，可以通过频域均衡和时域均衡来补偿信道特性。频率均衡是利用滤波器的频率特性补偿信道的频率特性，使包括滤波器在内的基带系统总特性接近无失真传输条件——振幅特性与频率无关（其振幅频率特性曲线是一条直线，且传输群时延与频率无关）。时域均衡是利用可调滤波器等技术直接矫正已失真的响应波形，使整个系统冲激响应满足无码间串扰条件——冲激响应波形仅在 $t=0$ 处不为零，在其他抽样点上均为零。

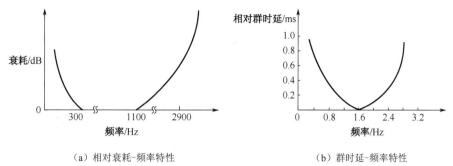

（a）相对衰耗-频率特性　　　　　　　　　　（b）群时延-频率特性

图 3.1.3　典型电话信道的信道特性

无线信道比有线信道更复杂，无线电波在空间中通过直射、折射或反射由发射机传播到接收机，接收机收到的信号是直射波、折射波和散射波的合成信号。接收信号的功率会发生衰减，主要包括平均路径损耗、大尺度衰落和小尺度衰落，这里的衰落是指接收信号电平的随机起伏。如图 3.1.4 所示，接收功率的衰减可以表达为 $L(d) = P(d)S(d)R(d)$，其中 d 表示通信双方的距离。无线信道对信号的影响可以分为以下 3 类。

（1）平均路径损耗 $P(d)$，主要是电波在空间的传播损耗，通常可以利用自由空间损耗模型进行计算。在气温 25℃、一个大气压的理想情况下，自由空间损耗 Lbf（单位为 dB）计算公式为 Lbf $= 32.5 + 20\lg F + 20\lg d$，其中，$d$ 为距离（单位为 km），F 为频率（单位为 MHz）。

（2）大尺度衰落 $S(d)$，主要由于传播环境的地形环境起伏，建筑物和其他遮挡物遮蔽引起的衰落，也称为阴影衰落。阴影衰落的特性符合对数正态分布，接收信号的局部场强中值变化的幅度取决于信号频率和障碍物状况。

（3）小尺度衰落 $R(d)$，接收信号通常是发射信号经过多径传输的矢量合成信号，由于多径传输的随机性造成合成信号可能在短时间或短距离就发生信号强度的快速波动，因此称为小尺度衰落，也称为快衰落。此外，多普勒效应引起的相对速度变化也会造成快衰落。

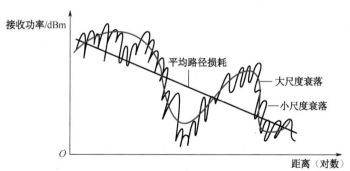

图 3.1.4　接收功率的衰减

对于无线通信系统，平均路径损耗和阴影衰落主要影响无线区域的覆盖范围，决定接收点信号的场强（平均值）。对于通信的各种场合，常用的模型有 Lee 模型、Okumura-Hata 模型、COST231-Hata 模型、Walfisch-Ikegami 模型、室内传播模型等。

小尺度衰落主要影响信号传输质量，用于传输技术的选择和数字接收机的设计。由于多径信号到达接收机有相对时延（时间延迟），因此接收信号在时域上存在时间弥散。如果多路信号的相对时延与传输时间相比不能忽略，那么多路信号叠加时不可避免地造成符号间干扰，由此引起的衰落称为频率选择性衰落。不会造成符号间干扰的情况称为平坦衰落。通常将最后一个到达的脉冲与最先到达的脉冲的时延差称为最大时延扩展，用 T_{max} 来表示。最大时延扩展的倒数就是相干带宽。当带宽低于相干带宽时，信号通过无线信道时将引起非频率选择性衰落；当带宽高于相干带宽时，将引起频率选择性衰落。此时，就可以使用多载波技术，将信号分散在多个载波上，使每个载波的带宽低于相干带宽。

3.1.2　噪声、信道容量和香农公式

在图 3.0.1 的模型中，噪声源是包括信道及通信系统中的发射设备和接收设备等处噪声的集中表示。这里的噪声根据性质，通常可以粗略地分为单频噪声、脉冲干扰和起伏噪声。起伏噪声主要是指热噪声、散弹噪声和宇宙噪声，这些噪声因波形变化不规则而得名。根据其特性，又可分为白噪声、高斯噪声、高斯白噪声、窄带高斯噪声等。

在通信中有一个很重要的概念——信噪比，信噪比是衡量一个信号质量优劣的指标，是指在频带内信号功率和噪声功率的比值，即

$$S/N = \frac{P_s}{P_n} \tag{3-1-1}$$

式中，P_s、P_n 分别为信号和噪声的功率。

通常用 S/N 表示信噪比，单位为 dB，有

$$S/N(\text{dB}) = 10\lg\frac{P_s}{P_n} = 20\lg\frac{U_s}{U_n} \tag{3-1-2}$$

式中，U_s、U_n 分别为信号和噪声的电压。

为了衡量收发系统各处的噪声性能，还需要引入噪声因子 F 和噪声系数 N_F 的概念，其中噪声因子 F 是输出信噪比和输入信噪比的比值，即 $F = \frac{S/N_{out}}{S/N_{in}}$。

而噪声系数 $N_F = 10\lg F$。显然，输出信噪比（dB）=输入信噪比（dB）+N_F。噪声系数是表明系统的噪声性能恶化程度的一个参量，其值越大，说明系统加入的噪声越大。

对于一个多级级联系统，如果第 i 级的增益为 G_i，噪声因子为 F_i，那么级联系统的总噪声因子 F 为

$$F = F_1 + \frac{F_2 - 1}{G_1} + \frac{F_3 - 1}{G_1 G_2} + \cdots + \frac{F_n - 1}{G_1 G_2 \cdots G_{n-1}} \tag{3-1-3}$$

在实际的有干扰信道中，信道容量是指信道中信息无差错传输的最大速率。著名的香农公式给出了有限带宽、有随机热噪声的连续信道的信道容量（bit/s）和信道信噪比及带宽的关系。在有随机热噪声的连续信道上传输时，信道容量 C（bit/s）与信道带宽 B（Hz）、信噪比 S/N 的关系为

$$C = B\log_2(1 + \frac{S}{N}) \tag{3-1-4}$$

如果信道中噪声 $n(t)$ 的单边功率谱密度为 n_0，那么香农公式可表示为

$$C = B \log_2 (1 + \frac{S}{n_0 B}) \tag{3-1-5}$$

变换一下形式成为

$$\frac{C}{B} = \log_2 (1 + \frac{S}{N}) \tag{3-1-6}$$

这个 C/B 就是单位带宽的容量（业务速率），即频谱利用率的概念。也就是说，香农定理给出了一定信噪比下频率利用率的极限。

香农公式给出理论上单位时间内可能传输的信息量的极限数值。只要传输速率小于等于信道容量，就一定可以找到一种实现无差错传输的信道编码方式。若传输速率大于信道容量，则不可能实现无差错传输。

由香农公式可得出以下结论。

（1）要增加信道容量，可以从加宽信道宽度、加大信号功率及减少噪声功率 3 个方向入手。

（2）增大信道带宽 B 可以增加信道容量，但不能使信道容量无限制增大。当 B 为无穷大时，有 $\lim\limits_{B \to \infty} C = \left(\frac{S}{n_0} \right) \log_2 e \approx 1.44 \frac{S}{N}$。

（3）假设系统到达了极限信息传输速率，此时每位能量 E_b 与噪声密度 n_0 之比最小为 $\frac{E_b}{n_0} \approx -1.6 \text{dB}$。

（4）带宽和功率可以互换，在噪声功率谱密度一定的情况下，信道容量可以通过带宽与信号功率的互换而保持不变。此外，在大信噪比情况下，信号容量 C 与带宽近似成线性关系；若带宽 B 保持不变，则信道容量 C 与信号功率 S 近似成对数关系，上升较缓慢。在小信噪比条件下，信号容量 C 与带宽还是近似成线性关系；若信道容量 C 与信号功率 S 近似成对数关系，则此时变化速率近似于线性变化。这是后面扩频通信体制的理论基础。

3.1.3 信号接收强度、灵敏度和链路裕度

在接收端接收到的无线信号的强度可以用以下公式表示。

$$R_{ss} = P_t + G_t + G_r - L_c - P(d) \tag{3-1-7}$$

其中，R_{ss} 为接收信号强度；P_t 为发射功率；G_r 为接收天线增益；G_t 为发射天线增益；L_c 为电缆和缆头的衰耗；$P(d)$ 为平均路径损耗。

为了表示接收机在满足一定的误码率（数字调制）性能或输出规定信噪比/信纳比的条件下接收机输入端需输入的最小信号电平，这里引入了灵敏度的概念。下面公式反映的是决定灵敏度的因素，这些因素互相独立。

$$S = -174 \text{ dBm} + N_F + 10 \lg \Delta f + 期望\ S/N \tag{3-1-8}$$

式中，S 为静态参考灵敏度；-174 dBm 为室温（290K）下 1 Hz 带宽的热噪声功率；$10 \lg \Delta f$ 因子表示带宽为 Δf 时引起的噪声功率变化，带宽越宽，噪声功率越大，固有噪声电平越高；期

望 S/N 为用 dB 表示期望信号噪声比；N_F 为接收机接收解调器前的噪声系数。根据公式，如果需要更高的接收机灵敏度，那么在保持相同信号输入电平的情况下需要降低信号带宽。

对于数字调制，期望 S/N 通常是解调所需的有用信号与噪声信道的比值 E_b/N_t，即 S/R 的最小值。静态参考灵敏度通常是静态传播情况下的理想数值，是衡量接收机性能好坏的一个重要指标。在实际工作中，由于接收机所处的环境非常复杂，各种衰落都会降低接收机性能，因此需要计算链路裕量（SFM，也称为链路系统裕量）。链路裕量是指接收站设备实际接收到的无线信号与接收站设备允许的最低接收阈值（设备接收灵敏度）相比多的富裕 dB 数值。

$$SFM = R_{ss} - R_s \tag{3-1-9}$$

其中，R_{ss} 为接收信号强度；R_s 为设备接收灵敏度（单位为 dB）。

链路裕量是衡量无线链路可用性和稳定性的重要指标。在考虑无线通信的通信距离（建设无线链路）时，必须保留一定的链路裕量，通常建议链路裕量为 15～20dB。

3.1.4　常用通信频段

无线通信中使用的频段只是电磁波频段中很小的一部分，定义了无线电波的频率范围。为了合理使用频谱资源，保证各种行业和业务使用频谱资源时彼此之间不会干扰，国际电信联盟无线委员会（ITU-R）颁布了国际无线电规则，对各种业务和通信系统所使用的无线频段都进行了统一的频率范围规定。这些频段的频率范围具体到各个国家和地区的实际应用会略有不同。

无线电资源是一个国家重要的战略资源，根据《中华人民共和国物权法》和《中华人民共和国无线电管理条例》："无线电频谱资源属国家所有。国家对无线电频谱实行统一规划、合理开发、科学管理、有偿使用的原则。"因此，应依法使用无线电频率资源。根据新修订的《中华人民共和国无线电管理条例》，生产、进口、销售和设置使用符合国家规定的微功率无线电设备无须办理无线电频率使用、无线电台（站）设置使用和无线电发射设备型号核准许可，不需要缴纳频率占用费，但应接受无线电管理机构依法开展的监督检查。需要注意的是，按照《微功率（短距离）无线电设备的技术要求》设计和研制无线通信设备时，应避免对其他合法的各种无线电台产生干扰。如果受到合法无线电台站或工业、科学及医疗应用设备的辐射干扰时，那么必须避让或忍受。

无线通信主要利用电磁波的传播完成通信。众所周知，波长与频率的乘积就是每秒钟传播的距离，即波的传播速度，$\lambda = V/f$，其中，λ 为波长，f 为频率，V 为速度。表 3.1.1 所示为无线通信常用的频段。在实际应用中，频段选取要考虑天线效率、路径损耗、可用带宽、元器件及法律法规要求等因素。例如，微功率（短距离）无线电设备可以选用 87～108 MHz（e.r.p.max=3 mW，占用带宽不大于 200 kHz）、84～87 MHz（e.r.p.max=10 mW，占用带宽不大于 200 kHz）和 470～510 MHz（e.r.p.max=50 mW，占用带宽不大于 200 kHz）。

表 3.1.1　无线通信常用的频段

频段/Hz	名　　称	波　段	传播特性	典　型　应　用
3～30k	甚低频（VLF）	超长波	空间波为主	远程导航、水下通信、声呐
30～300k	低频（LF）	长波	地波为主	导航、电力通信

续表

频段/Hz	名　称	波　段	传播特性	典 型 应 用
300～3000k	中频（MF）	中波	地波与天波	广播、海事通信、测向、险遇求救、海岸警卫
3～30M	高频（HF）	短波	天波与地波	远程广播、电报、电话、传真、搜寻救生、飞机与船只间通信、船—岸通信、业余无线电
30～300M	甚高频（VHF）	米波	空间波	电视、调频广播、陆地交通、空中交通管制、出租汽车、警察、导航、飞机通信
0.3～3G	特高频（UHF）	分米波	空间波	电视、蜂窝网、微波链路、无线电探空仪、导航、卫星通信、GPS、监视雷达、无线电高度仪
3～30G	超高频（SHF）	厘米波	空间波	卫星通信、无线电高度仪、微波链路、机载雷达、气象雷达、公用陆地移动通信
43～430T	红外（7～0.7μm）			光通信系统
430～750T	可见光（0.7～0.4μm）			光通信系统
750～3000T	紫外线（0.4～0.1μm）			光通信系统

3.2　常用调制解调方式

调制在通信系统中的作用至关重要。广义的调制分为基带调制和载波调制。在无线通信和其他场合中，调制一般指载波调制。信源的模拟信号一般包含较低的频率分量，由于天线尺寸等原因不适宜直接进入信道进行传输；同时，为了实现信道的多路复用或对抗信道的特定噪声，通常需要进行载波调制，即将基带信号（调制信号）变换成适合在信道中传输的已调信号。上面的过程是调制，与之对应的是在接收端将已调信号恢复为原始基带信号，也就是解调。

为了进行调制和解调，常需要利用非线性元件（如二极管和乘法器），让两个不同频率的电信号产生相互作用，从而产生其他频率信号的过程，这一过程称为混频。而完成这一过程的装置，称为混频器。

3.2.1　模拟调制

通常基带调制信息的信号瞬时峰值电压会持续变化，并且其占用的频率范围相对较低，而载波是振幅不变的高频正弦波。模拟调制是根据基带模拟信号的变化规律改变高频载波某些参数的调制方式。常用的模拟调制方式有 3 种：幅度调制或调幅（AM）是变换载波的幅度；频率调制或调频（FM）是改变载波的频率；相位调制或调相（PM）是改变载波的相位。下面进行具体介绍。

1. 幅度调制

幅度调制包括标准调幅（AM）、双边带调幅（DSB）、单边带调幅（SSB）和残留边带调制（VSB）。幅度调制是线性变换，已调信号频谱是基带信号频谱的平移及线性变换。

1）普通调幅或标准调幅

考虑一个频率为 f_c，幅度为 A 的载波（正弦波）：

$$c(t) = A \cdot \sin(2\pi f_c t) \tag{3-2-1}$$

$m(t)$表示调制波形，不失一般性，调制信号频率为f_m（$f_m \ll f_c$）的正弦波：

$$m(t) = M \cdot \cos(2\pi f_m t + \phi) \tag{3-2-2}$$

式中，M是调制信号的幅度。这里$M<1$，以保证（$1+m(t)$）总是正数。若$M>1$，则会出现过调制；当重构消息信号时，会导致原始信号的丢失。

幅度调制的结果为

$$\begin{aligned} y(t) &= [1+m(t)] \cdot c(t) \\ &= [1+M \cdot \cos(2\pi f_m t + \phi)] \cdot A \cdot \sin(2\pi f_c t) \end{aligned} \tag{3-2-3}$$

$$y(t) = A \cdot \sin(2\pi f_c t) + \frac{AM}{2}[\sin(2\pi(f_c + f_m)t + \phi) + \sin(2\pi(f_c - f_m)t - \phi)] \tag{3-2-4}$$

调制信号有3个组成部分：载波$c(t)$，频率略高和略低于载波频率f_c的两个边带，如图3.2.1所示。

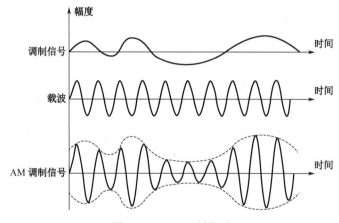

图 3.2.1 AM 调制信号

2）双边带抑制载波调幅

在 AM 调制中，可以看到载波部分并不包含有用的用户信息，但是占用了相当一部分功率，因此有了无载波的调幅——双边带抑制载波调幅（DSB-SC）。与 AM 不同，DSB-SC 不传输载波，在相同的功率下，DSB-SC 比 AM 能够传输的有用基带信号的能量更高。DSB-SC 的效率达到了 50%，而普通 AM 的最大效率为 33.333%。双边带抑制载波调试是普通调幅的一种特例，常简称双边带调制（DSB）。

解调需要将 DSB-SC 信号与载波信号相乘，得到的乘积信号通过一个低通滤波器以取出低频分量产生原始消息信号。

3）单边带调幅

根据式(3-2-4)，可以看到 AM 信号及 DSB 的两个边带都传递相同的信息。在实际通信中，可以只利用一个边带传输信息内容，这就是单边带调幅（SSB）。在无线电通信中，单边带调制或单边带抑制载波调制（SSB-SC）相对于双边带调幅减少了一半带宽，可以更加有效地利用电能和带宽，同时也具有更好的抗选择性衰落；但是单边带调制技术的收发系统更加复杂，成本也更高。

4）残留边带调制

由于 SSB 的单边带滤波器较难实现，因此通信中还常用残留边带调制（VSB）。在残留边带调制中，除了传送一个边带，还保留了另一个边带的一部分。这样既克服了 DSB 占用频带宽的问题，又能避免单边带滤波器需要过渡带无限陡滤波器的实现困难。残留边带信号显然也不能简单地采用包络检波，而必须采用相干解调。

2. 角度调制

角度调制是频率调制和相位调制的总称，它会使正弦载波信号的角度随着基带调制信号的幅度变化而改变。其中，频率调制改变载波的频率，相位调制改变载波的相位。由于频率和相位之间存在微分与积分的关系，因此调频和调相本质上是一样的。角度调制是非线性调制，已调信号不再保持原来基带频谱的结构，会产生无限的频谱分量，但其频谱的能量分布还相对集中在一定的频带宽度之内。

角度调制信号的一般表达式为

$$S_m(t) = A\cos(\omega_c t + \varphi(t)) \tag{3-2-5}$$

式中，A 为载波的恒定振幅；$\omega_c t + \varphi(t)$ 为信号的瞬时相位 $\theta(t)$，其中 $\varphi(t)$ 为相对于载波相位 $\omega_c t$ 的瞬时相位偏移；$d(\omega_c t + \varphi(t))/d(t)$ 为信号的瞬时频率，其中 $d(\varphi(t))/d(t)$ 为相对于载频 ω_c 的瞬时频偏。

1）相位调制

相位调制是指瞬时相位偏移随调制信号 $m(t)$ 而线性变化，即

$$\varphi(t) = K_p m(t) \tag{3-2-6}$$

其中，K_p 是一个常数。于是，调相信号可表示为

$$S_{PM}(t) = A\cos(\omega_c t + K_f m(t)) \tag{3-2-7}$$

2）频率调制

所谓频率调制，是指瞬时频率偏移随调制信号 $m(t)$ 而线性变化，即

$$d(\varphi(t))/d(t) = K_f m(t) \tag{3-2-8}$$

其中，K_f 是一个常数，这时相位偏移为

$$\varphi(t) = K_f \int_{-\infty}^{t} m(\tau)d\tau \tag{3-2-9}$$

则可得调频信号为

$$S_{FM}(t) = A\cos(\omega_c t + K_f \int_{-\infty}^{t} m(\tau)d\tau) \tag{3-2-10}$$

鉴于在实际应用中多采用 FM 波，下面将集中讨论频率调制。在频率调制中，最大相位偏移及相应的最大频率偏移较小的，即一般认为满足 $|K_f \int_{-\infty}^{t} m(\tau)d\tau| \ll \pi/6$ 时，称为窄带调频（NBFM）；反之，称为宽带调频（WBFM）。

前面已经指出，频率调制属于非线性调制，计算已调制频率信号的频率成分需要使用贝塞尔函数，限于篇幅这里不再介绍。根据贝塞尔函数，频率调制的频谱包含无穷多个频率分量，

因此理论上其频带宽度为无限宽。然而，由于其频率分量的幅度随着其与中心频率距离的增大而逐渐减小，因此调频信号可近似认为具有有限频谱。

对于单音调频，其带宽取决于最大频偏和调制信号的频率，可用卡森公式表示。

$$B_{FM} = 2(m_f + 1)F = 2(\Delta f_m + f_m) \tag{3-2-11}$$

若 $m_f \ll 1$，$B_{FM} \approx 2f_m$，这就是窄带调频的带宽。

若 $m_f > 10$，$B_{FM} \approx 2\Delta f$，这是大指数宽带调频情况，说明带宽由最大频偏决定。

根据经验把卡森公式推广，即可得到任意带限信号调制时的调频信号带宽的估算公式。

$$B_{FM} = 2(D + 1)f_m \tag{3-2-12}$$

式中，f_m 为调制信号的最高频率；D 为最大频偏 Δf 与 f_m 的比值。

在实际应用中，当 $D>2$ 时，调频带宽可以用以下公式计算。

$$B_{FM} = 2(D + 1)f_m \tag{3-2-13}$$

FM 最典型的应用就是 FM 广播，常规的 FM 广播需要 200 kHz 带宽，其最大频率偏移为 ±75kHz，同时还有 25 kHz 的保护频带。FM 相比于 AM 最大的优势是 FM 具有良好的噪声抑制能力。这是因为 AM 的振幅变化影响信息，但是 FM 的信息是由信号的频率改变携带的，所以可以在传输过程中利用限幅电路去除外部噪声。

同时，FM 接收器常常具有捕获效应。对于同频的两个 FM 信号，或者 FM 信号和噪声，FM 的抗噪声性能使得 FM 接收器可以有效地阻止信号强度较弱的信号，锁定较强的信号。

3. 各种调制方式的特点及应用

AM 的优点是接收设备简单，利用二极管检波就可以实现解调；缺点是功率利用率低，抗干扰能力差，信号带宽较宽，频带利用率不高。因此，AM 用于通信质量要求不高的场合，目前主要用在中波和短波的调幅广播中。

DSB 的优点是功率利用率较高；缺点是接收要求同步解调，设备较复杂。同时，其频带利用率不高。

SSB 的最大优点是带宽窄（只有 AM 和 SSB 的一半）、功率利用率和频带利用率都高，同时具有较强的抗干扰能力；缺点是发送和接收设备都很复杂。SSB 普遍用在频带比较拥挤的短波波段场合。

VSB 性能与 SSB 相当，原则上也需要同步解调，但在某些 VSB 系统中，附加一个足够大的载波，形成（VSB+C）合成信号，就可以用包络检波法进行解调。这种（VSB+C）方式综合了 AM、SSB 和 DSB 三者的优点，因此在商业领域中应用较为广泛。

FM 波具有恒定的幅度，因此对器件的非线性不敏感。同时，利用自动增益控制和带通限幅还可以消除快衰落造成的幅度变化，使得 FM 具有较强的抗衰落能力。宽带 FM 的抗干扰能力强，可以实现带宽与信噪比的互换，因而被广泛应用于长距离高质量的通信系统中，如空间和卫星通信、调频立体声广播等场合。小型通信机常采用 FM 的调制方式，有很多 FM 的发射和解调芯片很适合用在竞赛的场合。

假设信源模拟信号带宽为 f_m，表 3.2.1 给出了几种常用的模拟调制方式的性能比较。

表 3.2.1　几种常用的模拟调制方式的性能比较

调制方式	传输信道带宽	制度增益	实现的复杂度
AM	$2f_m$	2/3	较小：调制简单，包络检波解调简单
DSB	$2f_m$	2	中等：调制实现简单；解调要求相干解调，实现复杂
SSB	f_m	1	较大：调制、解调实现都复杂
VSB	略大于 f_m	近似于 SSB	较大：调制、解调实现中等复杂，解调需要相干解调，对称滤波
FM	$2(m_f+1)f_m$	$3(m_f+1)m_f^2$	中等：调制实现中等，解调实现简单

就抗噪性能而言，WBFM 最好，DSB、SSB、VSB 次之，AM 最差。NBFM 与 AM 接近。图 3.2.2 给出了各种模拟调制系统的性能曲线。图 3.2.2 中的圆点表示门限点。门限点以下，曲线迅速下跌；门限点以上，DSB、SSB 的信噪比比 AM 高 3.7dB 以上，而 FM（$m_f=6$）的信噪比比 AM 高 22dB。就频带利用率而言，SSB 最好，VSB 与 SSB 接近，DSB、AM、NBFM 次之，WBFM 最差。从图 3.2.2 中还可以看出，FM 的调频指数越大，抗噪性能越好，但占据带宽越宽，频带利用率越低。

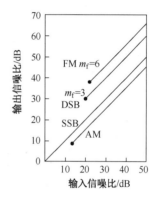

图 3.2.2　各种模拟调制系统的性能曲线

3.2.2　数字调制

模拟通信技术的特点之一就是简单，但模拟通信过程中传输的信息一旦丢失将无法进行恢复。数字通信技术最重要的优点之一是可以通过各种形式的纠错方法对丢失的信息进行恢复，因此可以在更恶劣的信噪比环境下通信；并且数字通信具有再生能力——恢复已经受到干扰的数字信号。

数字通信需要数字调制，要将数字信号通过载波调制和解调传输到接收端，其系统组成如图 3.2.3 所示。模拟信号也可以经过 A/D 转换或编码电路（一种特殊的 A/D 转换电路，如PCM、ΔM 编码）后通过数字调制传送到接收端，然后通过 D/A 转换或解码电路还原发送端模拟信号。

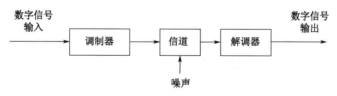

图 3.2.3　数字通信系统组成

1. 常用数字调制

与模拟调制类似，数字信号有 3 种基本的数字调制方式：幅移键控（ASK）、移频键控（FSK）和移相键控（PSK）。下面进行具体介绍。

1）ASK

ASK 是幅移键控的缩写，"键控"一词来源于摩尔斯（Morse）码时代，是通过被称为电键的开关按照码字逐个打开或关闭载波的过程。最简单的发送 0、1 信息的方法是通过控制发射机载波的开闭来实现，所以 ASK 有时也称为开关键控（On-Off Keying，OOK）。ASK、FSK 和 PSK 的波形如图 3.2.4 所示。其实现方法有两种：一种是乘法器实现法，即将信息序列经过基带信号形成器后利用乘法器（常采用环形调制器）与载波相乘，相乘后的信号通过带通滤波器滤除高频谐波和低频干扰；另一种是根据数字序列控制一个电键控制载波振荡器的输出。

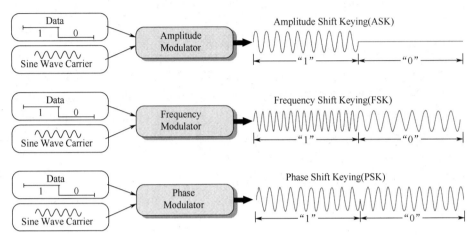

图 3.2.4　ASK、FSK 和 PSK 的波形

图 3.2.4 中直接利用数字信号进行调幅，生成 2ASK 信号，但是数字基带信号频谱范围普遍比较宽，不符合实际通信中的有限带宽要求。为了让数字信号在实际信道上进行传输，需要在发送端对其进行滤波限制其带宽，与此同时也要防止信号带限而引入码间串扰。升余弦滤波器既能对基带信号频谱进行带限，也不影响信号在特定时刻的抽样值，符合数字通信系统滤波和无误码传输的要求。由于中频和射频频率较高，数字信号处理较为困难，因此实际的数字通信系统常需要在基带利用数字信号处理技术，利用升余弦进行成形滤波。图 3.2.5 所示为升余弦滤波器的时域响应。

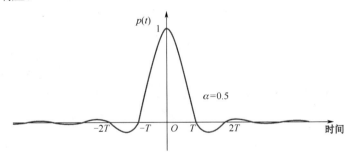

图 3.2.5　升余弦滤波器的时域响应

其中

$$p(t) = \left(\frac{\sin(\pi t / T)}{\pi t / T} \right) \left(\frac{\cos \alpha \pi t / T}{1 - (2\alpha t / T)^2} \right) \qquad (3\text{-}2\text{-}14)$$

式中，α 为滚降系数，表示额外带宽占用率。α 越小，带宽效率越高。

另外，信号不可避免地会受到传输过程中的噪声干扰，如果判决时刻的噪声很强，就可能出现误码。为了保证输出信噪比最大并减小误码率，需要在解调时进行匹配滤波。匹配滤波的另外一个名称是相关接收，两者表征的意义完全一样，匹配滤波着重在频域的表述，而相关接收着重在时域的表述。

2）FSK

频移键控（FSK）是频率调制的一种形式。如图 3.2.4 所示，2FSK 的调制波输出在两个预先设置的频率间（通常标记为点频率和划频率）变化。FSK 可以看成一种 FM 系统，其载波频率在点频率与空频率正中间，并由方波进行调制，也可以看成两个 ASK 信号的合成。在实际中，FSK 的调制可以通过切换一个附加到振荡器谐振电路的电容器，或者利用方波调制信号控制到压控振荡器（VCO）来生成。

图 3.2.4 所示的 2FSK 系统，其输出波在两个频率间变化。目前常用的还有 4FSK 调制，其输出波频率在 4 个频率间变化，典型的二进制符号 4FSK 的频偏映射关系如表 3.2.2 所示。

表 3.2.2　二进制符号 4FSK 的频偏映射关系

信息比特		4FSK 符号	频　偏
bit0	bit1		
0	1	+3	+1.944 kHz
0	0	+1	+0.648 kHz
1	0	-1	-0.648 kHz
1	1	-3	-1.944 Hz

另一种常用的 FSK 调制是 GFSK 调制，GFSK 调制就是在标准 FSK 调制之前加入了一级高斯滤波器。与传统的 FSK 相比，GFSK 调制能更有效地提高频带的利用率。

3）PSK

相移键控（PSK）用载波相位的移动表示输入信息。例如，对于图 3.2.4 所示的最简单的二进制相移键控（BPSK），码元为 "1" 时，载波保持其参考相位（无相移）；而码元为 "0" 时移相 180°（反相）。

在数字通信领域中，经常将数字信号在复平面上表示，这种图示就是星座图。星座图可以看成数字信号的一个 "二维眼图" 阵列。图中点到原点的距离代表的物理含义是：这个点对应信号的能量；相邻两个点的距离称为欧氏距离，表示这种调制所具有的抗噪声性能。例如，常用的 2PSK、QPSK 和 8PSK 调制的区别可以从图 3.2.6 中看出。

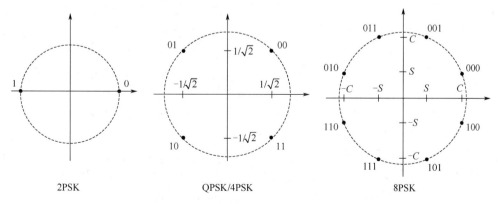

图 3.2.6　2PSK、QPSK 和 8PSK 星座图

对于 BPSK 调制，当干扰引起接收端固定参考基准相位发生随机跳变后，BPSK 的解调会在接收端输出与原信号完全相反的码元，这种现象称为倒 π 现象。

差分相移键控（DPSK）是很重要的 PSK 调制方式。与 BPSK 采用绝对移相不同，2DPSK 利用前后相邻码元的相对载波相位值表示数字信息。也就是说，用前后两个码元之间相差来表示码元的值"0"和"1"，因此避免了 BPSK 中的倒 π 现象。

4）MSK

产生 FSK 信号最简单的方法是根据输入的数据位数在两个独立的振荡器中切换，因此采用这种方法产生的 FSK 信号波形的相位在切换时相位是不连续的。其功率谱密度函数按照频率偏移的-2 次幂衰减，衰减速度较慢；而相位连续的 FSK 信号的功率谱密度函数最终按照频率偏移的-4 次幂衰减，具有更快的衰减速度。最小移位键控（MSK）就是相位连续的一种 FSK 调制方式，MSK 又称为快速移频键控（FFSK）。这里"最小"是指能以最小的调制指数（0.5）获得正交信号；而"快速"是指对于给定的频带，它能比 PSK 传送更快。

MSK 信号的特点：已调信号的振幅是恒定的，即属于恒包络调制；信号的频偏严格等于 $\pm \dfrac{1}{4T_{s}}$，相应的调制指数为 0.5；以载波相位为基准的信号相位在一个码元期间内严格线性变化 $\pm \dfrac{\pi}{2}$；在一个码元周期内，信号应包括四分之一载波周期的整数倍；在码元转换时刻信号的相位是连续的。

GMSK 调制技术是从 MSK 调制的基础上发展起来的一种数字调制方式，其工作原理是将基带信号先经过高斯滤波器，再进行最小频移键控（MSK）调制。由于成形后的高斯脉冲包络既无陡峭边沿，也无拐点，因此具有频谱紧凑的优点。

2. 频谱效率和噪声性能

对数字调制系统的选择主要从 4 个方面来考虑：带宽效率、频带宽度、抗噪声性能及实现的复杂程度。

带宽效率是衡量调制方式在给定带宽中携带信息能力的指标，其单位为 bit/(s·Hz)。BPSK 与 MSK 的理论效率为 1 bit/(s·Hz)，说明最好情况下的数据传输速率等于信号带宽。通常通过增加复杂度能够达到更好的带宽效率，表 3.2.3 给出了几种常用数字调制的理论带宽效率。

表 3.2.3　几种常用数字调制的理论带宽效率

调制方式	理论带宽效率 /[bit/(s·Hz)]
FSK	<1
BPSK，MSK	1
GMSK	1.35
QPSK	2
8PSK	3
16QAM	4
64QAM	6
256QAM	8

在保证信息传输速率的情况下，还需要考虑抗噪声性能——误码率及敏感程度和复杂度，主要表现在 5 个方面：ASK 实现最简单，抗噪性能最差；FSK 占用频带最宽，容易实现，对信道的变化不敏感；PSK 实现最复杂，但抗噪性能好；同步（相干）解调实现复杂、但性能好；非相干解调电路简单，但性能较差。实际电路设计过程中，主要利用现有的无线收发芯片完成。在选择芯片时，还要注意工作频段、外围电路的复杂度、接口（如果采用标准串口，那么编程较方便）、功耗等因素。

3. 扩频通信

根据香农公式，在信道带宽 C 不变的情况下，带宽 B 和信噪比 S/N 是可以互换的，扩频通信是通过将能量扩展到远大于传输信息所需的最小带宽，以获得更好的信噪比的一种通信方式。换句话说，扩频系统的发送端将载波带宽扩展到比不使用扩频时宽得多的频带上，在接收端需要扩频的逆过程（即解扩）将接收信号的能量恢复为原始的窄带形式。

扩频通信包括跳频、直接序列扩频、跳时、宽带线性调频方式，以及前几种的混合方式，常用的扩频通信方式如图 3.2.7 所示。下面主要介绍直接序列扩频。

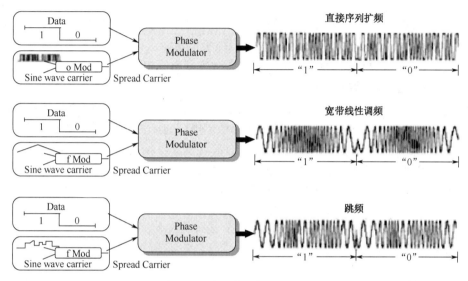

图 3.2.7　常用的扩频通信方式

直接序列扩频（Direct Sequence Spread Spectrum）通信，简称直扩通信（DS）。直接序列扩频是将要发送的信息用伪随机序列扩展到一个很宽的频带上。在接收端，用与发射端扩展使用的一样的伪随机序列来解扩接收到的扩频信号，恢复出原始的信息。它的调制过程示意图如图 3.2.8 所示。在收到发射信号后，接收机要用一个和发射机中的伪随机码同步的本地码对接收信号进行相关处理，这一处理过程常常称为解扩，解扩后的信号送到解调器，解调后就可以恢复出原始发射信息，其示意图如图 3.2.9 所示。

在直接序列扩频通信系统中，扩频码的选择至关重要。它不仅关系到系统的抗多径干扰、抗干扰的能力，还关系到信息数据的保密和隐蔽，也关系到捕获和同步系统的实现。

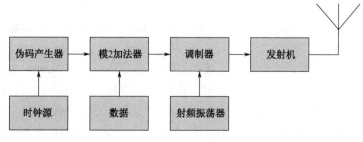

图 3.2.8　直扩调制过程示意图

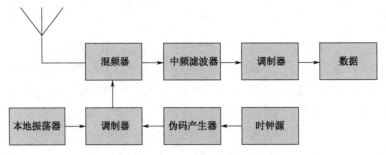

图 3.2.9　直扩解调过程示意图

伪随机码（或伪噪声，Pseudorandom Noise，PN）序列是一种常见的扩频码。伪随机码序列具有类似于随机序列的基本特征，是一种看似随机但实际上有规律的周期性二进制序列。如果发送序列经过完全随机性的加扰，接收机就无法恢复出原始序列。

伪随机码序列的具体要求如下。

（1）具有良好的伪随机性，即伪随机码是按照预先一定的规律形成的，使通信对方能够按此预定的规律将信号检测出来，但如果不知道预定规律的无关接收，就难以把信息恢复出来。

（2）具有良好的自相关、互相关特性，即有着尖锐的自相关峰值，互相关峰值近似为零，这样接收端容易准确地把所需信号检测出来，并降低检测误差。

（3）足够多的序列数目，在码分多址通信系统中，保证有足够的地址码可以分配。

（4）工程上易于实现，设备简单，所需成本低。

扩频序列主要有 m 序列、Gold 序列、Walsh 序列、OVSF 序列、GMW 序列、互补序列、混沌序列等。

3.2.3　语音编码和声码器

在无线通信类题目中，语音通信是一个重要内容，但近来大部分题目都要求同时实现数字短信、选呼等功能，纯粹的语音通信很少出现，因此需要将语音内容数字化。在通信系统中，语音占用 300～3300 Hz 的频带，通常采用高于奈奎斯特速率的 8K 采样率、8bit 的线性模数转换，其数据比特率为 64kbit/s。声码器可以在保证一定语音质量的前提下，以尽可能的语音编码率实现对无线通信资源的充分利用。目前的低速声码器码率主要在 600bit/s 以下，但主要用于军事保密通信。目前，市场上较容易买到的专用声码器主要有 CMX639，CMX638、AMBE1000、AMBE3000 等。

1. CVSD 编码器——CMX639

图 3.2.10 和图 3.2.11 所示分别为 1970 年由 Greefkes 和 Riemens 提出的 CVSD 编、解码的框图。CVSD 是一种非常适合无线通信的语音数字编码方式，其 1bit 量化的编码方式无须帧同步，可以避免复杂的帧结构。同时，具有较好的检测误码和纠错的性能。此外，CVSD 可以在 9.6～64kbit/s 的速率内工作。9.6kbit/s 的语音已经不影响理解，而在 24～48kbit/s 时，语音质量已经很好。对于 48K 的 CVSD，在误码率为 10^{-3} 时可以保证 MOS 值 4（good）以上的音质，远远高于 64K 的 PCM 编码。CVSD 应用非常广泛，蓝牙、MIL-STD-188-113 和 Federal Standard 1023 都采用了 CVSD。

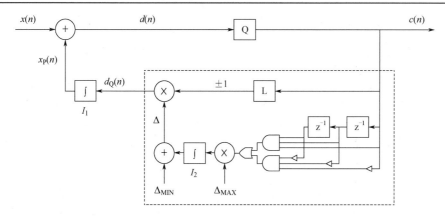

图 3.2.10 CVSD 编码的框图

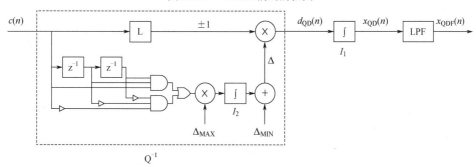

图 3.2.11 CVSD 解码的框图

CMX639 是美国国家半导体公司推出的斜率连续可变增量（CVSD）全双工音频调制芯片。芯片实现了单芯片语音编码和解码功能，可以方便地对其进行设置，非常适用在语音通信系统中。CMX639 的典型应用电路如图 3.2.12 所示，可以看到其外围电路非常简单。

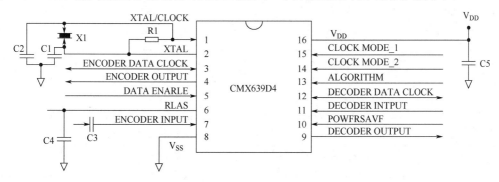

图 3.2.12 CMX639 典型电路

2. AMBE-1000

AMBE-1000 是美国 DVSI 公司基于多带激励（MBE）技术的低比特率、高质量语音多速率编码解码芯片，其语音编码/解码速率可以在 2400～9600bit/s 内以 50bit 的间隔变化。芯片内部有相互独立的语音编码和解码通道，可同时完成语音的编码和解码任务。

AMBE-1000 有多种工作模式：并行和串行、有帧和无帧、主动和被动。其中，并行被动帧模式是最灵活和实用的一种工作模式。AMBE-1000 要求语音数据以串行的方式输入、输出，其硬件接口电路如图 3.2.13 所示。

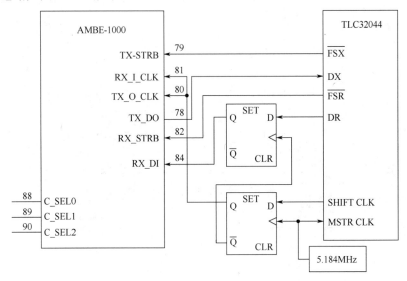

图 3.2.13　AMBE-1000 和 TLC32044 接口电路

3. 音频编码解码器

除了声码器，市场上还有很多音频编码解码器，表 3.2.4 所示为 TI 公司的部分产品，其中 TLV320AIC23B 的使用较为广泛。

表 3.2.4　TI 公司的部分 CODEC 芯片

型　号	描　述	模拟输入	采样率（Max）/kHz	ADC SNR /dB	DAC SNR /dB
TLV320AIC3109-Q1	汽车类低功耗 96kHz 单声道音频编解码器	4	96	92	102
TLV320AIC12K	语音频带单声道编解码器	3	26	84	92
TLV320AIC14K	低功耗单声道编解码器	3	26	84	92
TLV320AIC23B-Q1	汽车类具有集成耳机放大器的 8～96kHz 立体声音频编解码器	3	96	90	100
TLV320AIC23B	具有耳机放大器的低功耗立体声音频编解码器	3	96	90	100
PCM3008	低电压低功耗单端模拟输入/输出 16 位立体声音频编解码器	2	48	88	92
TLV320AIC10	通用 16 位 22KSPS DSP 编解码器	2	22.05	87	90
PCM3500	低电压低功耗 16 位 Mono SoundPlus™ 语音/调制解调器编解码器	1	26	88	92
TLC320AD545	具有混合运算放大器、扬声器驱动器的单通道编解码器	1	11.025	78	87
PCM3002	16 位/20 位单端模拟输入/输出 SoundPlus™立体声音频编解码器	2	48	90	94

3.3　通信系统的组成

通信系统由发射机和接收机组成。在设计通信系统时，不仅要考虑功率、灵敏度等性能指标，还要考虑成本及电路复杂度等因素。下面分别介绍接收机和发射机的常见结构。

3.3.1　常见接收机结构

接收机从天线接收信号后，通过对信号的滤波、放大、解调，将射频信号变成基带信号。接收机的结构主要有 3 种：超外差结构、直接下变频结构（也称为零中频结构）、低中频结构。

1. 超外差接收机

超外差接收机接收的信号首先经过射频带通滤波器，滤除带外干扰后与本振信号混频，变频为一固定中频信号，再进行解调。典型的一次变频超外差接收机结构如图 3.3.1 所示。

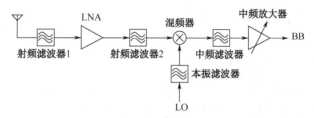

图 3.3.1　典型的一次变频超外差接收机结构

超外差接收机经常会受到镜像频率干扰。在无线通信系统中，由于系统的非线性特性，因此会产生很多组合干扰频率。特别是混频器，会产生很多输入信号和本振的组合干扰。例如，输入信号频率 f_1 与本振频率 f_2 进行混频时，除了预计的 $f_1 \pm f_2$ 的频率，还会产生很多干扰，其频率为 $Pf_1 \pm Qf_2$，其中 P、Q 为整数。镜像频率干扰（也称为镜像干扰）是常见的组合干扰。如图 3.3.2 所示，当有用的射频信号 $rf(f = 2\pi\omega_{\text{rf}})$ 和某个镜像频率信号 $i(f = 2\pi\omega_1)$ 经过下变频后，频谱交叠在一起，无法用中频滤波器滤除干扰信号。由镜像干扰产生的机理可知，要消除镜像干扰最简单的方法就是在其进入混频器之前进行滤除。也就是说，在图 3.3.1 中利用射频滤波器 1 和射频滤波器 2 尽量抑制镜像频率干扰。

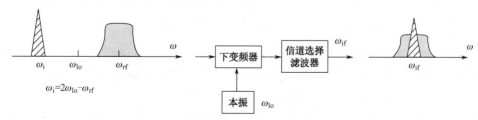

图 3.3.2　镜像频率干扰示意图

图 3.3.1 中，射频滤波器 1 的功能包括：完成工作频段的预选，限制输入带宽，减少互调失真；抑制杂散信号，避免杂散响应；抑制镜像频率干扰。LNA 主要是在不造成接收机线性度恶化的前提下提供一定的增益，抑制后续电路噪声。LNA 的噪声系数和增益对灵敏度非常关键，但若增益过高，则可能造成接收机被"强信号"阻塞，同时会影响动态范围。射频滤波器 2 主要抑制 LNA 噪声，进一步抑制杂散信号，抑制镜像频率干扰。混频器完成下变频，要求

具有较低的噪声和较高的线性度。本振滤波器主要抑制本振的杂散，中频滤波器主要抑制临道干扰，提供选择性。

　　显然，增大中频频率，可以让镜像频率远离有用信号频率，可以更有效地利用频带选择滤波器衰减镜像频率信号，提高镜像抑制比，但过大的中频，又会让中频滤波器的选择性变差，造成临道抑制能力变差，降低接收机的信道选择性和灵敏度。

　　由于中频选择中的"灵敏度"和"选择性"的矛盾，因此有二次变频超外差接收机，其典型结构如图3.3.3所示。二次变频超外差接收机的缺点是：电路结构复杂，需要多个本振和滤波单元。

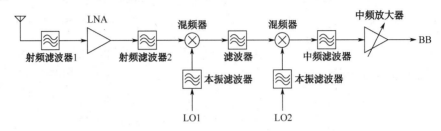

图3.3.3　二次变频超外差接收机的典型结构

　　将二次变频超外差接收机拓扑中的第二次混频和滤波数字化，得到数字中频接收机。数字中频接收机的优点是数字中频的使用可以有效抑制镜像频率干扰，缺点是需要高性能数模转换器。

2. 零中频接收机

　　零中频接收机的特点是让本振频率等于载频，其典型结构如图3.3.4所示。该结构可以消除镜像干扰，产生IQ信号，便于进一步数字处理。零中频接收机结构简单，易于单片集成。

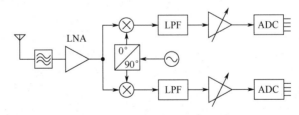

图3.3.4　零中频接收机的典型结构

　　零中频接收机的优点是：不存在镜像频率干扰，可以利用低通滤波器进行信道选择；相对于超外差的中频接收机的数字解调，零中频结构下的基带数字解调处理信号频率更低，对运算速度、功耗、ADC采样率的要求更低。

　　零中频接收机的主要缺点是：由于自混频、非线性和元件失配造成的直流偏移影响解调，同时低频噪声也很难消除。

3. 低中频接收机

　　低中频接收机是从零中频接收机发展而来的，其结构和图3.3.4所示的零中频接收机基本一致，只是本振频率不同。低中频接收机下变频后的信号不再是基带，这样就消除了直流失调和散射噪声的影响。

3.3.2　常见发射机结构

发射机的功能包括基带信号的调制、变频、功率放大，其典型结构如图 3.3.5 所示。

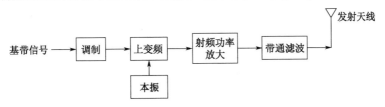

图 3.3.5　发射机的典型结构

与接收机类似，发射机主要包括零中频、复中频、实中频、RFDAC 实现直接射频输出。

1. 直接上变频发射机

典型的直接上变频发射机如图 3.3.6 所示，其结构简单，但功率放大器容易对本振单元形成干扰。

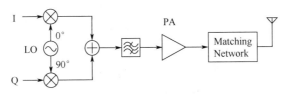

图 3.3.6　典型的直接上变频发射机

2. 超外差发射机

典型的超外差发射机如图 3.3.7 所示，复杂度较高，但功率放大器与本振单元之间有良好的隔离度。

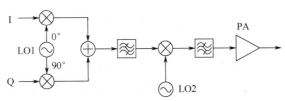

图 3.3.7　典型的超外差发射机

3.3.3　信道复用和双工方式

1. 信道复用

在很多场合，需要多个用户同时使用一个通信信道，每个用户的信号必须能够和其他用户的信号相区别，以保证通信不互相干扰。在无线通信系统中，可以根据频率、时间或码型划分出不同的"信道"，实现多址接入，即分为频分多址（FDMA）、时分多址（TDMA）和码分多址（CDMA）3 种复用方式。

多址接入方式的数学基础是信号正交分割原理。无线电信号可以表示为时间、频率和码型的函数，即可以写作 $s(c,f,t)=c(t)s(f,t)$。其中，$c(t)$ 为码型函数，$s(f,t)$ 为时间 t 和频率 f

的函数。当以传输信号载波频率的不同来建立多址接入时，称为频分多址（FDMA）；当以传输信号存在的时间不同来建立多址接入时，称为时分多址（TDMA）；当以传输信号的码型不同来建立多址接入时，称为码分多址（CDMA）。图 3.3.8 给出了 FDMA、TDMA 和 CDMA 的示意图。

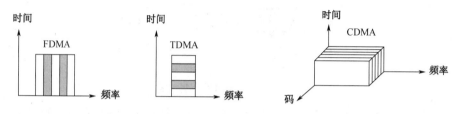

图 3.3.8　FDMA、TDMA、CDMA 的示意图

1）频分多址（FDMA）

频分有时也称为信道化，就是把整个可分配的频谱划分成许多单个无线电信道（发射和接收载频对），每个信道可以传输一路语音或控制信息。在系统的控制下，任何一个用户都可以接入这些信道中的任何一个。采用 FDMA 时，通常需要周密的频率规划和一个勤务频率，所有用户平时都收听在勤务频率，建立呼叫后再转移到规划的频率。

2）时分多址（TDMA）

时分多址是在一个带宽的无线载波上，按时间（或称为时隙）划分为若干时分信道，每一用户占用一个时隙，只在这一指定的时隙内收（或发）信号，故称为时分多址。TDMA 是一种较复杂的结构，最简单的情况是单路载频被划分为许多不同的时隙，每个时隙传输一路信息。与 FDMA 相比，TDMA 系统的基站不需要勤务频率和频率规划，但 TDMA 系统设备必须有精确的定时和同步，以保证各用户发送的信号不会发生重叠或混淆，这往往是比较复杂的技术难题。同时，由于每个用户只能在自己的时间段工作，用户较多时如果要保证每个用户的通信带宽，需要较高的总系统带宽及周密的时间段管理。

3）码分多址（CDMA）

码分多址是一种利用扩频技术所形成的不同码序列实现的多址方式。它与 FDMA、TDMA 不同，不是把用户的信息从频率和时间上进行分离，它可在一个信道上同时传输多个用户的信息，即允许用户之间的相互干扰。CDMA 关键是信息在传输以前要进行特殊的编码，编码后的信息混合后不会丢失原来的信息。有多少个互为正交的码序列，就可以有多少个用户同时在一个载波上通信。每个发射机都有自己唯一的代码（伪随机码），同时接收机也知道要接收的代码，用这个代码作为信号的滤波器，接收机就能从所有其他信号的背景中恢复成原来的信息码（这个过程称为解扩）。

2. 双工方式

根据数据信息传送方向，数据通信方式分为单工通信、半双工通信和全双工通信 3 种。

（1）单工通信，数据信息始终向一个方向传输，或者说每个设备仅具有接收或发射功能中的一种。最典型的单工通信就是收音机，只能接收来自广播电台的信息而不能进行相反方向的信息传输。

（2）半双工通信，数据信息可以双向传输，但必须交替进行，同一时刻一个信道只允许单向传送。半双工系统相当于两个单工通信系统在交替工作，也就是需要通信的两端都有收发设备，其复杂度高于单工通信。对讲机通信就是典型的半双工通信，在一方讲话时另一方不能讲话，但通过 PTT（Push To Talk）切换可以改变通话方式。

（3）全双工通信，全双工通信同时进行两个方向的通信，即两个信道，可同时进行双向的数据传输。全双工系统相当于两个单工通信系统，也就是需要通信的两端都有收发设备，其复杂度高于单工通信。同时，由于要进行全双工通信，因此需要两个信道或双倍的通信资源，常见的是时分双工（TDD）和频分双工（FDD）。图 3.3.9 所示为 TDD 全双工示意图。发射机在发射时隙以中心频率发射信号，接收机在接收时隙接收到中心频率的信号，在每两个时隙之间都会有保护间隔，以此来适应信道中的未知时延。

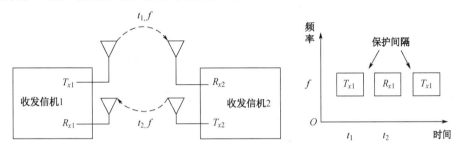

图 3.3.9 TDD 全双工示意图

图 3.3.10 所示为 FDD 全双工示意图。收发信机 1 和收发信机 2 在同一时隙通信，收发信机 1 以中心频率 f_1 发射信号，收发信机 2 以中心频率 f_2 发射信号，两个中心频率之间有一定的保护频带来避免相互干扰。

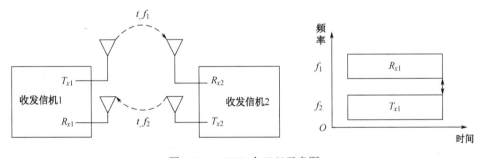

图 3.3.10 FDD 全双工示意图

3.4 集成调制解调器

随着集成电路技术的发展，涌现了很多集成调制解调器。通常，这些集成调制解调器内部集成了载波产生电路、信号调制电路、功率放大电路、收发切换电路、低噪声放大电路、混频滤波电路及信号解调电路等常用通信模块，能够完成无线通信的物理层所有功能，使得无线通信系统的设计变得更加简单，且成本更低，极大程度上带动了无线通信的应用。有些集成调制解调器，内部还集成了微控制器，能够实现 MAC 和路由层的协议，从而实现更加专用的无线通信系统，如 ZigBee、蓝牙等。

根据调制解调类型的不同，集成调制解调器可分为数字无线通信芯片和模拟无线通信芯片两大类。根据芯片是否内嵌协议栈，可将数字无线通信芯片分为无协议栈的通用数字无线通信芯片和有协议栈的专用数字无线通信芯片两大类。模拟无线通信芯片主要为 FM 体制，根据传输信号种类的不同，可分为模拟无线音频收发芯片和模拟无线音视频收发芯片。

随着物联网、大数据、云计算和人工智能时代的到来，人们需要将各种设备和传感器的数据及控制，通过无线通信与中心节点或控制终端互联，因此数字无线通信的需求越来越大。本节将详细介绍数字无线通信系统及相应的芯片，有关模拟无线通信芯片的介绍可参考相关文献。

3.4.1　通用数字无线通信芯片

通用数字无线通信芯片内部通常没有内嵌协议栈，但可以内嵌集成微控制器，它主要完成无线通信的物理层功能。有些芯片可能内部集成了部分信道编解码（如曼彻斯特编码、FEC 前向纠错、CRC 教研等）的功能。根据工作频段的不同，通用数字无线通信芯片可以分为 Sub-GHz 数字无线通信芯片和 2.4GB 数字无线通信芯片两大类。现在广泛使用的 Sub-GHz 数字无线通信芯片，主要有 TI 公司推出的 CC1×××系列芯片、Silicon LAB 公司推出的 SI443× 和 SI446×系列芯片，以及 Semtech 公司推出的 SX127×系列芯片。现在广泛使用的 2.4GB 数字无线通信芯片主要有 TI 公司推出的 CC2500 和 CC251×芯片，以及 Nordic 公司推出的 nRF24L01 芯片。目前，已经有很多第三方公司针对这些系列芯片推出了无线通信模块，这些无线通信模块已经集成了此类数字无线通信芯片的典型应用电路，用户仅需通过外部 MCU 对其操作，或者通过对内部 MCU 进行编程，即可完成数据收发。

根据本章前几节的论述，可知无线通信系统的主要技术参数包括调制方式、通信速率、发射功率、接收灵敏度、信道编解码等。下面将从这些技术参数方面介绍几个典型的数字无线收发芯片，并给出其参考设计。

1．CC1×××系列芯片

TI 公司针对 Sub-GHz 数字无线通信系统，专门推出了 CC1×××系列集成调制解调模块，这些模块能够以极低的成本和极低的功耗完成无线数据的收发。在 CC1×××系列芯片中，最基础的芯片是 CC1100 芯片。CC1101 芯片扩展了 CC1100 芯片的频段；CC111×芯片是在 CC1101 芯片的基础上，集成了一个 8051 内核的 MCU；CC12××芯片在 CC1101 芯片的基础上，对某些射频指标（如邻道抑制、接收灵敏度、传输速率等）进行了优化；CC13××芯片是 TI 公司经济高效型、超低功耗无线 MCU 中低于 1GHz 系列的首款器件，它将灵活的超低功耗 RF 收发器和强大的 48MHz Cortex®-M3 微控制器相结合，支持多个物理层和 RF 标准的平台，同时具有功耗低、灵敏度高和稳定性较强的优点。

本节以 CC1100 芯片为例，介绍 TI 公司的 Sub-GHz 数字无线通信芯片的特点、内部结构和典型应用电路。

CC1100E 是一款 Sub-GHz 高性能射频收发器，适用于极低功耗 RF 应用。主要针对工业、科研和医疗（ISM），以及 470～510 MHz 和 950～960 MHz 频带的短距离无线通信设备（SRD）而推出。CC1100E 特别适用于那些针对日本 ARIB STD-T96 标准和中国 470～510 MHz 短距离通信设备的无线应用。CC1100E 在代码、封装和外引脚方面均与 CC1101 和 CC1100 射频收发器兼容。

CC1100E 射频收发器与一个高度可配置的基带调制解调器集成在一起。该调制解调器支持 2-FSK、GFSK、MSK 及 ASK 多种调制格式，并且拥有高达 500 kBaud 的可配置数据速率。CC1100E 可提供对数据包处理、数据缓冲、突发传输、空闲信道评估、链路质量指示及无线唤醒的广泛硬件支持。可通过一个 SPI 接口对 CC1100E 的主要运行参数和 64 字节发送/接收 FIFO 进行控制。一个典型的系统中，CC1100E 通常会与一颗微控制器及少数附加无源组件一起使用。

CC1100 的主要技术参数如表 3.4.1 所示。

表 3.4.1　CC1100 的主要技术参数

参　　数	数　　值	单　位	说　　明
工作频段	470～510 和 950～960	MHz	
调制方式	(G)FSK, MSK, OOK, ASK		
发射功率	−30～10	dBm	可编程
接收灵敏度	−112	dBm	1.2 kbit/s、480 MHz、1% 误包率
收发转换时间	240	μs	
数据传输速率	1.2～500	kbit/s	
工作电压	1.8～3.6	V	
接收电流	15.5	mA	1.2 kbit/s、480MHz
发射电流	8	mA	−10dBm 输出
待机电流	400	μA	
邻信道选择性	37	dB	超出灵敏度极限 3dB 的理想信道，200 kHz 信道间隔
映像信道抑制	32	dB	955 MHz，IF 频率152kHz，超出灵敏度极限 3dB 的理想信道
杂散发射	−39	dBm	1GHz 以下的频率，在 470～510 MHz 频带之外
	−50	dBm	470～510 MHz 频带

此外，CC1100 还支持自动频率补偿、包模式传输、集成 CRC、RSSI 输出、接收信道带宽可编程、自动白化和去白化处理（whitening & de-whitening）等功能，其快速收发切换功能使得它可以支持跳频输出传输模式。

CC1100 内部包含两个 64 字节的 FIFO：一个用于接收数据；另一个用于将要发送的数据。MCU 通过 SPI 接口与 CC1100 芯片通信，将要发送的数据填充到发送 FIFO 中，并启动发送命令，发送数据。CC1100 接收到一帧数据，首先缓存到接收 FIFO 中，然后通过中断或 MCU 查询的方式告知 MCU，MCU 再通过 SPI 接口读取该 FIFO 的内容获得接收的数据。CC1100 完全片上频率合成器无须外部滤波器或 RF 开关，其封装尺寸极小（QFN 4 mm×4 mm 封装，20 引脚），符合 RoHS 标准，不含锑或溴。CC1100 支持异步和同步串行接收/发送模式，并通过 GDO0～GDO2 引脚输出/输入，以向后兼容现有无线通信协议。

CC1100 的引脚定义如图 3.4.1 所示，各引脚的功能如表 3.4.2 所示，内部结构如图 3.4.2 所示，典型应用电路如图 3.4.3 所示。

注意，外露的裸片附着焊盘必须连接至一个接地层，因为这是芯片的主要接地连接。

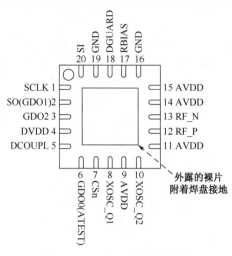

图 3.4.1　CC1100 的引脚定义

表 3.4.2　CC1100 引脚的功能

引脚编号	引脚名称	引脚类型	描　　述
1	SCLK	数字输入	串行接口，时钟输入
2	SO（GDO1）	数字输出	串行接口，数据输出 当 CSn 为高电平时，可选通用输出引脚
3	GDO2	数字输出	通用数字输出引脚： 测试信号 FIFO 状态信号 空闲信道指示 时钟输出，从 XOSC 分频 串行输出 RX 数据
4	DVDD	电源（数字）	用于数字 I/O 和数字内核稳压器的 1.8～3.6 V 数字电源
5	DCOUPL	电源（数字）	用于去耦的 1.6～2.0 V 数字电源输出 请注意：该引脚为 CC1100E 专用，其不能用于向其他器件提供电源电压
6	GDO0 （ATEST）	数字 I/O	通用数字输出引脚： 测试信号 FIFO 状态信号 空闲信道指示 时钟输出，从 XOSC 分频 串行输出 RX 数据 串行输入 TX 数据 还可用作原型产品/产品测试的模拟测试 I/O
7	CSn	数字输入	串行接口，片选
8	XOSC_Q1	数字 I/O	晶体管振荡器引脚 1，或者外部时钟输入
9	AVDD	电源（模拟）	1.8～3.6V 模拟电源连接
10	XOSC_Q2	数字 I/O	晶体管振荡器引脚 2
11	AVDD	电源（模拟）	1.8～3.6V 模拟电源连接

续表

引脚编号	引脚名称	引脚类型	描　述
12	RF_P	RF I/O	接收模式下到 LNA 的正 RF 输入信号 发送模式下来自 PA 的正 RF 输出信号
13	RF_N	RF I/O	接收模式下到 LNA 的正 RF 输入信号 发送模式下来自 PA 的负 RF 输出信号
14	AVDD	电源（模拟）	1.8～3.6V 模拟电源连接
15	AVDD	电源（模拟）	1.8～3.6V 模拟电源连接
16	GND	电源（模拟）	模拟接地连接
17	RBIAS	模拟 I/O	参考电流的外部偏置电阻
18	DGUARD	电源（数字）	数字噪声隔离的电源连接
19	GND	电源（数字）	数字噪声隔离的接地连接
20	SI	数字输入	串行接口，数据输入

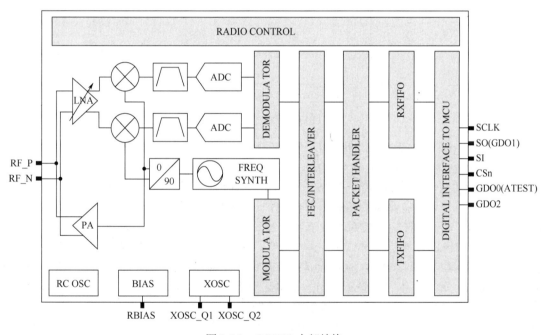

图 3.4.2　CC1100 内部结构

　　在图 3.4.2 中，CC1100 是一个低功耗中频接收机。低噪声放大器（LNA）将接收到的 RF 信号放大，并在求积分（I 和 Q）过程中被降压转换至中频（IF）。在 IF 下，I/Q 信号被 ADC 数字化。自动增益控制（AGC）、精确信道滤波和调制解调位/数据包同步均以数字方式完成。CC1100 的发送器部分基于 RF 频率的直接合成。频率合成器包括一个完全片上 LC VCO 和一个 90°相位转换器，以在接收模式下向降压转换混频器生成 I 和 Q 路本振信号。CC1100 的时钟来自外部晶体，该晶体连接至 XOSC_Q1 和 XOSC_Q2 两个引脚。片内晶体振荡器产生合成器的参考频率，以及 ADC 和数字部件的时钟。片内的数字基带处理电路，完成对信道配置、数据包处理及数据缓冲的功能。外部 MCU 可通过 4 线的 SPI 串行接口完成对 CC1100 的配置和数据缓冲器存取。

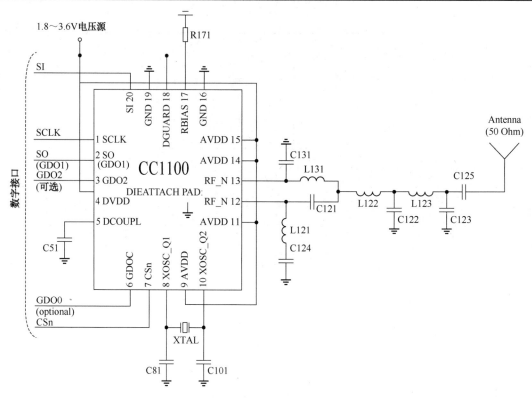

图 3.4.3　CC1100 典型应用电路（470 MHz）

　　图 3.4.3 给出了 CC1100 在 470MHz 下的典型应用电路。需要注意的是，该电路中，没有包含电源去耦电容，偏置电阻 R171 的作用是设置一个精确的偏置电流。在 XOSC_Q1 和 XOSC_Q2 引脚之间必须要连接一个 26～27 MHz 的晶体。振荡器要专为晶体的并行模式工作而设计。此外，还要求有晶体的负载电容（C81 和 C101）。负载电容值取决于为晶体指定的总负载电容 CL。晶体端子之间的总负载电容应等于 CL，以使晶体在指定频率下振荡。也可用一个 26～27 MHz 的参考信号对该芯片进行操作，而非使用晶体。这种输入时钟可以是一个全摆幅数字信号（0 V 到 VDD），也可以是一束最大 1V 峰-峰振幅的正弦波。参考信号必须连接至 XOSC_Q1 输入，正弦波必须使用一个串联电容连接至 XOSC_Q1。当使用全摆幅数字信号时，可以去除该电容。XOSC_Q2 线必须保持断开状态。当使用参考信号时，可以去除 C81 和 C101。

　　由于 CC1100 输出/输入的端口是平衡端口（双端口），而天线是不平衡端口（单端口），因此需要设计一个平衡-不平衡转换器（Balun）和 RF 匹配电路，这是 CC1100 电路设计的关键。

　　平衡 RF 输入和 CC1100E 输出共用两个公共引脚，专为简单、低成本匹配及印制电路板上的平衡-不平衡转换器网络而设计。CC1100E 前端的接收和发送开关由一个专门的片上功能控制，从而不再需要外部 RX/TX-开关。与内部 RX/TX 开关/终端电路结合在一起的少数外部无源组件保证了 RX 和 TX 模式下均能够匹配。RF_N/RF_P 引脚之间的组件和两个信号连接在一起的点，形成了一个平衡-不平衡转换器，将 CC1100E 上的差动 RF 信号转换为单端 RF 信号。DC 阻断需要 C124，与相应的 LC 网络一起，该平衡-不平衡转换器组件还对阻抗进行转换，以匹配 50Ω 负载。C125 提供了 DC 阻断功能，并且只有在天线中存在 DC 路径时才需要该功能。表 3.4.3 给出了 470 MHz 电路中各元件的建议值。

由于平衡–不平衡转换器和 LC 滤波器组件的性能直接影响了芯片的射频性能，因此这些芯片的值及其参数都非常重要。强烈推荐遵照表 3.4.3 采购元件（注意，该表没有给出电源去耦电容）并绘制 PCB。

表 3.4.3　470MHz 电路中各元件的建议值

组　　件	描　　述	参　　数	厂　　商
C51	数字部件片上稳压器的去耦电容	100 nF±10%，0402 X5R	村田 GRM1555C 系列
C81/C101	晶体负载电容	27 pF±5%，0402 NP0	村田 GRM1555C 系列
C121	RF 平衡–不平衡转换器/匹配电容	3.9 pF±0.25 pF，0402 NP0	村田 GRM1555C 系列
C131	RF 平衡–不平衡转换器/匹配电容	3.9 pF±0.25 pF，0402 NP0	村田 GRM1555C 系列
C122	RF LC 滤波器/匹配滤波器电容（470MHz）。RF 平衡–不平衡转换器/匹配电容（950 MHz）	6.8 pF±5% pF，0402 NP0	村田 GRM1555C 系列
C123	RF LC 滤波器/匹配电容	5.6 pF±0.5 pF，0402 NP0	村田 GRM1555C 系列
C124	RF 平衡–不平衡转换器 DC 阻断电容	220 pF±5%，0402 NP0	村田 GRM1555C 系列
C125	RF LC 滤波器 DC 阻断电容和部分可选 RF LC 滤波器（950MHz）	220 pF±5%，0402 NP0	村田 GRM1555C 系列
L121	RF 平衡–不平衡转换器/匹配电感（绕线或层叠型）	27 nH±5%，0402 绕线电感	村田 LQW15 系列
L131	RF 平衡–不平衡转换器/匹配电感（绕线或层叠型）	27 nH±5%，0402 绕线电感	村田 LQW15 系列
L122	RF LC 滤波器/匹配滤波器电感（470MHz）。RF 平衡–不平衡转换器/匹配电感器（950 MHz）。（绕线或层叠型）	22 nH±5%，0402 绕线电感	村田 LQW15 系列
L123	RF LC 滤波器/匹配滤波器电感（绕线或层叠型）	27 nH±5%，0402 绕线电感	村田 LQW15 系列
R171	内部偏置电流参考电阻	56 kΩ，0402，1%	Koa RK73 系列
XTAL	26～27MHz 晶体	26.0 MHz 表面贴装晶振	NDK AT-41CD2

如图 3.4.4 所示，PCB 布局时顶层应该用于信号布线，而开阔区域应以通过数个过孔连接至接地的金属喷镀来填充。芯片下方区域用于接地，同时应通过数个过孔连接至底部接地层，以获得较好的散热性能，以及足够低的接地电感。应在 PCB 组件端将这些过孔"型导"用阻焊层覆盖，以避免在无铅回流焊接过程中焊锡流经这些通孔。焊锡膏覆盖范围不能为 100%，否则，在无铅回流焊接过程中可能会出现溢气现象，从而带来产品缺陷（飞溅、焊锡成球）。通过"型导"这些过孔可将焊锡膏覆盖范围降至 100% 以下，所有去耦电容都应尽可能地靠近其去耦的电源引脚放置。每一个去耦电容都应通过单独的过孔连接至电源线（或电源层）。最佳的布线是从电源线（或电源层）到去耦电容，再到 CC1100E 电源引脚。电源滤波非常重要。每一个去耦电容接地焊盘都应通过单独的过孔连接至接地层。相邻电源引脚之间的直连将会增加噪声耦合，应该加以避免，除非有绝对需要。应避免在芯片或平衡–不平衡转换器/RF 匹配电路下方，或者芯片接地过孔和去耦电容接地过孔之间的接地层布线，这样可以改善接地效果，并保证可能最短的电流返回路径。在理想情况下，外部组件应尽可能地小（建议采用 0402），同时强烈推荐使用表面贴装器件。注意，非指定的不同尺寸的组件可能会有一些不同的特性。在放置微控制器时，应采取一定的预防措施，以避免出现干扰 RF 电路的噪声。

CC1100 的软件编程请查看该芯片的数据手册。

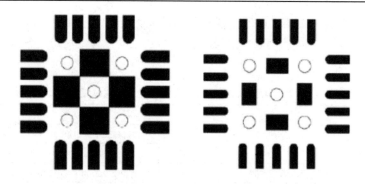

左侧为顶部阻焊层（负），右侧为顶部焊锡膏防护层，圆圈为过孔

图 3.4.4　CC1100 芯片 PCB 布局建议图

2. SI443×及 SI446×系列芯片

SI443×及 SI446×系列芯片是 Silicon LAB 公司针对低功耗、高性能、Sub-GHz 的无线数传芯片，其功能与 CC1100 相似，且内部没有集成 MCU。它是主要针对工业、科研和医疗（ISM），以及 119～1050 MHz 频带的短距离无线通信设备（SRD）而推出的。外部 MCU 通过 SPI 接口与 SI44××芯片通信完成该芯片的配置及数据收发的功能。该芯片支持异步和同步串行接收/发送模式，以向后兼容现有的无线通信协议。

SI446×是 SI443×的升级版。SI446×支持的频段更宽、数据传输速率更高、灵敏度更高，且支持 IEEE802.15.4g、WMBus 等标准。

下面将以 SI4463 为例，介绍 SI44××系列芯片的功能、指标和应用。

SI4463 的主要技术参数如表 3.4.4 所示。

表 3.4.4　SI4463 的主要技术参数

参　　数	数　　值	单　　位	说　　明
工作频段	142～1050	MHz	
调制方式	(G)FSK,(G)MSK, 4(G)FSK, OOK		
发射功率	−20～20	dBm	可编程
接收灵敏度	−126	dBm	500bit/s, GFSK, BT=0.5, f=250Hz, 460MHz, 1% 误包率
收发转换时间	138	μs	
数据传输速率	0.1～500	kbit/s	（G）FSK 和(G）MSK
	0.2～1000	kbit/s	4(G）FSK
	0.1～120	kbit/s	OOK
工作电压	1.8～3.6	V	
接收电流	13	mA	
发射电流	18	mA	10dBm 输出
待机电流	50	nA	

续表

参　　数	数　　值	单　位	说　　明
邻信道选择性	60	dB	超出灵敏度极限 3dB 的理想信道，12.5 kHz 信道间隔，数据速率=1.2kHz，GFSK with BT = 0.5，接收滤波器带宽 4.8 kHz
映像信道抑制	35	dB	460 MHz，IF 频率 468kHz，无镜像抑制校准
	55	dB	460 MHz，IF 频率 468kHz，有镜像抑制校准

除表 3.4.4 列出的技术指标之外，SI4463 还支持自动频率补偿、包模式传输、集成 CRC、RSSI 输出、接收信道带宽可编程、自动白化和去白化处理（whitening & de-whitening）等功能。其快速收发切换功能使得它可以支持跳频输出传输模式。

与 CC1100 相似，SI4463 内部也包含两个 64 字节的 FIFO：一个用于接收数据；另一个用于将要发送的数据。其用途与 CC1100 相似，此处不再赘述。SI4463 完全片上频率合成器无须外部滤波器。RF 发射和接收通道完全分开，并通过不同引脚输出，方便用户实现不同收发电路的配置。其封装尺寸极小（QFN 4 mm×4 mm 封装，20 引脚）。

SI4463 的引脚定义如图 3.4.5 所示，各引脚的功能如表 3.4.5 所示，内部结构如图 3.4.6 所示，典型应用电路如图 3.4.7 所示。

注意，外露的 GND PAD 必须连接至一个接地层。

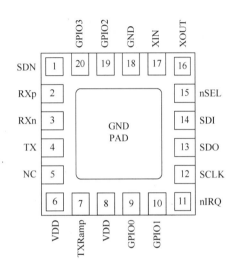

图 3.4.5　SI4463 的引脚定义

表 3.4.5　SI4463 引脚的功能

引脚编号	引脚名称	引脚类型	描　　述
1	SDN	输入	芯片关断引脚，0～VDD 输入电平。为高电平时，芯片关断。正常工作时，该引脚应该为低电平
2	RXp	输入	接收模式下到 LNA 的正 RF 输入信号
3	RXn	输入	接收模式下到 LNA 的正 RF 输入信号
4	TX	输出	发送模式下来自 PA 的 RF 输出信号。该引脚是漏极开路输出的，需要外接 LC 匹配电路和上拉电压
5	NC		
6	VDD	电源	用于芯片供电和内核稳压器的 1.8～3.6 V 数字电源 推荐电压为 3.3V
7	TXRAMP	输入	参考电流的外部偏置电容
8	VDD	电源	用于芯片供电和内核稳压器的 1.8～3.6 V 数字电源 推荐电压为 3.3V
9	GPIO0	数字 I/O	通用数字 I/O 口，可以连接到内部的时钟输出、FIFO 状态、POR、唤醒时钟、电池电压检测、TRSW、天线分集控制等

引脚编号	引脚名称	引脚类型	描 述
10	GPIO1	数字 I/O	通用数字 I/O 口，可以连接到内部的时钟输出、FIFO 状态、POR、唤醒时钟、电池电压检测、TRSW、天线分集控制等
11	nIRQ	输出	中断输出。当产生中断时，该引脚输出低，无须外部上拉
12	SCLK	输入	串行接口，时钟输入
13	SDO	输出	串行接口，数据输出
14	SDI	输入	串行接口，数据输入
15	nSEL	输入	串行接口，片选
16	XOUT	输出	晶体管振荡器引脚 2
17	XIN	输入	晶体管振荡器引脚 1，或者外部时钟输入
18	GND	电源	电源的 GND
19	GPIO2	数字 I/O	通用数字 I/O 口，可以连接到内部的时钟输出、FIFO 状态、POR、唤醒时钟、电池电压检测、TRSW、天线分集控制等
20	GPIO3	数字 I/O	通用数字 I/O 口，可以连接到内部的时钟输出、FIFO 状态、POR、唤醒时钟、电池电压检测、TRSW、天线分集控制等

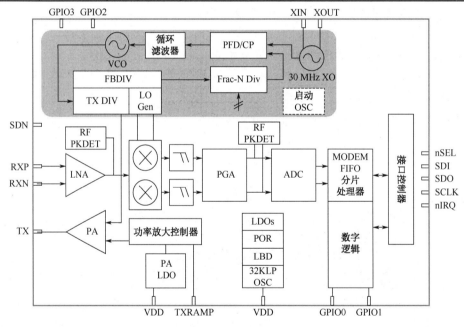

图 3.4.6　SI4463 内部结构

在图 3.4.6 中，SI4463 也是一个低功耗中频接收机。其接收过程及发射过程与 CC1100 相似，此处不再赘述。外部 MCU 一方面可通过 4 线的 SPI 串行接口完成对 SI4463 的配置和数据缓冲器存取；另一方面可以通过 GPIO0～GPIO3 引脚，以及 nIRQ 引脚与 SI4463 交互信息。在异步和同步串行接收/发送模式（直传模式）下，外部 MCU 可以通过 GPIO0～GPIO3 引脚映射的 RXD、TXD 及 CLK 引脚进行数据收发。

图 3.4.7 给出了 SI4463 在 433MHz 下的典型应用电路。在该图中，射频接收和发射电路通过射频开关完成切换，开关的切换信号由 SI4463 的 GPIO2 和 GPIO3 直接给出。由于射频信

号发射管脚是漏极开路的，因此采用 L1 上拉到 VDD 实现信号发射。L1、C1、L2 和 C2 构成发射匹配电路，为了减小谐波辐射，在发射引脚之后连接了由 L3 和 C3 构成的低通滤波器，C8 和 C9 为隔直耦合电容，C4、L4 和 C5 构成天线匹配电路，L5、C7 和 C6 将平衡输入转换为不平衡输入。需要注意的是，在图 3.4.7 中，没有包含电源去耦电容。SI4463 内部集成了晶体振荡电路的电容，因此外部晶体可以直接连接到 XIN 和 XOUT 引脚，无需振荡电容。更多的射频匹配电路请参考 Silicon LAB 公司给出的设计手册 Si446×/Si4362 RX LNA Matching 和 Si4X6X AND EZR32 HIGH-POWER PA MATCHING。

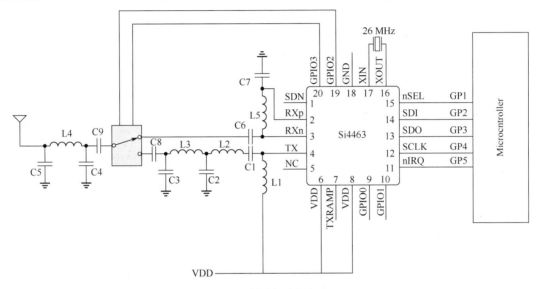

图 3.4.7　SI4463 典型应用电路（433 MHz）

表 3.4.6 给出了 433 MHz 电路中各元件的参数。

表 3.4.6　433MHz 电路中各元件的参数

组　件	描　述	参　数	厂　商
C8 C9	隔直耦合电容	100 nF±10%，0402 X5R	村田 GRM1555C 系列
C6	RF 平衡-不平衡转换器/匹配电容	5.6 pF±0.25 pF，0402 NP0	村田 GRM1555C 系列
C7	RF 平衡-不平衡转换器/匹配电容	4.7 pF±0.25 pF，0402 NP0	村田 GRM1555C 系列
C1	RF 发射匹配电容	6.8 pF±0.25 pF，0402 NP0	村田 GRM1555C 系列
C2	RF 发射匹配电容	12 pF±0.25 pF，0402 NP0	村田 GRM1555C 系列
C3	RF 滤波器电容	18 pF±0.5 pF，0402 NP0	村田 GRM1555C 系列
C4 C5	RF 天线匹配电容	3.3 pF±5%，0402 NP0	村田 GRM1555C 系列
L5	RF 平衡-不平衡转换器/匹配电感（绕线或层叠型）	42 nH±5%，0402 绕线电感	村田 LQW15 系列
L1	RF 驱动/匹配电感（绕线或层叠型）	220 nH±5%，0402 绕线电感	村田 LQW15 系列
L2	RF 驱动/匹配电感（绕线或层叠型）。	24 nH±5%，0402 绕线电感	村田 LQW15 系列
L3	RF 滤波器/匹配滤波器电感（绕线或层叠型）	12 nH±5%，0402 绕线电感	村田 LQW15 系列
L4	RF 天线匹配电容	24 nH±5%，0402 绕线电感	村田 LQW15 系列
XTAL	26～30MHz 晶体	26.0 MHz 表面贴装晶振	NDK AT-41CD2

SI4463 的 PCB 布局时，芯片底部焊盘的处理与 CC1100 相似，此处不再赘述。

对于初学者来说，无线通信芯片使用最难的地方在于芯片的初始配置。Silicon LAB 公司为了便于用户配置 SI44×× 系列芯片，特推出了 Wireless Development Suite（WDS）软件。利用该软件的图形化界面操作，用户可以方便地得到所需要的射频参数的初始配置寄存器及其内容。

3．SX127×系列芯片

随着物联网需求的增加，急需一种由电池供电的，低速率、超低功耗的无线通信技术，即低功耗广域物联网（LPWAN）。LPWAN 是为物联网应用中的 M2M 通信场景优化的，由电池供电的，低速率、超低功耗、低占空比的，以星形网络覆盖的，支持单节点最大覆盖可达 100 千米的蜂窝汇聚网关的远程无线网络通信技术。

该技术是近年国际上一种革命性的物联网接入技术，具有远距离、低功耗、低运维成本等特点，与 Wi-Fi、蓝牙、ZigBee 等现有技术相比，LPWAN 真正实现了大区域物联网低成本全覆盖。

LPWAN 主要包括 Sigfox、LoRa、Telensa、PTC 等无线通信技术。其中，LoRa 技术是由 Semtech 公司推出的，典型代表为 SX127× 系列芯片。该系列芯片采用扩频技术，在牺牲无线数据传输速率的条件下，以较低的功率获得更远的无线通信距离。SX127× 最大发射功率为 20dBm，采用 FSK、GFSK、MSK、GMSK、LoRa™ 及 OOK 调制技术，接收灵敏度可达-148dBm，接收电流低至 9.9mA。

SX127× 芯片的主要技术参数如表 3.4.7 所示。

表 3.4.7　SX127×芯片的主要技术参数

参　　数	数　　值	单　位	说　　明
工作频段	137～175, 410～525, 862～1020	MHz	SX1278 不支持 862～1020MHz 波段
调制方式	(G)FSK,(G)MSK, LoRa™, OOK		
发射功率	−1～20	dBm	可编程
接收灵敏度	−123	dBm	FDA = 5 kHz, BR = 1.2 kbit/s，RxBw = 10 kHz，0.1% BER
	−137	dBm	LoRa 模式，高 LNA 增益，Band 3，125 kHz 信道带宽，SF = 12
跳频切换时间	50	μs	25MHz 步长
	20	μs	1MHz 步长
数据传输速率	0.6～300	kbit/s	（G）FSK 和（G）MSK
	0.018～37.5	kbit/s	LoRa 模式，从 SF=6, BW=500kHz 到 SF=12, BW=7.8kHz
	1.2～32.768	kbit/s	OOK
工作电压	1.8～3.7	V	
最大接收电流	12	mA	
最大发射电流	120	mA	20dBm 输出，PA_BOOST 模式
待机电流	1.8	mA	晶体振荡器工作
邻信道选择性	60	dB	超出灵敏度极限 3dB 的理想信道，FDA=5kHz，BR= 4.8kbit/s Offset = +/− 25 kHz or +/− 50kHz Band 3
映像信道抑制	50	dB	超出灵敏度极限 3dB 的理想信道，误码率 0.1%

注：SF 为 SX127×的扩频因子。

除表 3.4.4 列出的技术指标之外，SX127×还支持自动频率补偿、包模式传输、集成 CRC、RSSI 输出、接收信道带宽可编程、自动白化和去白化处理（whitening & de-whitening）等功能，其快速收发切换功能，也使得它可以支持跳频输出传输模式。需要注意的是，SX127×芯片工作与 LoRa 模式时，片上系统计算量比较大，为了降低功耗，芯片每收到一包数据，需要处理很长时间，所以导致 LoRa 模式下，数据传输速率较低。表 3.4.8 给出了在 CR=2，BW=250kHz 下，不同扩频因子 SF 对信号在空间传输的时间及灵敏度的影响。此外，CR 和 BW 也会影响数据在空中传输的时间，具体可以参见 SX127×数据手册。

表 3.4.8　在 CR=2，BW=250kHz 下 SF 对传输时间和灵敏度的影响

SF	空中传输时间/ms	灵敏度/dBm
12	528.4	−134
10	132.1	−129
8	39.2	−124

SX127×芯片的引脚定义如图 3.4.8 所示，内部结构如图 3.4.9 所示，典型应用电路如图 3.4.10 所示。

在图 3.4.8 中，SX1278 比 SX1276/77/79 少了波段 1（862～1020MHz），所以 SX1278 的第 21 和 22 引脚直接接 GND。另外，芯片底部的焊盘必须接 GND。

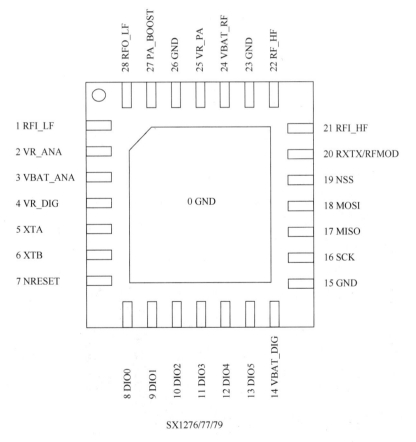

图 3.4.8　SX127×芯片的引脚定义

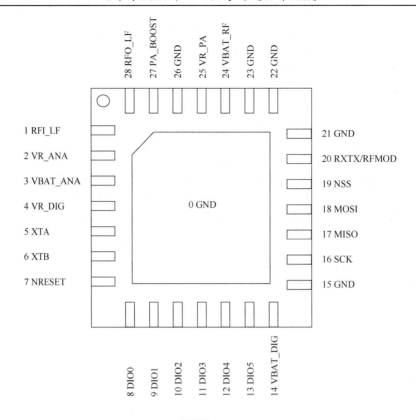

SX1278

图 3.4.8　SX127×芯片的引脚定义（续）

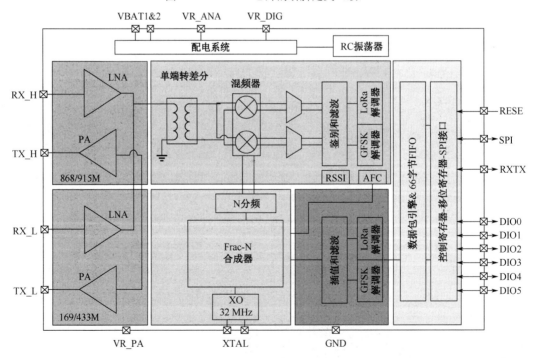

图 3.4.9　SX127×内部结构

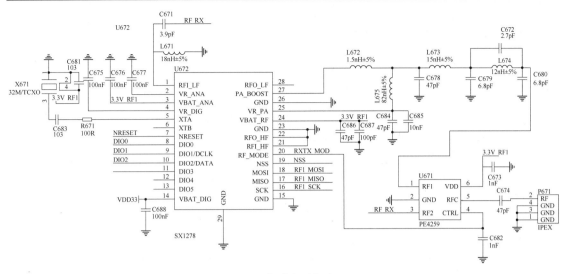

图 3.4.10　SX127×典型应用电路（433 MHz）

在图 3.4.9 中，SX127×根据波段不同，分为两个射频前段电路 868/915M 和 169/433M。SX127×片内集成了本振电路、LNA、PA、正交混频电路、数字滤波器、数字调制和解调模块，以及基带组帧模块和控制接口。它通过 SPI 接口和数字 I/O 接口与外部 MCU 进行数据交互，支持最多 64 字节数据的包模式收发能力。

SX127×的应用电路图可以参考 Semtech 公司给出的参考设计资料"SX127× Reference Design Overview"。在图 3.4.10 中，射频接收和发射电路通过射频开关完成切换，开关的切换信号由 SX127×的 RXTX/RFMODE 引脚直接给出。由于 SX127×有一个大功率（最大为 20dBm）功放输出引脚 PA_BOOST（适用于任何频段），在电路中使用在 433MHz，内部功率放大器是开漏输出，因此将 L675 上拉到 VDD 实现信号发射。L673、C678、C679、L674、C672、C680 构成发射匹配和滤波电路，是为了减小谐波辐射。为了实现高性能，使用了高精度的 TCXO 为 SI4463 提供基准频率，因此不使用 SX1278 的 XOUT 引脚。更多的射频匹配电路请参考 Silicon LAB 公司给出的设计手册 Designing for High Efficiency and Low-Harmonic Emission 和 SX127× Reference Design Overview。

表 3.4.9 给出了 SX127× 433 MHz 电路中各元件参数。

表 3.4.9　SX127× 433MHz 电路中各元件参数

组　件	描　述	参　数	厂　商
C8 C9	隔直耦合电容	100 nF±10%，0402 X5R	村田 GRM1555C 系列
C6	RF 平衡-不平衡转换器/匹配电容	5.6 pF±0.25 pF，0402 NP0	村田 GRM1555C 系列
C7	RF 平衡-不平衡转换器/匹配电容	4.7 pF±0.25 pF，0402 NP0	村田 GRM1555C 系列
C1	RF 发射匹配电容	6.8 pF±0.25 pF，0402 NP0	村田 GRM1555C 系列
C2	RF 发射匹配电容	12 pF±0.25 pF，0402 NP0	村田 GRM1555C 系列
C3	RF LC 滤波器电容	18 pF±0.5 pF，0402 NP0	村田 GRM1555C 系列
C4、C5	RF 天线匹配电容	3.3 pF±5%，0402 NP0	村田 GRM1555C 系列
L5	RF 平衡-不平衡转换器/匹配电感（绕线或层叠型）	42nH±5%，0402 绕线电感	村田 LQW15 系列

组　　件	描　　述	参　　数	厂　　商
L1	RF 驱动/匹配电感（绕线或层叠型）	220 nH±5%，0402 绕线电感	村田 LQW15 系列
L2	RF 驱动/匹配电感（绕线或层叠型）。	24 nH±5%，0402 绕线电感	村田 LQW15 系列
L3	RF LC 滤波器/匹配滤波器电感（绕线或层叠型）	12 nH±5%，0402 绕线电感	村田 LQW15 系列
L4	RF 天线匹配电容	24 nH±5%，0402 绕线电感	村田 LQW15 系列
XTAL	26～30MHz 晶体	26.0 MHz 表面贴装晶振	NDK AT-41CD2

4. 通用数字无线通信芯片的性能对比

为了更清楚地看到通用数字无线通信芯片的性能差异，便于选择，表 3.4.10 给出了 CC1201、CC1310、CC2500、CC2510、SI4438、SI4463、nRF24L01 及 SX1277 芯片主要性能对比。

表 3.4.10　通用数字无线通信芯片主要性能对比

参数	SX1277	CC1201	CC1310	SI4438	SI4463	CC2500	CC2510	nRF24L01
工作频段	137～1020 MHz	137～950 MHz	287～1054 MHz	425～525 MHz	119～960 MHz	2400～2483.5 MHz	2400～2483.5 MHz	2400～2525 MHz
调制方式	(G)FSK (G)MSK LoRa™ OOK	(G)FSK (G)MSK 4(G)FSK OOK	(G)FSK	(G)FSK OOK	(G)FSK (G)MSK 4(G)FSK OOK	(G)FSK (G)MSK OOK	(G)FSK (G)MSK OOK	GFSK
发射功率	−1～20 dBm	−38～16dBm	−10～15dBm	−20～20dBm	−20～20dBm	−30～1dBm	−30～1dBm	0，−6，−12，−18dBm
接收灵敏度	−137 dBm @ LoRa 模式	−120dBm @ 1.2kbit/s	−124 dBm @625bit/s	−124 dBm @500 bit/s	−126 dBm @500 bit/s	−104 dBm @2.4kbit/s	−103 dBm @2.4kbit/s	−94dBm @250kbit/s
集成 MCU 特性	—	—	Cotex-M3				8051	—
集成 FEC	是	是	否	否	否	是		否
集成数据加密	AES128	AES128	否	否	否	AES128		否
数据传输速率	0.018～300 kbit/s	0～1250 kbit/s	0.625～4000 kbit/s	0.1～500 kbit/s	0.1～1000 kbit/s	1.2～500 kbit/s	1.2～500 kbit/s	250kbit/s 1Mbit/s 2Mbit/s
工作电压	1.8～3.7 V	2.0～3.6 V	1.8～3.8 V	1.8～3.6 V	1.8～3.6 V	1.8～3.6 V	2.0～3.6 V	1.9～3.6 V
接收电流	12 mA	8mA@平均	5.5 mA	14mA	10.6mA	13.3mA	17.1 mA	13.5mA

参数	SX1277	CC1201	CC1310	SI4438	SI4463	CC2500	CC2510	nRF24L01
最大发射电流	120mA @20dBm	39mA @10dBm	13.4mA @10dBm	75mA @20dBm	85 mA @20dBm	21.2 mA @0dBm	26 mA @0dBm	11.3 mA @0dBm
待机电流	1.8 mA	0.5mA @嗅探模式	570μA	50nA	30nA	400nA	300nA	26μA
邻信道选择性	60 dB @ 25kHz 信道间隔	62dB @ 50kHz 信道间隔	56dB @ 100kHz 信道间隔	58dB @ 12.5kHz 信道间隔	60dB @ 12.5kHz 信道间隔	31dB @ 250kHz 信道间隔	32dB @ 250kHz 信道间隔	30dB @ 1MHz 信道间隔

　　由表 3.4.10 可知，CC2500、CC2510 及 nRF24L01 的发射功率很低，不超过 1dBm。为了扩大通信距离，可以外接射频前端的 LNA 和 PA 芯片，扩展这些芯片的通信距离。CC2590 是 TI 专门为 CC24××、CC2500、CC2510 和 CC2511 芯片做的射频扩展芯片，其内部集成了 LNA 和 PA，可将发射功率扩展至 14dBm，并将接收灵敏度提高 6dB。RFX2401C 是 Skyworks 公司针对 2.4GHz 的 ISM 频段推出的集成 LNA 和 PA 芯片，它可以和 nRF24L01 对接，将 nRF24L01 的发射功率扩展至 20dBm，并提高 3dB 的接收灵敏度。CC1190 是 TI 针对 850~950 MHz 设计的 LNA+PA 芯片，它可以直接和 CC11××、CC1201、CC1310、SI446×对接，将发射功率扩展至 27dBm，并提高 CC11××系列芯片 6dB 的灵敏度。此外，INNOTION 公司推出的 PA 芯片 YP2233W，也可工作于 850~950 MHz，它可将 SI446×输出功率扩大至 33dBm。

3.4.2　专用数字无线通信芯片

　　除 3.4.1 节介绍的通用数字无线通信芯片之外，还有一些专用无线通信芯片，这些无线通信芯片内嵌微处理器及某些通信协议，完全实现物理层和 MAC 层技术，并实现了一部分路由层的协议。蓝牙（IEEE 802.15.1）、ZigBee（IEEE 802.15.4）、Wi-Fi（IEEE 802.11）是当前流行的 3 种短距离无线通信协议标准。从应用的角度来看，蓝牙技术是为了取代个人电子设备间的有线连接。ZigBee 技术是为了建立一个可靠的无线监控网络，Wi-Fi 技术的目的是取代个人计算机的网线。

　　蓝牙技术联盟由索尼爱立信、IBM、英特尔、诺基亚及东芝等业界龙头于 1999 年创立，并制定了蓝牙技术标准，其制定的标准即为 IEEE 802.15.1。

　　ZigBee 技术联盟成立于 2001 年，联盟的推动者包括 Ember、飞思卡尔、霍尼韦尔、华为、意法半导体、西门子及 TI 等公司，其制定的标准即为 IEEE 802.15.4。Wi-Fi 技术联盟成立于 1999 年，联盟的发起成员有德州仪器、索尼、苹果、摩托罗拉、诺基亚、英特尔、戴尔、思科及微软等公司，其制定的标准即为 IEEE 802.11。蓝牙技术联盟 2001 年推出蓝牙 2.0，2009 年蓝牙技术联盟推出了蓝牙 3.0+HS，2010 年 7 月 7 日蓝牙技术联盟（Bluetooth SIG）宣布正式采纳蓝牙 4.0。2017 年蓝牙技术联盟推出了蓝牙 5.0。2004 年 ZigBee 技术联盟发布了 ZigBee 1.0，也称为 ZigBee 2004，随后联盟分别发布了 ZigBee 2006、ZigBee 2007、ZigBee PRO。2009 年 3 月，ZigBee 联盟推出了基于消费电子射频控制技术的控制标准规范：ZigBee RF4CE。这是第一个对消费电子及家庭设备进行创新的双向通信与控制的公用规范，其本意是将 ZigBee 射频技术推广到消费电子及家庭设备。1999 年 Wi-Fi 技术联盟发布了 802.11b，随后于 2003 年发布了

802.11g。事实上，三家技术联盟仍然在不断地发展自己的技术，推出更新的技术标准。

蓝牙（Bluetooth）开发的目的是让不同的电子产品，如手机、笔记本电脑、打印机等之间进行无线通信，它的突出特点是低耗电性和低成本性。ZigBee 的开发目的是无线传感器网络，其主要应用是监控。它的特点是网络容量大、传输速度低、耗电低及成本低。Wi-Fi 旨在实现无线局域网（WLAN），主要应用是个人计算机，其目的是取代布线烦琐的有线网络，以实现无线上网。

本节将从无线信道、网络结构、安全及传播时间方面，对比蓝牙、Wi-Fi 和 ZigBee 三大技术，并给出几款典型的集成芯片的介绍。

1. 蓝牙、Wi-Fi 和 ZigBee 三大技术对比

表 3.4.11 给出了蓝牙、Wi-Fi 和 ZigBee 协议的主要技术特征对比。

表 3.4.11　蓝牙、Wi-Fi 和 ZigBee 协议的主要技术特征对比

协议标准	Wi-Fi	ZigBee	蓝牙
IEEE 版本	802.11g	802.15.4	802.15.1
频带	2.4 GHz, 5GHz	868/915 MHz, 2.4 GHz	2.4 GHz
信道	14 个 22 MHz	16 个 2MHz	79 个 1 MHz
展频技术	OFDM	DSSS	FHSS
编码方式	BPSK,QPSK	BPSK(+ASK),O-QPSK	GFSK
传输速度	54 Mbit/s	250 kbit/s	24 Mbit/s
网络拓扑	星状/Ad-hoc	树状、网状、星状	星状
数据加密	AES	AES	AES
最大节点数	2007	65536	8
认证机制	WPA2	CBC-MAC	共享密钥
传输距离/m	100@室外	10~100	100

1）无线信道

3 种通信技术都是使用工业、科学和医用的频带（ISM 2.4~2.485 GHz），蓝牙采用了 FHSS（跳频技术），将 2.4~2.485 GHz 频带划分为 79 个 1MHZ 带宽的信道，每秒跳变 1600 次；ZigBee 采用了 DSSS 直接序列扩频技术，将 2.4~2.485 GHz 频带划分为 16 个 2 MHz 带宽的信道；Wi-Fi 最新版 IEEE 802.11n 采用了 OFDM 正交频率复用技术，将 2.4~2.485 GHz 划分为 14 个 22 MHz 带宽的信道。

2）网络结构

蓝牙支持星状网络拓扑结构，单个网络最大节点数是 8（1 个主节点和 7 个从节点）。ZigBee 支持星状、网状及树状等拓扑结构，单个网络最大节点数是 65536。Wi-Fi 支持 ESS 结构，其网络最大节点数是 2007。

ZigBee 支持的网络拓扑结构最多，且支持的网络容量最大。这是因为 ZigBee 通信技术采用 DSSS 直接序列扩频技术。DSSS 直接序列扩频技术是将原来信号中的 1 或 0 用 10 个以上的 chips 来代表。这样使得原来较高功率、较窄的频率变成具有较宽频带的低功率频率。每位使用多少个 chips 称为 Spreading chips，较高的 Spreading chips 可以增加抗噪声干扰，而较低

Spreading chips 可以增加用户的使用人数；相反，FHSS 采用了较高的 Spreading chips，所以网络容量小。

3）安全

3 种通信技术都采用了有效的数据加密和身份认证机制。蓝牙 4.0 版本采用了 AES-128 CCM 加密算法进行数据包加密。ZigBee 则采用了基于 IEEE 802.1x 认证的 CCMP 加密技术，即以高级加密标准（Advanced Encryption Standard，AES）为核心算法，采用 CBC-MAC 加密模式来加密数据的技术。Wi-Fi 采用的是 WPA2（数据加密和身份认证标准），WPA2 不但拥有上述两种技术的数据加密标准，而且大大加强了身份认证机制，可以说 WPA2 是三者中最有力的安全技术标准。

4）传播时间

传播时间取决于数据的传播速度、信息量大小、节点的距离，如式(3-4-1)所示。

$$T_t = (N_d + (N_d / N_{mP} \times N_{od})) \times T_{bit} + T_{prop} \tag{3-4-1}$$

式中，N_d 为数据的大小；N_{mP} 为最大有效数据载荷；N_{od} 为数据头包的大小；T_{bit} 为位数据传播时间；T_{prop} 为任何两个设备之间的传播时间。

为简单起见，T_{prop} 传播时间在这里忽略不计。表 3.4.12 给出了 3 种协议传播时间对比。

表 3.4.12　蓝牙、ZigBee 和 Wi-Fi 3 种协议传播时间对比

协议标准	蓝牙	ZigBee	Wi-Fi
IEEE 版本	802.15.1	802.15.3	802.11g
最大传输率/Mbit/s	0.72	0.25	54
位传播时间/μs.	1.39	4 0	018 5
最大数据载荷/bytes	339	31	58
数据头/bytes	158/8	31	58
编码效率/%	94.41	76.52	97.18

通过对 3 种通信协议详细对比，可以看到蓝牙的优点是抗干扰能力强、成本低、功耗低、传播速率高，缺点是传播距离短、网络容量小。所以，它一般用于高速且节点少的 WPAN 中。Wi-Fi 的优点是传播速率最高、传播距离远、网络容量大，缺点是成本高、抗干扰能力一般、功耗大。然而，Wi-Fi 厂商开发了低功耗用的 Wi-Fi 模块，这样 Wi-Fi 技术不但可以用于笔记本电脑和台式电脑的无线上网，也能用于手机的无线上网。ZigBee 的优点是网络容量大、功耗低、成本低、带控制功能；缺点是传输速度慢。这对于需要无线监控的物联网来说至关重要。

这里简要叙述了 3 种通信协议当前的技术特点。事实上，三大技术联盟仍然在不断改进自己的技术。Wi-Fi 联盟推进 "Wi-Fi Direct" 技术允许两台 Wi-Fi 设备之间进行短距离高速点对点传输，这对于蓝牙技术来说几乎是致命的，同时其最新制定中的 802.11ac 和 802.11ad 标准，在保证传输距离不变的前提下，其数据传输速率单位为 Gbit/s。蓝牙技术联盟则采用了更新的标准，新标准不但加入了 Wibree 低功耗传输技术，同时加入了 802.11 物理层和 MAC 层，这样蓝牙就拥有了 Wi-Fi 的无线上网功能，并且大大降低了功耗。可以预见，Wi-Fi 技术联盟和蓝牙技术联盟的竞争将越来越激烈。与此同时，随着全球物联网的应用发展，由德州仪

器带领的技术联盟所开发的 ZigBee 芯片，拥有自己独特的传输距离长、功耗极低、控制能力突出等特点，一定也能得到大规模的应用。

2. 集成 Wi-Fi 芯片

在集成 Wi-Fi 芯片方面，常见的有 TI 公司推出的 CC31×× 系列芯片和 CC32×× 系列芯片，以及 Marvell 公司推出的 88W8686 芯片。

88W8686 包含嵌入式高性能兼容的处理器，此处理器的工作频率为 128MHz，主要协助完成 IEEE802.11b 中的直接序列扩频调制、IEEE802.11a/g 中的正交频分复用调制和 MAC 组帧技术。88W8686 支持最高 54Mbit/s 的通信速率，以及 2.4GHz 和 5GHz 双频段，且片内集成蓝牙模块。

88W8686 内部结构如图 3.4.11 所示。从图 3.4.11 中可以看出，88W8686 可以通过 JTAG 接口调试内部的 MCU，且内部的 MCU 可以通过 SPI、UART 等接口与外部的 MCU 通信，完成芯片的配置，同时外部的 MCU 还可以通过 G-SPI 或 SDIO 与 88W8686 进行数据高速交互，完成 Wi-Fi 的数据收发。此外，还可以看出 88W8686 的射频收发是分离的，射频引脚为单端 50Ω 标准阻抗，因此射频前端的天线匹配电路仅需要一个 π 型电路即可。由于蓝牙模块和 Wi-Fi 模块的射频通过不同引脚引出，因此需要设计一个天线共用电路。图 3.4.12 给出了 88W8686 模块天线设计参考。在图 3.4.12 中，蓝牙射频信号的收发通过同一引脚引出，Wi-Fi 的收发通过不同的引脚引出，因此在一根天线的方案中，需要一个三选一射频开关，选择不同的引脚连接到天线上。

CC31×× 是 TI 公司推出的第一代 Wi-Fi 芯片，其中，CC3100 仅支持 IPv4 技术，CC3120 是在 CC3100 基础上使用 IPv6 技术。该系列芯片内部的处理器主要完成 IEEE 802.11 的物理层和 MAC 技术。CC32×× 是 TI 公司推出的第二代 Wi-Fi 芯片，其内部结构如图 3.4.13 所示，该芯片除具有第一代芯片的所有技术特性之外，还增加了一个主频为 80MHz 的 Cortex-M4 内核的 MCU，从而使得客户能够用单个集成电路（IC）开发整个应用。CC31×× 和 CC32×× 支持嵌入式 TCP/IP 和 TLS/SSL 堆栈，HTTP 服务器和多个互联网协议，支持基站模式（AP）、访问点模式（BP）和 Ad-hoc 模式（Wi-Fi 直连），并支持 8 位并行摄像头接口。借助芯片上的 Wi-Fi，互联网和稳健耐用的安全协议，无须之前的 Wi-Fi 经验即可实现更快速的开发。CC31×× 和 CC32×× 器件可以通过 SPI 或 UART 接口连接至任一 8、16 或 32 位 MCU，如图 3.4.14 所示。此器件驱动程序最大限度地减少了主机存储器占用，一个 TCP 客户端应用程序要求的代码存储器少于 7KB，RAM 存储器小于 700B。CC3200 器件是一个完整平台解决方案，包括软件、示例应用、工具、用户和编程指南、参考设计及 TI E2E 支持社区。

CC32×× 芯片的射频引脚是 50Ω 阻抗的，其射频匹配电路仅需要一个滤出谐波的低通滤波器和一个 π 型天线匹配电路，如图 3.4.15 所示。

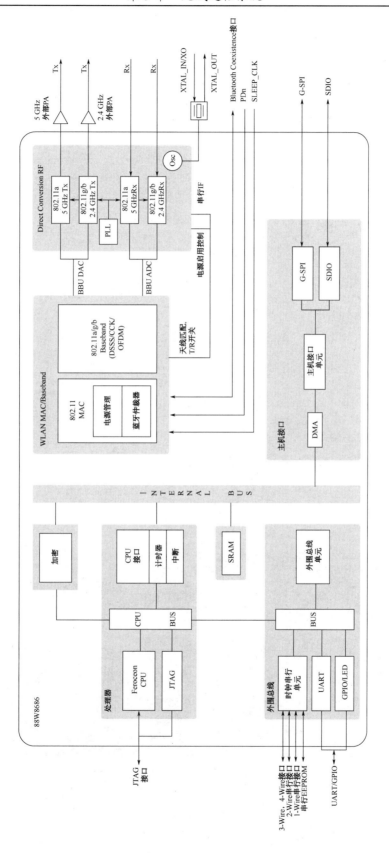

图 3.4.11　88W8686 内部结构

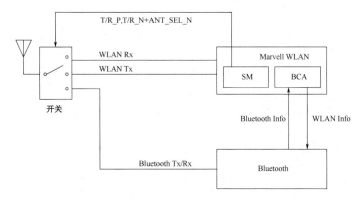

图 3.4.12　88W8686 模块天线设计参考

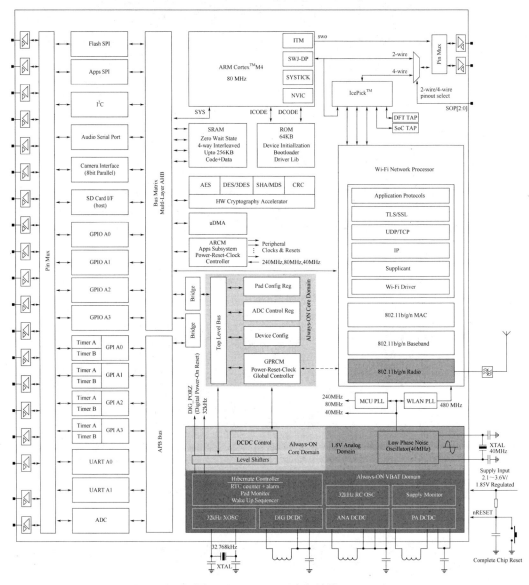

图 3.4.13　CC3200 内部结构

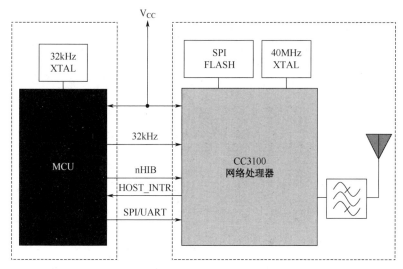

图 3.4.14   CC31××与外部 MCU 连接图

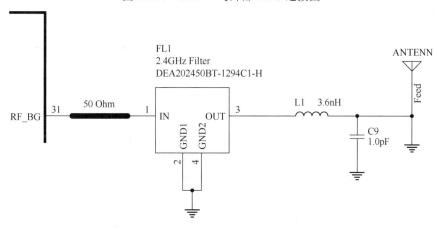

图 3.4.15   CC32××射频匹配电路设计

88W8686、CC3100 和 CC3200 的主要技术指标如表 3.4.13 所示。

表 3.4.13   88W8686、CC3100 和 CC3200 的主要技术指标

参　　数	88W8686	CC3100	CC3200
工作频段	2.412～2.484GHz 、 4.915～5.825GHz	137～950 MHz	287～1054MHz
调制方式	CCK DBPSK DQPSK QAM OFDM DSSS	CCK DBPSK DQPSK QAM OFDM DSSS	CCK DBPSK DQPSK QAM OFDM DSSS
发射功率	11dBm	18dBm	18dBm
接收灵敏度	—	−95.7dBm@ 1Mbit/s DSS −74dBm@ 54Mbit/s OFDM	−95.7dBm@ 1Mbit/s DSS −74dBm@ 54Mbit/s OFDM
LNA 噪声系数	5dB@2.4G 高接收增益 7dB@5G 高接收增益	—	—
集成用户 MCU	—	—	Cotex-M4

续表

参　数	88W8686	CC3100	CC3200
支持的 IEEE 协议	802.11a/b/g	802.11 b/g/n	802.11 b/g/n
支持的应用层协议	—	AP BP Wi-Fi 直连 TCP/IP HTTP TLS/SSL	AP BP Wi-Fi 直连 TCP/IP HTTP TLS/SSL
集成蓝牙模块	是	否	否
用户接口	SPI SDIO UART	SPI UART	SPI UART
数传速率	1～54Mbit/s	1～54Mbit/s	1～54Mbit/s
工作电压	1.2V/1.8V/3.0V	2.1～3.6 V，集成片内 LDO	2.1～3.6 V，集成片内 LDO

3．集成蓝牙芯片

蓝牙通信采用跳频技术，工作于 2.4GHz 的波段，实现了短距离无线通信。利用蓝牙技术，既能够有效地简化掌上电脑、笔记本电脑和手机等移动通信终端设备之间的通信，也能够成功地简化这些设备与 Internet 的通信，使这些现代通信设备与 Internet 的数据传输变得更加迅速高效。蓝牙规范经历了 1.0、2.0、3.0、4.0 及最新的 5.0 阶段。

蓝牙 1.0 主要针对点对点的无线数据传输，给出了标准的数据传输分组格式及分组类型。随后的 1.1 版本将 1.0 版本的点对点扩展为点对多点的数据传输，并修正了前一版本中错误和模糊的概念。1.1 版本规定的传输速率峰值为 1Mbit/s，而实际应用中是 723kbit/s。1.2 版本的传输速率与 1.1 版本相同，但实现了设备识别的高速化，增强了数据传输的抗干扰能力，与现有的 1.1 版本完全兼容，确保其向后兼容 1.1 版本的产品。1.2 版本中有以下的改进和增强：更加快速地连接、自适应跳频（Adaptive Frequency Hopping，AFH）、扩展的同步面向连接链路、增强的错误检测与信息流、增强的同步能力、增强的流规范等。这些改进可以增加数据传输的抗干扰性和可靠性，为其实时传输提供了有力支撑。

从蓝牙 2.0 开始，增加了增强型数据速率（Enhanced Data Rate，EDR）协议，大大提高了蓝牙技术数据传输的性能。它的主要特点是数据传输速率可达 1.2 版本传输速率的 3 倍（在某些情况下高达 10 倍）。2.0 版本通过减少工作负载循环降低了能源消耗，增加带宽简化了多连接模式，可与以往的蓝牙规范兼容，降低了比特误差率。蓝牙 2.1+EDR 标准在 2.0 版本的基础上对数据传输的性能加以改善，具有 3 个主要特征：改善装置配对流程、节约能源和增强安全性。

蓝牙 3.0+HS 高速核心规范采用交替射频技术，并且集成了 IEEE 802.11 协议适应层，使蓝牙数据传输速率提高至 24Mbit/s。此外，蓝牙 3.0+HS 还增加了单播无连接数据传输模式和增强功率控制等新功能。

蓝牙 4.0 可以说是蓝牙 3.0+HS 的补充，降低了蓝牙技术数据传输的能耗，大大延长了蓝牙设备的电池使用寿命。这个版本主要应用于医疗保健、运动与健身、安全及家庭娱乐等全新的市场。

蓝牙 5.0 相比于蓝牙 4.0，通信速度提高了 1 倍（BLE 速度从 25Mbit/s 提高到 50Mbit/s），传输距离提高了 4 倍，数据广播容量提高了 8 倍，并支持 mesh 组网。由于速率的提高，与蓝牙 4.0 相比，传输同等数据的时间更短，从而功耗更低；通信距离的增加，使得蓝牙通信应用到智能家居系统成为可能；组网技术的引入，进一步扩大了蓝牙的通信范围，增加了蓝牙的应用场景。

　　TI 公司针对蓝牙通信，推出了一系列低功耗蓝牙通信芯片，涵盖了蓝牙 4.0、4.1、4.2 及最新的 5.0 通信协议。表 3.4.14 给出了 TI 主要蓝牙芯片的性能。

表 3.4.14　TI 主要蓝牙芯片的性能

参　　数	CC2540	CC2541	CC2564	CC2640	CC2642	CC1352
协议版本	4.0+BLE	4.0+BLE	4.0+BLE	4.2+BLE 5.0	4.2+BLE 5.0	4.2+BLE 5.0
发射功率 /dBm	4	0	10	5	5	20
接收灵敏度 /dBm	−93	−99	−95	−97	−103@5.0 协议	−110@50kbit/s
外部接口	USB1.1 PWM ADC	PCM/I2S UART PWM	PCM/I2S UART	I2S I2C SPI UART PWM	I2S I2C SPI UART PWM	I2S I2C SPI UART PWM
空中速率 /kbit/s	250、500、 1000、2000	250、500、 1000、2000	37.5～4000	0.3～5000	0.3～2000	0.3～2000
工作电压/V	2.0～3.6	2.0～3.6	2.2～4.8	1.8～3.8	1.8～3.8	1.8～3.8
接收电流 /mA	19.6	17.9	35	5.9	6.83	5.8
最大发射电流/mA	24@6dBm	18.2@0dBm	107 @10dBm	6.1@0dBm	7.5@0dBm	65@20 dBm

　　如果 CC2540 上的 USB 未启用且 CC2541 上的 I 2C/额外 I/O 未启用，那么 CC2541 与 CC2540 的引脚是兼容的。与 CC2540 相比，CC2541 的 RF 流耗更低。芯片 CC2540 提供 USB 接口，适用于做 USB 的蓝牙传输设备，CC2541 提供 UART 和 I2S 接口，适用于做音频传输设备。CC2541 还集成了片内额外的 MCU，可被用户使用，构成单芯片的产品。CC2564 支持 BLE 模式，并提供高达 4Mbit/s 的数据传输速率和高达 10dBm 的发射功率。CC264× 器件含有一个 32 位 ARM® Cortex®-M3 内核（与主处理器工作频率同为 48MHz），并且具有丰富的外设功能集（内部结构如图 3.4.16 所示），其中包括一个独特的超低功耗传感器控制器。此传感器控制器不仅适合连接外部传感器，还适用于在系统其余部分处于睡眠模式的情况下自主收集模拟和数字数据。因此，CC264× 器件成为注重电池使用寿命、小型尺寸和简便实用的各类应用的理想选择。CC2642 的灵敏度比 CC2640 略高。CC1352 芯片支持 Sub-GH 和 2.4GHz 两个频段，且内部也集成了 Arm® Cortex® -M4F 内核的处理器，构成单片系统。通过 CC2540，可以扩展 TI 蓝牙芯片的发射功率，从而增加通信距离。

　　CC26×× 射频前端电路设计可参考图 3.4.17。

　　在图 3.4.17 中，共设计了 3 种射频前端电路，分别对应差分单天线模式、单端单天线模式和单端双天线模式。用户可以根据实际需要，选择一种电路完成系统设计。

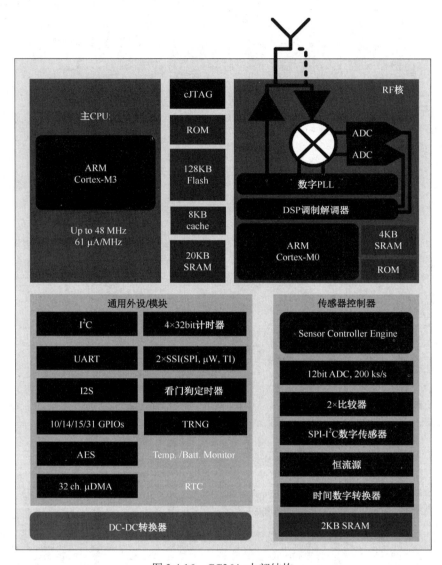

图 3.4.16　CC264×内部结构

4．集成 ZigBee 芯片

ZigBee 技术作为一种无线传输技术，主要有以下特点。

（1）超低功耗。同样的两节 5 号干电池，Wi-Fi 网络节点可以坚持工作数小时，蓝牙网络节点可以工作数周，而 ZigBee 网络中的一个节点可以工作半年至两年。超低功耗是 ZigBee 技术最突出、最有优势的特点。

（2）超低成本。ZigBee 技术通过大幅简化协议来控制成本，除此之外，ZigBee 协议是免除专利方面费用的，所以 ZigBee 的成本非常低。

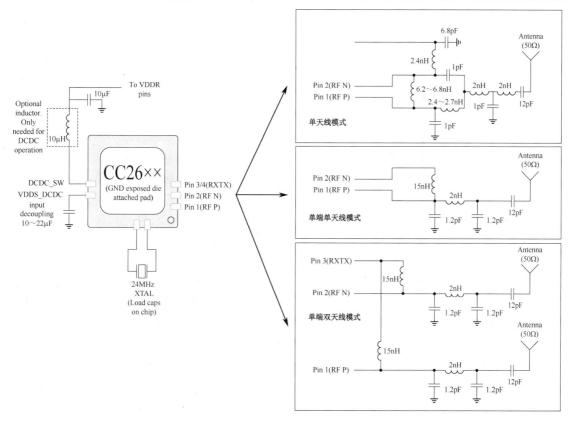

图 3.4.17　CC26××射频前端电路设计

（3）距离近。ZigBee 技术的传输范围是相邻网络节点之间的长度，正常情况下为 10～100m。通过增加 RF 发射功率或提升路由通信能力，传输距离将变得更长。

（4）速率较低。ZigBee 的传输速率较低，因此在速度要求不是特别高的数据通信过程中可选择 ZigBee 技术。

（5）响应速度快。ZigBee 技术时间延迟较短，一般数据节点从睡眠状态到活跃状态只需15ms，节点从外部进入网络内部只需 30ms，大大降低了对电能的消耗。与 ZigBee 技术相比，Wi-Fi 技术的响应过程平均需要 3s，蓝牙技术的响应过程平均需要 3～10s。

（6）容量大。ZigBee 网络内部结果呈现星状、树叶状或综合网络型拓扑结构，在网络内部由一个主节点统筹若干子节点的活动情况（主节点最多可以掌控的子节点个数是 254 个），主节点还可以作为子节点由它的上一层节点进行掌控，相互叠加，最终一个网络中最大可以包含 65000 个节点。

（7）安全系数高。ZigBee 技术通过三级安全设定，即循环冗余校验方式监测数据包的完整性、使用 ACL 技术防止数据信息的非法注入、AES-128 加密算法确保安装时期的数据安全。

以上这些特点使 ZigBee 作为物联网感知层通信技术具有优势，被广泛应用于环境监测、智能家居监控、交通领域监控等。

目前致力于研究 ZigBee 微控制器的半导体公司比较多，其中 TI、飞思卡尔、EMBER（ST）、MICROCHIP、JENNIC（捷力）等公司的产品最具代表性。

　　ZigBee 微控制器技术解决方案经历了长期的演变过程，主要包括以下 3 种。

　　（1）ZigBee 收发器+微内核。该芯片设计方案比较灵活，对 ZigBee 收发器和微内核组合的选择具有多样性。典型的方案有 TI 公司的 CC2420+MSP430、飞思卡尔公司的 MC13××+GT60、MICROCHIP 公司的 MJ2440+PIC MCU 等。

　　（2）ZigBee 协处理器+微内核。ZigBee 协处理器中内置了 ZigBee 协议栈软件，因此缩短了产品的开发周期，如 JENNIC 公司的 SoC+EEPROM、EMBER 公司的 EMBER260+MCU 等。

　　（3）单芯片集成 SoC。SoC（System on Chip）方案具有体积小、集成度高等特点，主要方案有 TI 公司的 CC2430/ CC2520/CC2530、飞思卡尔公司的 MC1321×、MC1322×、MC1323×等。

　　随着半导体技术的发展，芯片集成度越来越高，并且 ZigBee 协议栈软件已被开源化，研究成果增多。因此，ZigBee 协议软件在单芯片中的实现越来越方便，这对单芯片集成方案的发展有很大的推动作用。

　　2009 年 6 月，飞思卡尔公司宣布成功实施 ZigBee RF4CE 规范，并通过 ZigBee 联盟推出的 Golden Unit 认证成为首批获此殊荣的成员之一。随着消费电子市场及家庭控制对 RF4CE 技术的需求，飞思卡尔公司在 2010 年飞思卡尔技术论坛（Freescale Technology Forum，FTF）中推出了领先的 MC1323×系列微控制器，包含 8 位的 HCS08 内核和完全符合 IEEE 802.15.4 的收发器，以及专为当今消费电子设备而选择和优化的高性能外设。

　　MC1323×内部结构如图 3.4.18 所示。该芯片内部包含一个 8 位的 HCS08 内核 QE 系列 CPU，最高总线频率可达 32MHz；包含丰富的模块接口资源，包括 KBI、SCI、SPI、IIC 等标准接口，同时通过配置可获得最多 32 个普通 I/O（GPIOs）；包含 1kHz 晶振用作唤醒模式时钟，也可外接 32.768kHz 晶振用作低功耗模式下的精确时钟；系统支持多种低功耗模式，如在 STOP3 模式下电流小于 1μA；包含 DMA 收发控制器、AES-128 安全加密模块、16 位随机数生成器、支持 IEEE 802.15.4 接收帧过滤机制；集成了 IEEE 802.15.4 标准的物理层收发器，收发器包含低噪声 1mW 功率放大器、内部电压控制晶振、集成收发器开关等，支持单端天线接口，所需外部器件较少，简化了天线设计电路。

　　MC13233 微控制器中集成的物理层收发器已经包含了功率放大器（PA）、低噪声放大器（LNA）和收/发开关（TX/RX Switch），很大程度上降低了系统成本和射频电路的设计难度。其射频前端设计如图 3.4.19 所示。在图 3.4.19 中，采用的是单端天线方式，其中使用的 Balun 是日本村田（Murata）公司提供的 LDB212G4005C-001。

　　TI 公司最早推出的 ZigBee 芯片为 CC2420，该芯片内没有集成微处理器，用户需要外接微处理器完成 ZigBee 系统。随后，TI 公司推出了 CC2430、CC2520 和 CC2530 等一系列片内集成 8051 内核控制器的 ZigBee 芯片，它不仅能满足低功率、低成本的要求，而且能满足基于 ZigBee 的 2.4GHz ISM 波段应用并提高工作效率，还实现了集收发控制于一体的多功能核集成芯片，用户可以在该芯片上直接完成 ZigBee 系统的开发。CC2520 是 TI 公司的第二代 ZigBee/IEEE 802.15.4 射频收发器，它具有较高的灵敏度和稳定性，且连接性能强，可在低电压下工作。CC2520 支持多种应用，如帧处理、数据缓冲、数据加密、数据认证及空闲信道检测等，极大地减轻了处理器的负担。CC2520 一般由 SPI 和一些 GPIO 连接到微控制器，该微控制器向 CC2520 发送指令，CC2520 通过内部的指令解码器解析，然后执行指令，或者将其传递给其他模块。CC2530 以加强型 8051 为内核，具有 3 个不同的存储器访问总线（SFR、DATA 与 CODE/XDATA），通过单周期的方式对主 SRAM、DATA 和 SFR 进行访问操作。除此之外，它还有一个用来调试的接口和若干外部输入使用的中断单元。

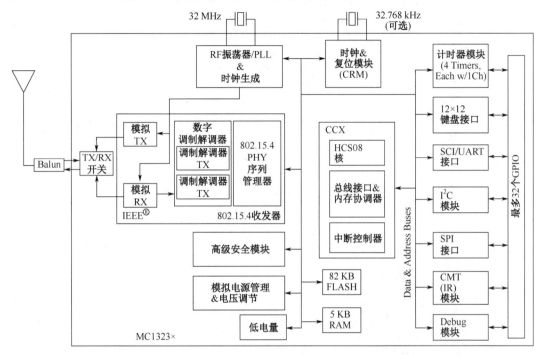

图 3.4.18　MC1323×内部结构

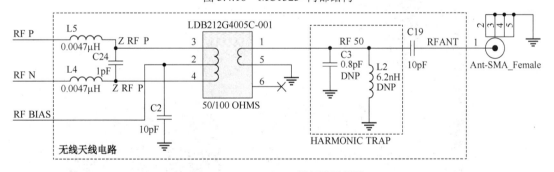

图 3.4.19　MC13233 射频前端设计

　　图 3.4.20 给出了 CC2530 的内部结构。由图 3.4.20 可知，CC2530 拥有大量的片内外设，除常见的 I/O 接口、定时器、调试接口及串口等之外，还具有一个内置的无线电收发器，该外设兼容 IEEE 802.15.4 标准。收发器通过 RF 核心与 8051 核心进行通信，RF 核心为 MCU 供给了多个接口，使得发送命令、获取状态、自主操作和确定设备时间顺序等变得可行。

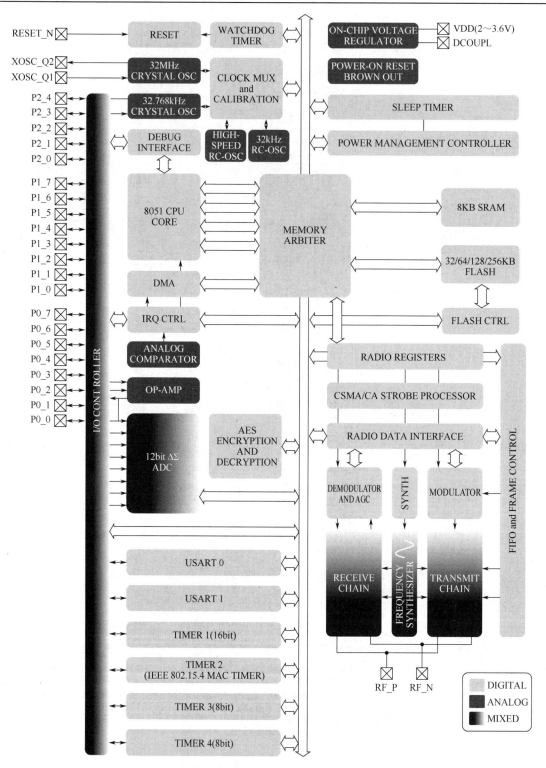

图 3.4.20　CC2530 的内部结构

CC2530 的典型应用电路如图 3.4.21 所示。注意，在图 3.4.21 中没有给出电源的退耦电容。CC2530 集成的物理层收发器已经包含了功率放大器（PA）、低噪声放大器（LNA）和收/发开关（T/R Switch），降低了系统成本和射频电路的设计难度。在图 3.4.21 中，采用的是单端天线方式，通过 LC 电路构成平衡到不平衡转换的 Balun 电路，其主要元件参数如表 3.4.15 所示。

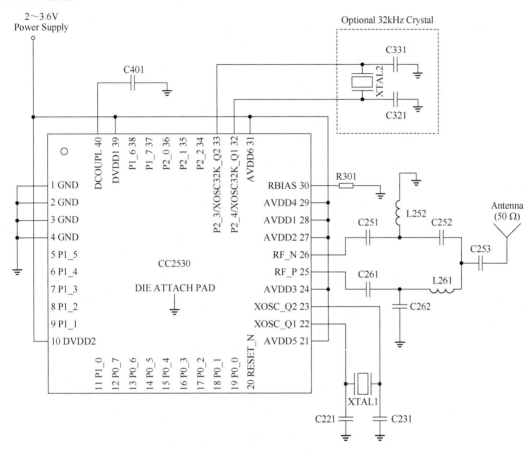

图 3.4.21 CC2530 的典型应用电路

表 3.4.15 CC2530 典型应用电路中的主要元件参数

组 件	描 述	参 数	厂 商
C401	隔直耦合电容	1μF±10%, 0603 X5R	村田 GRM1555C 系列
C251 C261	RF 平衡-不平衡转换器/匹配电容	18 pF±5%, 0402 NP0	村田 GRM1555C 系列
C252 C262	RF 平衡-不平衡转换器/匹配电容	1 pF±5%, 0402 NP0	村田 GRM1555C 系列
C253	RF 发射匹配电容	2.2 pF±5%, 0402 NP0	村田 GRM1555C 系列
C321 C331	晶体负载电容	15 F±10%, 0603 X5R	村田 GRM1555C 系列
C221 C231	晶体负载电容	27 F±10%, 0603 X5R	村田 GRM1555C 系列
L252 L261	RF 平衡-不平衡转换器/匹配电感（绕线或层叠型）	2 nH±5%, 0402 绕线电感	村田 LQW15 系列
R301	内部偏置电流参考电阻	56 kΩ, 0402, 1%	Koa RK73 系列

组　件	描　述	参　数	厂　商
XTAL1	高速晶体	32 MHz 表面贴装晶振	NDK AT-41CD2
XTAL2	低速晶体	32.768kHz 表面贴装晶振	EXS00A-MU00193

表 3.4.16 给出了 MC13233、CC2420、CC2520 和 CC2530 四款芯片的主要技术参数。其中，MC13233 和 CC2530 均支持 IEEE 802.15.4—2003 和 IEEE 802.15.4—2006 协议，CC2420 仅支持 IEEE 802.15.4—2003 协议，CC2520 仅支持 IEEE 802.15.4—2006 协议。可采用 CC2590 或 CC2592 将 CC2420、CC2520 和 CC2530 的输出功率增大到 16dBm 或 22dBm。

ZigBee 软件设计可以参考 TI 的 Z-Stack 协议栈。

表 3.4.16　MC13233、CC2420、CC2520 和 CC2530 的主要技术参数

参　数	MC13233	CC2420	CC2520	CC2530
协议栈	IEEE 802.15.4—2003 IEEE 802.15.4—2006	IEEE 802.15.4—2003	IEEE 802.15.4—2006	IEEE 802.15.4—2003 IEEE 802.15.4—2006
发射功率/dBm	−30～3	−24～0	5	−26～8
接收灵敏度/dBm	−94	−95	−98	−97
外部接口	UART、SPI、I2C、PWM	SPI	SPI	UART、SPI、PWM
空中速率/kbit/s	250	250	250	250
工作电压/V	1.8～3.6	2.1～3.6	1.8～3.8	2.0～3.6
接收电流/mA	34.2	18.8	18.5	24
最大发射电流/mA	26.6@0dBm	17.4@0dBm	25.8 @0Bm	29@1dBm

第 4 章
有线通信系统

4.1 串行通信系统

常用的有线通信系统可分为并行通信系统和串行通信系统两大类。并行通信系统采用多根数据线，同时实现时钟、多位数据和地址的交互，连线复杂，一般用于系统板内部通信或系统子板间通信，常见的有 PCI 总线通信系统、8080 总线通信系统等。串行通信系统将多位的数据和地址并串转换后，在同一根或几对数据线上传输，连线简单，可用于系统间通信。常见的串行通信系统有 RS232 通信系统、RS485 通信系统、CAN 通信系统、USB 通信系统、光纤通信系统及以太网通信系统等。

串行通信系统连线简单，通信距离远，被广泛应用于工业控制、数据采集等场合，本节除主要介绍串行通信系统之外，还将详细介绍 RS232、RS485 及 CAN 通信系统。光纤通信系统将在 4.2 节中介绍，以太网通信系统将在 4.3 节中介绍。

4.1.1 RS232 通信系统

现在所见到的 RS232 通信系统，实际上是 RS-232C 标准的通信系统，它是美国 EIA（电子工业协会）与 BELL 等公司一起开发的 1969 年公布的通信协议，是标准 RS232 协议的改进版，它适用于数据传输速率为 0～20000bit/s 的通信。这个标准对串行通信接口的有关问题，如信号线功能、电气特性都进行了明确规定。由于通信设备厂商都生产与 RS232 制式兼容的通信设备，因此它作为一种标准，目前已在微机通信接口中广泛采用（在计算机设备管理器上显示 COM×端口，×是一个数字），用于计算机和外部系统通信的一个重要方式。

RS232 通信系统的接口常采用 DB9 类型，其定义如图 4.1.1 所示。

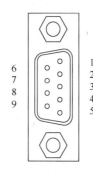

9针串口（DB9）		
针号	功能说明	缩写
1	数据载波检测	DCD
2	接收数据	RXD
3	发送数据	TXD
4	数据终端准备	DTR
5	信号地	GND
6	数据设备准备好	DSR
7	请求发送	RTS
8	清除发送	CTS
9	振铃指示	DELL

图 4.1.1　RS232 通信系统的 DB9 接口定义

在图 4.1.1 中，信号可以分为控制信号和数传信号，控制信号包括 DSR、DTR、RTS、CTS 和 DELL，数传信号包括 RXD 和 TXD。根据通信是否使用控制信号，RS232 通信系统可以分为 3 线模式和 5 线模式。在 3 线模式下只使用 3 根线，即 RXD、TXD 和 GND。在 5 线模式下使用 5 根线，即 RXD、TXD、RTS、CTS、GND。

在 RS232 通信总线中没有时钟线，所有的信息均以串行的方式逐位发送，且收发双方根据约定的波特率进行通信，因此是一种异步串行通信系统。RS232 通信系统的数据发送和接收是分开的，因此可以同时进行数据接收和发送，是一种全双工通信系统。

常用的串口波特率有 110、300、600、1200、2400、4800、9600、14400、19200、38400、57600、115200、128000、256000。波特率越高，通信距离越短。

为了使 RS232 通信系统的传输距离达 15m 以上，RS232 通信总线上的逻辑电平采用较高的电平（EIA 电平）来抗干扰：TXD 和 TXD 的逻辑 1 为-15～-3V，逻辑 0 为 3～15V；DSR、DTR、RTS、CTS 和 DELL 接通时为 3～15V，断开时为-15～-3V。但是，由于 RS232 属于单端信号传送，存在共地噪声和不能抑制共模干扰的问题，因此一般用于 30m 以内的通信。

为了使计算机和微处理器（或单片机）之间能够通过 RS232 协议交换数据，需要将 RS232 的 EIA 电平转换为 TTL 电平。MAX3232 可以实现 3.3V TTL 电平到 EIA 电平的转换，MAX232 可以实现 5V TTL 电平到 EIA 电平的转换，MAX3232 和 MAX232 电路图完全相同，仅仅供电有区别，前者是 3.3V 供电，后者是 5V 供电。MAX232 电平转换电路如图 4.1.2 所示。其中，RX 和 TX 分别连接至 MCU 的 UART 数据接收和数据发送端。

RS232 通信总线传输数据的最小单元（一帧）是一字节，其数据帧格式如图 4.1.3 和图 4.1.4 所示。

在图 4.1.3 中，以 TTL 电平的数据帧格式为例，RS232 通信总线平时为高电平，在发送数据时，首先将一个字节转换为串行数据。消息帧从 1 个低位起始位开始，后面是 8 个数据位 1 个高位停止位。接收器发现起始位时就知道数据准备发送了，并开始与发送器时钟频率同步，然后按顺序接收一个字节的 bit0 到 bit7。

实际上，RS232 通信的一帧数据还可以选择是否在停止位前增加奇偶校验位，以及停止位的个数。只要收发双方约定好同一个标准即可进行数据通信。如果选择了奇偶校验，接收端就可以用奇偶位帮助检验本帧数据是否传输错误。

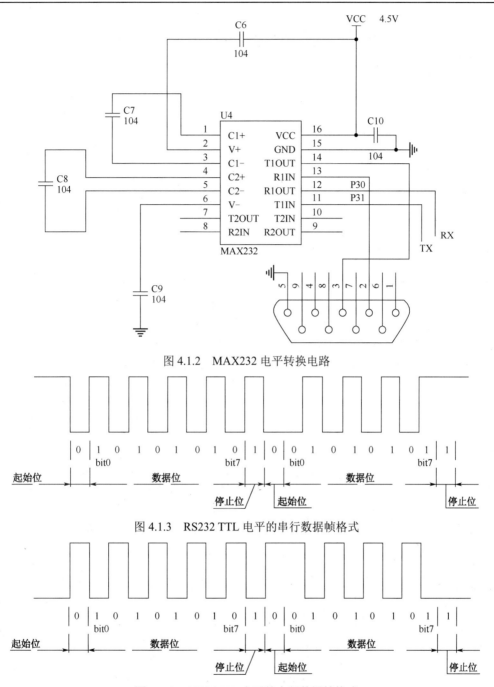

图 4.1.2　MAX232 电平转换电路

图 4.1.3　RS232 TTL 电平的串行数据帧格式

图 4.1.4　RS232 EIA 电平的串行数据帧格式

表 4.1.1 给出了几种 TI 公司推出的 RS232 电平转换芯片技术性能。通常，输出电平越高，传输速率就越低，传输距离也就越远。不同芯片内部集成的收发通道数和供电电压也不同，用户可根据实际情况选用不同的芯片。

表 4.1.1　几种常见的 RS232 电平转换芯片技术性能

参　　数	MAX232E	MAX3232E	TRS3253E	SN65C3238E	SN75C3223E
发送通道数	2	2	3	5	2
接收通道数	2	2	5	3	2
最大传输速率/kbit/s	250	250	1000	1000	1000
TTL 电平/V	5	3.3	1.8	3.3	3.3
输出电平/V	9	5.4	5.4	5.4	5.4
供电电压/V	5	3.3、5	3.3、5	3.3、5	3.3、5
静电保护/kV	15	15	15	15	15

4.1.2　RS485 通信系统

RS232 通信系统因协议简单、连线简单且实现成本低而得到广泛的应用。然而，由于 RS232 属于单端信号传送，存在共地噪声和不能抑制共模干扰的问题，因此一般用于 30m 以内的通信，且太高的输出电平，导致逻辑切换的功耗大大增加，也不利于通信速率的提升。

RS485 通信系统是 RS232 通信系统的一种改进，它采用低压差（200～500mV）的平衡发送和差分接收电路，具有抑制共模干扰的能力，既可以实现高速率的数据传输，又可以满足远距离通信的需求。通常，RS485 通信系统可以实现几十米到上千米的通信距离，最高通信速率可以达到 20Mbit/s。

RS485 通信系统可由 MCU 的 UART 模块加 RS485 总线驱动器构成，其连接图如图 4.1.5 所示。图 4.1.5 中，B、A 网标连接至 RS485 总线端口，该端口信号为差分信号，电压差可以低至 200mV。R 可以连接至 MCU 的 UART 模块（TTL 电平的 RS232 协议）的 RXD 引脚；D 可以连接至 MCU 的 UART 模块的 TXD 引脚；$\overline{RE}$ 是 RS485 的接收使能，低电平有效；DE 是 RS485 的发送使能，高电平有效；通常将 $\overline{RE}$ 和 DE 连接在一起，用 MCU 的一个 I/O 控制，实现 RS485 的接收或发送的功能；R_T 是端电阻，用于获得接收的差分电压，通常为 120Ω 左右。

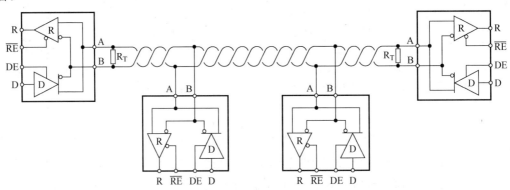

图 4.1.5　半双工 RS485 通信系统连接图

相比于 RS232 通信系统点到点的全双工模式，图 4.1.5 中的 RS485 通信系统工作为半双工模式。RS485 总线上最多可以挂 128 个设备，同一时刻，只允许一个设备在总线上发送数据。通常，RS485 总线用于主从模式，总线上的所有设备中，有一个主设备控制各个从设备的发送时刻（分时对各个从设备进行控制和状态查询）。RS485 总线在较低速率下可以实现 2km 以上的通信距离，常用于工业控制。

RS485 通信系统的接收和发射也可以分离，构成全双工通信系统，其连接图如图 4.1.6 所示。

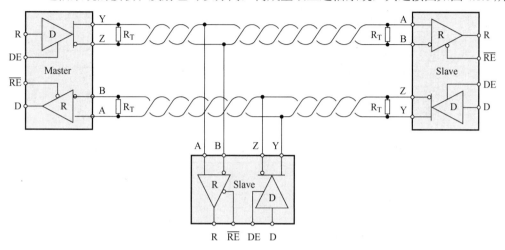

图 4.1.6　全双工 RS485 通信系统连接图

表 4.1.2 给出了几种常用的 RS485 总线驱动器。

表 4.1.2　几种常用的 RS485 总线驱动器

参　　数	MAX485	MAX3485	MAX3490/MAX3491	SN65HVD1781A	SN65HVD1470/SN65HVD1471	SN65HVD1476/SN65HVD1477
是否全双工	否	否	是	否	是	是
静态电流/μA	300	430	430	4000	350	350
最大传输速率/kbit/s	250	20000	20000	1000	400	50000
总线最大节点数	32	128	128	320	256	96
TTL 电平/V	5	3.3～3.6	3.3～3.6	3.3、5	3.3、5	3.3、5
供电电压/V	5	3.3	3.3、5	3.3、5	3.15～5.5	3.0～3.6
静电保护/kV	15	20	20	16	30	30

4.1.3　CAN 通信系统

控制局域网（Controller Area Network，CAN）起源于 20 世纪 80 年代汽车工业领域，是由德国 Bosch 公司专门设计的一款串行数据通行网络，用于解决汽车内部各元件的通信问题，取代复杂而又烦琐的电线连接。CAN 总线是开放分布式实时网络结构，该结构是参照国际标准化组织的 OSI 参考模型而设计的，因此被国际标准组织制定为标准的现场总线协议。

CAN 协议规范定义了 OSI 参考模型中的数据链路层、物理层和应用层。前两层主要通过 CAN 硬件实现，应用层由用户自行定义设计来满足自身需求。数据链路层由逻辑链路控制（LLC）层和介质访问控制（MAC）层组成，其中 LLC 层主要完成数据的接收过滤、数据超载通知及恢复管理等功能；而 MAC 层主要的功能是打包/拆包数据、帧编码（填充、去填）、介质访问管理、错误检测和标识、应答、仲裁等，这些功能是 CAN 协议设计的重点。物理层定义信号传输方式，包括物理信号子层（PLS）、物理介质连接（PMA）和介质相关接口（MDI）；PLS 主要涉及位编码/解码、位时间及同步说明；PMA 主要描述驱动器/接收器特征；MDI 主要配置连接器的端口。CAN 分层结构如图 4.1.7 所示。

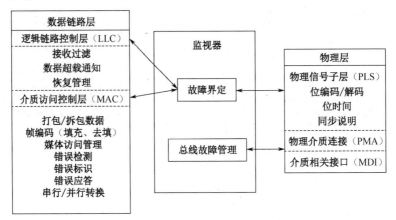

图 4.1.7　CAN 分层结构

1. CAN 总线的基本特点

CAN 为串行总线通信协议，能有效地支持具有很强安全等级的分布实时控制。CAN 总线通信接口中集成了 CAN 协议的物理层和数据链路层的功能，可完成对通信数据的成帧处理，包括位填充、数据块编码、循环冗余检验、优先级判别等工作。

CAN 协议的一个最大特点是废除了传统的站地址编码，改为对通信数据块进行编码。采用这种方法的优点可使网络内的节点个数在理论上不受限制，数据块的标识码可由 11 位或 29 位二进制数组成，因此可以定义 2¹¹ 或 2²⁹ 个不同的数据块，这种按数据块编码的方式还可以使不同的节点同时接收到相同的数据，这在分布式控制系统中非常有用。数据段长度最多为 8 个字节，可满足通常工业领域中控制命令、工作状态及测试数据的一般要求。同时，8 个字节不会占用总线时间过长，从而保证了通信的实时性。CAN 协议采用 CRC 校验并可提供相应的错误处理功能，保证了数据通信的可靠性。

CAN 总线采用了多主竞争式总线结构，具有多主站运行和分散仲裁的串行总线及广播通信等特点。CAN 总线上任意节点可在任意时刻主动向网络上其他节点发送信息而不分主次，因此可在各节点之间实现自由通信。

2. CAN 总线帧的种类及帧格式说明

CAN 总线帧包括数据帧、遥控帧、错误帧、过载帧和帧间隔 5 种。

数据帧是用于发送单元向接收单元传送数据的帧，由 7 个段构成。①帧起始：表示数据帧开始的段；②仲裁段：表示该帧优先级的段；③控制段：表示数据的字节数及保留位的段；④数据段：数据的内容，可发送 0～8 个字节的数据；⑤CRC 段：检查帧的传输错误的段；⑥ACK 段：表示确认正常接收的段；⑦帧结束：表示数据帧结束的段。

遥控帧是用于接收单元向具有相同 ID 的发送单元请求数据的帧，没有数据帧的数据段，由 6 个段组成。①帧起始：表示帧开始的段；②仲裁段：表示该帧优先级的段，可请求具有相同 ID 的数据帧；③控制段：表示数据的字节数及保留位的段；④CRC 段：检查帧传输错误的段；⑤ACK 段：表示确认正常接收的段；⑥帧结束：表示遥控帧结束的段。

错误帧是用于当检测出错误时向其他单元通知错误的帧，由错误标志和错误界定符构成。错误标志包括主动错误标志和被动错误标志两种，其中主动错误标志由 6 位显性位构成，被动错误标志由 6 位隐性位构成。错误界定符由 8 位隐性位构成。

过载帧是用于接收单元通知其尚未做好接收准备的帧，由过载标志和过载界定符构成。过载标志的构成与主动错误标志相同，过载界定符的构成与错误界定符相同。

帧间隔是用于分隔数据帧和遥控帧的帧。数据帧和遥控帧可通过插入帧间隔将本帧与前面的任何帧（数据帧、遥控帧、错误帧、过载帧）分开。过载帧和错误帧前不能插入帧间隔。

3．CAN 总线协议的硬件实现

CAN 协议规范中数据链路层与物理层由 CAN 硬件实现。CAN 硬件主要包括 CAN 控制器和 CAN 驱动器。其中，CAN 控制器主要对收发数据进行处理，如过滤、编码、解码等；CAN 驱动器构建 CAN 控制器与 CANL 和 CANH 之间的桥梁，主要负责 CAN 总线上数据的收发。

1）CAN 控制器

除某些微控制器（如 STM32 系列处理器）集成的 CAN 控制器外，目前 CAN 控制器有两种：SJA1000 和 PCA82C200。SJA1000 不仅具有传统芯片（82C200）所含的性能，还增添了一些新功能。例如，SJA1000 控制器不仅支持 CAN2.0A，还支持 CAN2.0B 协议（82C200 只支持 CAN2.0B 协议）。此外，SJA1000 控制器的接收缓冲器总长为 64 字节（82C200 总长为 13 字节），CPU 在处理一个报文的同时还能接收其他报文。SJA1000 控制器的内部结构如图 4.1.8 所示。

由图 4.1.8 可知，SJA1000 控制器由接口逻辑管理、发送缓冲器、接收缓冲器、验收滤波器、位流定时器、位时序逻辑、错误管理逻辑等组成。接口逻辑管理主要用于诠释来自 CPU 的命令，便于 CAN 控制器对命令理解；发送缓冲器是 CPU 与位流定时器之间的桥梁，即 CPU 向其写入数据，位流定时器读取它的内部数据；接收缓冲器是验收滤波器与 CPU 之间的接口，用于暂存总线数据，而节点是否接收总线数据主要取决于验收滤波器与报文标识符比较的结果，若比较结果表示通过则接收；位流定时器控制 CPU 与 CAN 总线之间的数据流，位时序逻辑用于监视 CAN 总线及处理与总线有关的位定时。由于报文在收发过程中会出现错误，为了更好地解决与管理错误，CAN 控制器内部设计了错误管理逻辑。

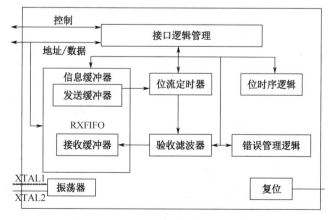

图 4.1.8　SJA1000 控制器的内部结构

SJA1000 控制器有两种不同的工作模式，即 BasicCAN 模式和 PeliCAN 模式（两种工作模式的选择由芯片内部时钟分频器相应位进行控制）。在不同工作模式下，SJA1000 控制器内部寄存器的设置不一样，如表 4.1.3 所示。

表 4.1.3　BasicCAN 模式和 PeliCAN 模式的区别

特性	BasicCAN 模式	PeliCAN 模式
支持 CAN2.0B 协议	否	是
滤波方式	单一方式滤波	单滤波和双滤波方式
缓冲器空间大小	10 字节（标识符 2 个字节，数据 8 个字节）	13 字节（帧信息 1 个字节，标识符 2 个或 4 个字节，数据 8 个字节）
读/写错误计数寄存器	否	是
RXFIFO 可用信息是否查询	否	是
支持热拔线	否	是

2）CAN 驱动器

CAN 驱动器也称为 CAN 收发器，是 CAN 控制器与物理传输线路的通信接口，其性能好坏是影响 CAN 通信的关键因素。CAN 驱动器的第一代产品是 PCA82C250，该产品目前应用于许多领域。由于 TJA1000 具有更好的功能和性能，因此许多领域将采用 TJA1000 代替现在应用的 PCA82C250（它们在功能与引脚方面都兼容）。此外，TI 公司也推出了 TCAN33X 系列和 SN65HVD23X 系列 CAN 驱动器。

CAN 总线在运行期间有两种逻辑状态：隐性和显性。如图 4.1.9 所示，在隐性总线状态下，每个节点接收器的高阻值内部输入电阻会对总线进行偏置，从而使总线端接电阻两端的共模电压达 1.85V 左右。隐性状态等效于逻辑高电平，通常在总线上表现为 0V 差分电压。隐性状态也是空闲状态。在显性总线状态下，总线由一个或多个驱动器差分驱动，引起的电流会通过端接电阻在总线上产生一个差分电压。显性状态等效于逻辑低电平，在总线上表现为高于 CAN 显性状态最小阈值的差分电压。显性状态会覆盖隐性状态。在仲裁阶段，多个 CAN 节点可能同时发送一个显性位。在这种情况下，总线的差分电压可能高于单个驱动器的差分电压。CAN 节点的主机微处理器将使用 TXD 引脚驱动总线，并在 RXD 引脚上接收总线数据。

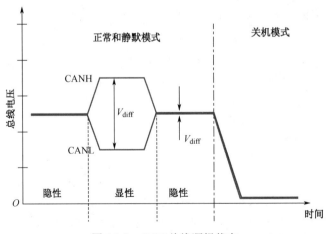

图 4.1.9　CAN 总线逻辑状态

　　TCAN33X 系列 CAN 收发器的内部结构如图 4.1.10 所示。该系列 CAN 收发器与 ISO11898-2 高速 CAN 物理层标准兼容。这些收发器设计为 CAN 差分总线与 CAN 协议控制器之间的接口。该系列器件具有多项保护功能，可在 CAN 总线短路时限制短路电流。其中，包括 CAN 驱动器限流（显性和隐性）。此外，该器件还具有 TXD 显性超时控制功能，可防止出现系统故障时显性状态始终保持较高的短路电流。CAN 通信期间总线在显性与隐性状态间切换，因此可将短路电流视为这两种总线状态期间的电流或视为平均直流电流。出于端接电阻和共模扼流器额定值中系统电流和功率方面的考虑，应使用平均短路电流。显性百分比受限于以下因素：TXD 显性超时、具有强制状态切换功能的 CAN 协议及隐性位（位填充、控制字段和帧间间隔）。这些限制确保了总线上具有最短的隐性状态持续时间，即使数据字段包含很高的显性位百分比也是如此。

　　TCAN33X 的典型应用电路如图 4.1.11 所示。图 4.1.11 中的 MCU 集成了 CAN 总线控制器，并通过 RXD 和 TXD 引脚输出 TTL 的 CAN 信号，该信号经过 TCAN33X 系列 CAN 总线驱动器后，变为差分的 CAN 信号，送到 CAN 总线上。典型的 CAN 通信系统如图 4.1.12 所示。CAN 通信系统采用的电缆应该是具有 120Ω 阻抗特性的双绞线电缆（屏蔽或非屏蔽），电缆两端应采用阻值等于线路特性阻抗的电阻进行端接以避免信号反射。连接节点与总线的无端接分支线（桩线）应尽可能短，以便最大限度地减少信号反射。端接可在电缆上或节点中进行，若节点可能从总线上被移除，则必须谨慎进行端接，以免节点从总线上被移除。

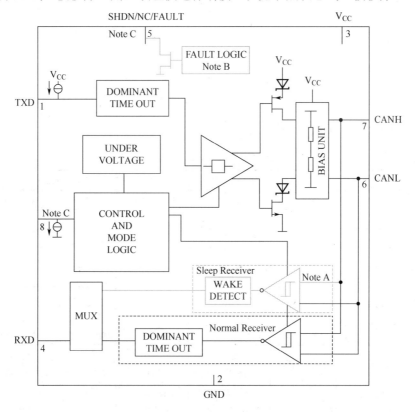

图 4.1.10　TCAN33X 系列 CAN 驱动器的内部结构

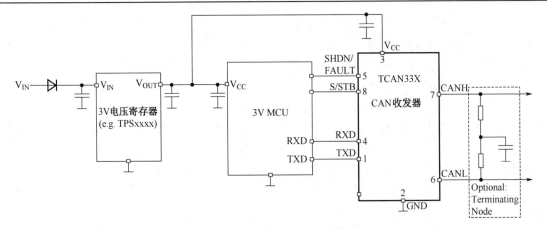

图 4.1.11　TCAN33X 的典型应用电路

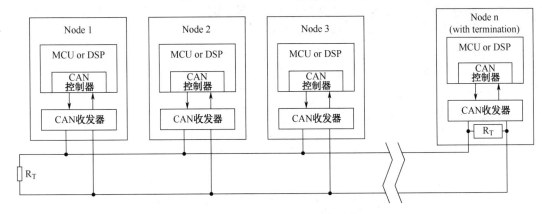

图 4.1.12　典型的 CAN 通信系统

表 4.1.4 给出了几款 CAN 驱动器的特性。

表 4.1.4　几款 CAN 驱动器的特性

特　性	TJA1050	PCA82C250	TCAN330	TCAN334G	SN65HVD230
协议标准	ISO 11898	ISO 11898	ISO 11898-2	ISO 11898-2	ISO 11898-2
最高传输速率（Mbit/s）	1	1	1	5	1
不上电时无源性	是	否	是	是	是
TXD 显性保护	是	否	是	是	是
TTL 电平/V	3.3、5	5	3.3	3.3	3.3
供电电压/V	4.75～5.25	4.5～5.5	3.0～3.6	3.0～3.6	3.0～3.6
静电保护/kV	4	—	12	12	16
最大节点数	110	110	120	120	120
工作模式	正常模式 静音模式 高速模式	正常模式 准备模式 高速模式 斜率控制模式	正常模式 静音模式 高速模式 关断模式	正常模式 低功耗待机模式 高速模式 关断模式	正常模式 低功耗模式 高速模式 斜率控制模式

4.2 光通信系统

4.2.1 光通信的基本概念

1. 光通信的发展

最早的光通信系统是用火、烟、信号灯或信号旗传输信息的。例如，沿着长城的无数烽火台构成了中国古代的一个光通信系统，用烽火的数目或烟雾的颜色表示入侵敌人的规模。烽火台有规律间隔地分布在长城上，每一个烽火台上的士兵看到前一个烽火台发出的信号，再用同样的模式将信号传送给下一个烽火台，在一个多小时的时间内，信息可以从长城的一端传递到另一端，传输距离超过 7300km。在 20 世纪上半叶，电报、电话和无线通信得到了长足发展，而光通信系统鲜有人问津。到了 20 世纪末，不同的传输系统在容量和传输距离方面都趋于饱和。例如，一个速率为 155Mbit/s 的典型同轴电缆传输系统，每传输 1km 都要进行信号再生，其运行和维护的费用都很高，因此研究能够显著提高传输容量的光通信系统成为很自然的选择。

1960 年，世界上第一台激光器（红宝石激光器）问世。由于激光器可产生频谱纯度很高的光波，因此激光器的发明重新激起了世界性的光通信研究热潮。但是，因其体积大、效率低，不适合在光通信中应用。1962 年，半导体激光器问世。这种早期的 PN 结砷化镓半导体激光器只能在液态氮制冷低温下工作很短的时间，也不适合在光通信中应用。1970 年研制的在室温下连续工作的双异质结半导体激光器，给光通信的发展奠定了坚实的基础。

从第一台激光器问世以来，激光通信的研究是从大气光通信开始的。大气光通信以大气作为传输介质，在研究大气光通信的同时，人们进行了各种光波导的研究，特别是光纤。光纤通信的原理是将光束缚在光纤的内部，以全反射方式来实现光波的传输，但当时作为光纤材料的石英玻璃损耗很大。1966 年，英籍华裔学者高锟和霍克哈姆发表了关于传输介质新概念的论文，指出了利用光纤进行信息传输的可能性和技术途径。当时石英纤维的损耗高达 1000dB/km 以上，高锟等指出，这么大的损耗不是石英纤维本身固有的特性，而是由材料中的杂质造成的。材料本身固有的损耗基本上由瑞利散射决定，它随波长的 4 次方而下降，其损耗很小，因此有可能通过原材料的提纯制造出适合长距离通信使用的低损耗光纤。1970 年，美国的康宁公司研制成功损耗 20dB/km 的石英光纤，这个发明开启了光纤通信发展的新时代。20 世纪 70 年代后，光纤通信技术成了光通信的主流技术。目前，光纤通信得到了极其广泛的应用，它成为国民经济各个领域的主要通信手段，可以毫不夸张地讲，光纤通信已经成为现代通信的支柱之一。

第一代光通信系统出现在 20 世纪 80 年代，其工作波长为 $0.8\mu m$，通信速率为 45Mbit/s。光源为半导体激光器或发光二极管，光电探测器是硅光电二极管或硅雪崩二极管，信道为均匀多模光纤。与同轴电缆系统相比，这一系统性能得到很大的改善，中继距离可达 10km。

第二代光通信系统在 20 世纪 80 年代早期得到迅速发展，其工作波长在 $1.3\mu m$ 附近，工作在这个波段的光纤具有低损耗和低色散等优点。通过使用 InGaAsP 半导体材料，光源和检测器得到了发展。光源为半导体激光器，光电探测器为锗光电二极管或锗雪崩光电二极管，信道为均匀多模光纤。由于多模光纤存在模间色散，因此多模光纤通信系统的信息传输速度低于

100Mbit/s。由于单模光纤比多模光纤具有更小的色散和更低的损耗，因此后来采用了单模光纤。在 1987 年，第二代单模光纤通信系统的工作波长为 1.3μm，中继距离为 50km，其通信速率已达 1.7Gbit/s。

第三代光通信系统使用波长为 1.55μm 的光源和检测器。在此波段熔凝石英光纤的衰减最小，但色散比较大，从而滞缓了光通信系统的发展。为了解决这个问题，当时提出了两种方法：第一种方法是发展单模光纤激光器；第二种方法是在 1.55μm 波段研发色散补偿光纤（DSF）。后来，在波长为 1.55μm 附近，具有最小色散的色散位移 DSF 单模光纤和单纵模激光器研制成功。1990 年，第三代光纤通信系统开始投入商业应用，其通信速率为 2.5Gbit/s，中继距离大于 100km。

第四代光通信系统使用光放大器增加中继距离，同时利用波分复用技术（WDM）增加总的比特率。在 20 世纪 80 年代，可以直接放大光信号的掺铒光纤放大器得到迅猛的发展。第一个投入营运的跨越太平洋商业化系统能以 5Gbit/s 的通信速率将信号传输 11300km，而其他系统也陆续进行部署。利用 WDM 技术可以增加系统的容量，并可以实现一个光放大器同时放大多个波长。在这些宽带系统中，光纤色散逐渐成为一个重点考虑的问题。

第五代光通信系统主要致力于解决光纤色散问题。光放大器虽然解决了光纤的损耗问题，但是因为多级放大器会产生色散的累积效应，最终采用的解决方法是使用光孤子。光孤子是一种特殊的波，在经过长距离传输后，仍能保持波形不失真，即使两列光孤子波相互碰撞，它们依然能保持原来的形状不变。光孤子能在无损耗的光纤中利用光纤的非线性来抵消光纤的色散作用，从而保证了在传输的过程中脉冲的形状保持不变。1989 年掺铒光纤放大器开始用于放大光孤子。1994 年和 1995 年，80Gbit/s 和 160Gbit/s 的高速数据分别传输了 500km 和 200km。与此同时，人们发明了用色散补偿光纤（DCF）对付色度色散的方法，并提出了各种各样的色散图。

第六代光通信系统通过使用大量的波长来实现光纤系统更大的容量。这类系统被称为密集波分复用系统（DWDM）。目前，波长间距为 0.8nm 的系统已经投入使用，研究者正致力于将这个间距缩小到低于 0.5nm，同时，保证波长的稳定性及提高波长解复用器的性能也对其至关重要。目前系统的通信速率为 10Gbit/s 和 40Gbit/s。

光通信是 20 世纪 70 年代以后发展起来的通信技术。光通信技术的诞生被认为是通信发展史上一次革命性的进步，它对人类由工业化社会向信息化社会的迈进有着不可估量的推动作用。光通信主要涉及光信号的产生、光信号的传输、光信号的检测等技术。

2. 光通信系统的构成

一个最基本的光通信系统构成框图如图 4.2.1 所示。图 4.2.1 中的发送端的电端机处理来自信源的信息数据，完成诸如数字复接、线路编码等功能，形成适合在光路上传输的高速数据流。光发送机将电端机送来的电信号变换为光信号，送入信道传输。信道可能是光纤，也可能是自由空间或水下。在接收端，光接收机将光信号还原为电信号，送进接收端的电端机处理，完成线路解码、数字分解等功能，恢复原始数据送至用户。一般的长途光纤通信系统中还有中继器，中继器可以是光-电-光中继，也可以是全光中继（光放大器）。

图 4.2.1　光通信系统构成框图

1）光纤

光纤是构建固定光传输网的传输介质，目前使用的通信光纤都以石英为基础材料。光纤由纤芯、包层及护套层构成，其横截面如图 4.2.2 所示。纤芯和包层由石英材料掺不同的杂质构成，使纤芯折射率 n_1 略大于包层折射率 n_2。光纤对光波的导引作用由纤芯和包层完成，护套层的作用是防止光纤受到机械损伤。通信用光纤主要有多模光纤与单模光纤两类。多模光纤因其较为严重的多径色散，在通信网中已很少使用，尤其是在长途传输系统中，毫无例外地都用单模光纤。

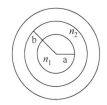

图 4.2.2　光纤的横截面

（1）光纤的损耗。由于损耗的存在，在光纤中传输的光信号不管是模拟信号还是数字信号，其幅度都要减小。光纤的损耗在很大程度上决定了系统的传输距离。

在最一般的条件下，在光纤内传输的光功率 P 随距离 z 的变化可用式(4-2-1)表示。

$$\frac{\mathrm{d}P}{\mathrm{d}z} = -\alpha P \tag{4-2-1}$$

式中，α 为光纤的衰减系统。积分上式可得

$$P_{\mathrm{out}} = P_{\mathrm{in}}\mathrm{e}^{-\alpha L} \tag{4-2-2}$$

式中，P_{in} 为注入功率；P_{out} 为长是 L 的光纤输出功率。一般用 dB/km 作为光纤损耗的实用单位，即

$$\alpha(\mathrm{dB/km}) = -\frac{10}{L}\lg\left[\frac{P_{\mathrm{out}}}{P_{\mathrm{in}}}\right] = 4.343\alpha\left(\mathrm{km}^{-1}\right) \tag{4-2-3}$$

光纤的损耗主要由光纤的本征吸收、瑞利散射、杂质吸收等因素构成。在光纤通信的早期发展中，光纤损耗是限制光纤传输距离的主要因素。

（2）光纤的色散。一般意义下，色散是指介质中不同频率的电磁波以不同的速度传输这种物理现象，它会使得光信号在传输过程中产生变化。在光纤中，不仅不同频率成分的光有不同的传播速度，而且不同的传播模式也有不同的传输速度。光纤的色散因素主要包括材料色散、波导色散和模式色散。所有的材料都是色散材料，其折射率都是频率的函数。石英材料的折射率在 0.8～1.65μm 波段内随频率的增加而增加，但其并不代表光纤的色散特性，在光信号传输中人们关心的是光脉冲包络的传输情况，包络的传输速度即波的群速度。波的群速度随着频率

的变化决定了包络的畸变，即为群速度色散。群速度色散取决于折射率对频率的二阶导函数。波导色散是由光波导中某一个特定的传输模式的纵向相位常数与频率之间的关系决定的。单模光纤工作模式的波导色散总是正常色散，单模光纤的总色散由材料色散和波导色散构成。模式色散是指不同的传输模式具有不同的传输速度。光信号会在多模光纤中激励起众多的传播模式，不同模式到达输出端的时延不同，导致信号严重畸变。这是多模光纤的主要缺点，致使它只能用于短距离、低速率的传输系统。

2）光源和光发送机

（1）光源。光源的作用是完成光电转换。目前，光通信系统中所使用的光源都是半导体发光器件，最常用的两类光源是半导体发光二极管（LED）和半导体激光器（LD）。

半导体光源实际上是一个加正向电压的半导体 PN 结，PN 结区导带中的电子与价带中的空穴产生辐射复合，发射一个光子。半导体二极管是基于自发辐射发光机制的发光器件，它的发光功率与注入电流成正比，优点是线性好、温度稳定性好、成本低，缺点是功率较小、谱线宽。因而只适用于短距离传输，如局域网中的光端机多采用 LED 作为光源，以降低成本。半导体激光器是基于光的受激辐射放大机制的发光器件。LD 是一种阈值器件，只有当注入的电流大于某一阈值电流时，器件才能发射激光。与 LED 相比，LD 具有较大的发光功率（毫瓦量级），很窄的光谱线能对其实现高速调制。因而长途高速光纤传输系统都采用 LD 作为光源。

（2）光源调制技术。对光源的调制有直接调制和间接调制两种方式。直接调制又称为内调制，即用电信号直接控制光源的注入电流，使光源的发光强度随外加的电信号变化而变化。间接调制又称为外调制，光源发出稳定的光束进入外调制器，外调制器利用介质的电光效应、声光效应或磁光效应来实现电信号对光强的调制。

对光源进行直接调制易于实现。控制光源注入电流的驱动电路，对模拟系统来说就是一个电流放大电路，对数字系统来说则是一个电流开关电路。因此，早期的光通信系统都采用直接调制方式，但是在对光源进行直接调制过程中，半导体光源有源区载流子浓度的快速变化会导致有源区等折射率的快速变化，从而使输出光束的频率不稳定，这就会产生在高速调制时的频率啁啾现象。频率啁啾会因为光纤的色散产生额外的传输损伤，所以高速传输系统一般采用外调制技术。外调制器一般是一个无源器件，它的调制速率可以做得很高，几乎不会产生频率啁啾。使用的外调制器大多是基于晶体电光效应做成的电光调制器（如以 LiNbO$_3$ 为基础材料做成的波导调制器），尤其是 M-Z 型调制器得到了广泛应用。外调制器的主要缺点是插入损耗大，达到了 6～8dB，因而外调制器输出的光信号一般都要经过掺铒光纤放大以后再注入光纤传输。

（3）光发送机。光发送机的功能就是将电端机送来的电信号转换为光信号，然后注入信道传输。光发送机的核心就是光源和驱动电路或外调制器。为了保证光发送机稳定可靠地工作，还必须有一些附加电路。例如，自动温度控制电路以保证光源结区温度在允许范围之内，同时自动功率控制电路也是必不可少的，它可保证在光源及其他电路参数变化时，发光功率的变化在允许的范围内。

3）信道

光发送机输出的光信号要经过信道才能传送到光接收机，传送光的信道可能是光纤（有线光通信），也可能是自由空间或水下（无线光通信）。

光纤是一种细长的玻璃纤维，全称为光导纤维。若使光从一根光纤的端部射入，则可以把光波封闭在这根很细的"玻璃丝"内进行传播,这正像电流在铜线中传输一样。如果对玻璃纤维进行加工,包括涂覆、成缆等,并进行与电缆同样的工艺处理,就能够作为传输光信号的线路。光纤传输的优点在于:①频带宽,通信容量极大;②损耗低,传输距离长,无中继通信距离长;③节约大量稀有有色金属;④抗干扰性好,保密性强,使用安全;⑤体积小,质量轻,便于铺设;⑥材料资源丰富。

空间光通信技术是未来光通信发展的重要领域。地球表面附近的大气激光通信技术是最先发展的现代光通信技术,由于光在大气中传播的衰减比较大,大气激光通信技术的应用也受到了一些限制。近年来,由于射频波段的无线接入受到了无线电频谱拥挤的严重制约,采用光通信提供短距离的无线接入手段受到了重视;同时,目前电磁环境也越来越恶劣,而光频波段的频谱资源很宽,不会造成电磁污染。在通信卫星之间建立光链路可以大幅提高卫星通信的容量,可彻底解决微波频段频率资源紧缺的问题。水下激光通信可为对潜通信提供新的手段,因此受到了各个国家的重视。

4)光检测器和光接收机

目前的通信终端都是电子设备,因而在光通信系统的接收端必须将光信号还原为电信号,这个任务就是由光接收机完成的。光接收机中最关键的器件就是光检测器,它将光信号转换为电信号,然后交给放大器和判决电路,经判决再生之后的电信号送至电端机处理。

光通信系统用的光检测器都是半导体光电二极管。最常用的光检测器有两类,即 PIN 型光电二极管(PIN-PD)和雪崩光电二极管(APD)。它们的检测原理都是基于半导体 PN 结的光电效应,即半导体 PN 结区价带内电子吸收光子能量跃迁至导带,形成电子-空穴对,在外加反向电压的作用下,在外电路中形成光生电流。半导体光电二极管能工作的首要条件是光子的能量 $h\nu \geq E_g$, E_g 是半导体材料的禁带宽度。因而半导体光电二极管都有截止波长,仅当工作波长比截止波长短时,光电效应才能产生,而截止波长由材料禁带宽度决定,即 $\lambda_c = hc/E_g$,这里的 c 是真空中的光速。PIN 型光电二极管是最常用的光检测器,它的主要参数是响应度和响应时间。响应度 R 的定义是单位接收光功率产生的光生电流,即

$$I_p = RP_{in} \tag{4-2-4}$$

式中,P_{in} 为照射在光电二极管光敏面上的输入光功率;I_p 为在外电路中形成的光电流。响应时间则主要是因半导体 PN 结的结电容和负载电阻构成的 RC 电路的时间常数 $\tau = RC$ 导致的光电延迟时间,其倒数 $w = 1/RC$ 可以当作截止频率,显然 τ 越小越好。PIN 结构就是为了减小结区电容,提高响应度而设计的。APD 和 PIN-PD 不同,由于雪崩效应,它有内部增益。电流增益系数 M 视材料不同在数十到数百之间,APD 由于有很高的内部增益,因此有很高的检测灵敏度。APD 在产生内部增益的同时产生了倍增噪声,同时由于 APD 工作时需要较高的反向电压,这增加了电路设计难度,因此在光通信系统中,PIN-PD 仍是使用最多的光检测器。

光检测器产生的光生电流是很小的,必须经过放大。信号在传输过程中由于色散影响及噪声的加入,使信号产生了畸变,因此必须对数字信号进行判决再生,经判决再生后的数据流才能送给接收端的电端机处理。光接收机最主要的指标就是接收灵敏度,也就是在给定的信噪比或误码率下,光接收机允许的最小接收光功率。光接收机的噪声主要有光检测过程的量子噪声、放大电路的热噪声、光检测器的暗电流噪声等。在特定误码率指标下,数字光接收机灵敏度是以每比特的光子数来定义的。因而若按平均光功率计算,系统传输速率越高,灵敏度越低。

5）空间光通信系统中的光学系统

在空间光通信系统中，为了实现光信号的有效收发，除必须有光发送端机与光接收端机之外，还要有复杂的光学系统，主要包括光学准直系统、光学收发天线，用于光束自动捕获、对准、跟踪的 PAT 系统及用于修补传播过程中引起的波前畸变的自适应光学系统等。光学准直系统将半导体激光器发出的非对称光束整形，使之成为适合光学天线发送的对称光束。发送光学天线的作用是将发射光束扩束，减小其发散角，使得光束的能量更加集中发射到预定的方向。接收光学天线的作用是扩大接收机的接收面积，将来波能量更有效地集中到光检测器的光敏面上。PAT 系统的任务是随时保持收发双方处于对准匹配状态。对于卫星间激光通信系统，由于收发双方距离远，而且可能处于相对运动中，因此对于收发双方的自动对准，跟踪就很重要。光束在自由空间传输的过程中，由于各种不可控的因素，都会在接收端产生严重的波前畸变。经过光电检测，这相当于在信号上叠加了额外的噪声，导致通信质量下降。这个问题的解决是采用自适应光学技术，对受损的光信号进行修补。

3. 光通信系统的基本问题与主要性能指标

下面主要以光纤通信为例，介绍光通信系统的基本问题和主要性能指标，它同样适用于无线光通信系统。

1）衰减

衰减是指光信号功率在光纤传输过程中产生的光损耗。它通常由光纤特性决定，也称为光纤衰减。光纤衰减是光纤最重要的特性之一，它在很大程度上决定了光信号在放大和再生的条件下，光发送机和光接收机之间所允许的最大传输距离。由于光放大器、光中继器的制造、安装和维护费用较高，光纤衰减成为整个光纤通信系统成本的决定性因素之一。

光纤的衰减特性可用衰减系数 α 表示，光信号在光纤中传播时，其光功率 P 随着传输距离 z 的增加按指数形式衰减，即

$$P(z) = P(0)\mathrm{e}^{-\alpha z} \tag{4-2-5}$$

式中，$P(0)$ 为 $z=0$（起始处）的信号光功率。由此得到的衰减系数为

$$\alpha = \frac{1}{z}\ln\frac{P(0)}{P(z)} \tag{4-2-6}$$

式中，α 的单位为 1/km；P 的单位为毫瓦（mW）。

通常，工程上用 dB/km 作为光纤衰减的单位，有

$$\alpha(\mathrm{dB/km}) = \frac{10}{z}\lg\frac{P(0)}{P(z)} \tag{4-2-7}$$

在光通信系统中，经常用 dBm 表示光功率，它是以 1 mW 为基准的光功率相对量的单位，用下式计算。

$$P = 10\lg(P_0)\,(\mathrm{dBm}) \tag{4-2-8}$$

式中，P_0 的单位为 mW。显然，1 mW 为 0 dBm，1 μW 为-30 dBm。

2）色散

色散是由于光波中的不同频率分量以不同速度传输而产生不同时间延迟的一种物理效

应，它导致光纤中的光信号在传输过程中产生失真，且随着传输距离的增加变得越来越严重。对数字传输而言，色散造成光脉冲的展宽，致使前后脉冲相互重叠，引起数字信号的码间串扰，造成误码率增加；对模拟传输而言，它会限制带宽，产生谐波失真，使得系统的信噪比下降。

3）最大比特率

比特率是信道上每秒内所传输的比特数，也称为信息传输速率，单位为比特/秒（bit/s）。在数字光纤通信系统中，数字信号的 1、0 用光脉冲的"有""无"来表示，因为光纤存在着色散效应，光脉冲沿着光纤传输会慢慢展宽，两个相邻的光脉冲传输一定距离后会发生重叠，所以导致码间串扰，使误码率增大。

设输入光脉冲是宽度为 T 的矩形波形，到达接收端的延迟和展宽分别是 t 和 Δt，正确判断相邻两个脉冲需要它们的间距不小于 $2\Delta t$，这就要求输入光脉冲的间距也不小于 $2\Delta t$，最大的比特率为

$$B_{\max} = \frac{1}{2\Delta t} \tag{4-2-9}$$

光纤色散是比特率受限的主要原因。为了解决这个问题，人们研制出了多种类型的光纤及其补偿色散的技术，如渐变折射率光纤、色散补偿光纤等。

数字光纤通信系统的比特率除受光纤限制之外，还受到一些关键器件的影响，如光源、光检测器和光放大器等。

4）带宽

带宽是指在一段频率范围内，信号可以不失真地进行传输。带宽反映了模拟传输系统运载信息的能力。光纤带宽也受限于它的色散效应，带宽分为电带宽和光带宽。

5）传输距离

传输距离是指中继距离。限制传输距离的主要因素有衰减和色散，也与工作波长及比特率有关。若仅考虑光纤损耗，则光信号沿光纤传输的最大距离 L 为

$$L = -\frac{10}{\alpha_1} \lg \frac{P_{\text{out}}}{P_{\text{rec}}} \tag{4-2-10}$$

式中，α_1 为光纤的损耗（dB/km）；P_{out} 为光源最大输出功率；P_{rec} 为接收机光电检测器的最小平均接收光功率（mW）。

在短波窗口 850 nm 波段，光纤存在着较大的损耗，大约为 2 dB/km，中继距离一般为 10～30 km；在长波段窗口，尤其在 1550 nm 波长处，光纤存在最低损耗，中继距离最大可达 200 km。当光纤系统的信息传输速率较高时，色散对传输距离起到主要的限制作用。

6）通信容量

光纤通信系统的通信容量用比特率-距离积 BL 来表示，单位为 Mbit/s·km。其中，B 为系统传输信息的比特率，L 为中继距离。通信容量也可以用带宽-距离积来表示，单位为 MHz·km。通信容量与光纤的类型、工作波长及使用的激光器种类等因素有关。

4. 光通信技术的发展展望

20 世纪 70 年代开始，光波技术的发展是以光纤通信为主线的，基本上以提高光纤链路传输速率和延长传输距离为目标。20 世纪 90 年代以后逐渐进入光网络时代，光网络是以网络节

点互联而成的全光透明网络。为了实现光信号的透明传输，网络节点必须在光域完成选路、交换等功能。光信息技术（如光缓存、光逻辑、光交换等）已成为光波技术的前沿领域。

空间光通信技术是未来光通信发展的重要领域。地球表面附近的大气激光通信技术是最先发展的现代光通信技术，由于大气中光传播受到种种限制，这种技术的应用也受到了限制，采用光通信提供短距离的无线接入手段受到逐渐重视。目前，利用无线光通信作为无线接入手段还有一些技术问题，相信这些问题的解决是指日可待的。简而言之，在光纤通信向全光通信发展的同时，无线光通信也必将得到快速发展。

4.2.2　光纤通信系统

光纤通信系统是现代通信的支柱之一，大容量、高速化、综合化是通信发展的主要趋势。光纤通信已经成为一个发展迅速、技术更新快、新技术不断涌现的领域。随着技术的进步，由各种光发送机、光接收机和传输光纤等基本单元组成的不同类型、不同用途、不同特性的光纤通信系统相继出现。

光纤通信系统根据传输信号的形式，可分为数字光纤通信系统和模拟光纤通信系统两大类。因为光纤的频带很宽，对传输数字信号十分有利，所以高速率、大容量、长距离的光纤通信系统均为数字光纤通信系统。

1. 光发送机

1）光发送机的基本组成及指标

图 4.2.3 所示为光发送机的组成框图，其核心是光源及驱动电路。在数字通信中，输入电路将输入的 PCM 脉冲信号进行整形，变换成 NRZ/RZ 码后通过驱动电路调制光源（内调制），或者送到光调制器，调制光源输出的连续光波（外调制）。对内调制，驱动电路还要给光源加一直流偏置；而外调制方式中光源的驱动为恒定电流，以保证光源输出连续光波。控制电路是为了稳定输出的平均光功率和工作温度。此外，光发送机中还有报警电路，用以检测和报警光源的工作状态。光纤数字系统中的光发送机与模拟系统中的光发送机组成相比，除都有一个驱动电路和光源之外，还多了线路编码和控制部分。

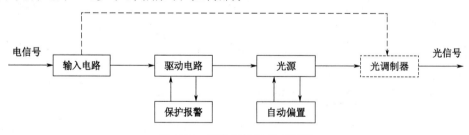

图 4.2.3　光发送机的组成框图

光发送机的性能主要包括以下几个方面。

（1）光源性能，包括波长、谱宽、P-I 特性及寿命等。

（2）输出光功率及其稳定性。发送机的输出光功率实际上是从其尾纤的出射端测得的光功率，因此称为出纤光功率。在工程中主要采用相对值表示光功率，即

$$P_{\mathrm{T}} = 10\lg\frac{P(\mathrm{mW})}{I(\mathrm{mW})}(\mathrm{dBm}) \qquad (4\text{-}2\text{-}11)$$

发送机的输出光功率大小直接影响系统的中继距离，是进行光纤通信系统设计时不可缺少的一个原始数据。输出光功率稳定性要求：在环境温度变化或器件老化过程中，输出光功率要保持恒定，如稳定度为 5%～10%。

（3）消光比 EXT。消光比是指发全"0"码时的输出光功率和发全"1"码时的输出光功率之比。

（4）调制方式，模拟、数字或外调制。

（5）光脉冲的上升时间、下降时间及电光延迟时间。

2）光源的调制

在光纤通信系统中，信息由 LED 或 LD 发出的光波所携带，光波就是载波。把信息加载到光波上的过程就是调制。按调制信号的形式，光调制通常可分为两大类，即模拟调制和数字调制。模拟调制又分为两类：一类是用模拟基带信号直接对光源进行强度调制（D-IM）；另一类采用连续或脉冲的射频（RF）波作为副载波，模拟基带信号先对它的幅度、频率或相位等进行调制，再用该受调制的副载波对光源进行强度调制。

图 4.2.4（a）所示为对发光二极管进行模拟信号强度调制的原理图。从图 4.2.4 中可以看出，连续的模拟信号电流叠加在直流偏置电流上，适当地选择直流偏置电流的大小，可以减小光信号的非线性失真。图 4.2.4（b）所示为一个简单的模拟调制电路图。模拟调制的优点是设备简单、占用带宽较窄，但它的抗干扰性能差、中继时噪声累积。

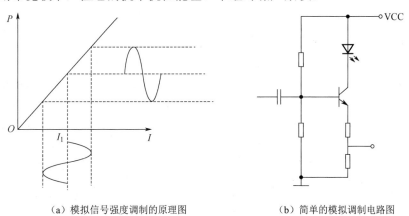

（a）模拟信号强度调制的原理图 （b）简单的模拟调制电路图

图 4.2.4 发光二极管的模拟调制

数字调制是光纤通信的主要调制方式，模拟信号经过采样、量化、编码（PCM）以后，以二进制信号"1"或"0"对光载波进行通断调制，因此称为光源的 OOK 调制。图 4.2.5 所示为 LED 和 LD 的数字调制原理图。数字调制电路最常用的是差分电流开关，其基本电路形式如图 4.2.6 所示。数字调制电路的优点是抗干扰能力强，中继时噪声及色散的影响不积累，因此可实现长距离传输。

3）模拟光发送机与数字光发送机的驱动电路

光源是光发送机的主要器件，但是它并不是唯一的器件。例如，转变电数据流为光脉冲流的调制器、供给光源电流的驱动电路以及把发射光信号耦合进光纤的耦合器等也是构成光发送机必不可少的器件。

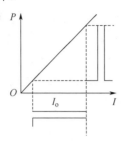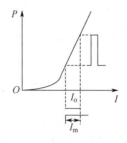

（a）LED 数字调制原理图　　　　　　（b）LD 数字调制原理图

图 4.2.5　LED 和 LD 的数字调制原理图

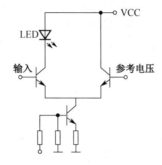

图 4.2.6　LED 数字调制电路图

（1）模拟光发送机的驱动电路。在模拟系统中，对驱动电路的要求有两个：第一，提供合适的工作点（偏置）及足够的信号驱动电流，使光源能输出足够的功率；第二，输出光功率的幅值和相位按输入信号变化，非线性失真小。通常 LED（或 LD）的线性并不是很理想，其非线性失真为-50～-30 dB，因此在高质量要求的信号传输中，需对 LED 的线性进行补偿。

图 4.2.7 所示为共发射极互阻抗 LED 模拟驱动电路，它也适用于 LD。该电路把输入基极的信号转换成集电极电流的变化。调整某极偏置使电路工作在 A 类，静态集电极电流为 LED 的偏置电流，即 $I_b=I_m/m$，I_m 为信号电流峰值，m 为调制系数。设 I_m=24 mA，m=0.8，则 I_b=30 mA，工作电流为 30±24 mA，频响超过 100 MHz。图 4.2.7 中，VD_1 为锗二极管，这里利用它的正向特性，以改善 LED 的线性。

（2）数字光发送机的驱动电路。LED 作为数字光纤通信系统光源时，驱动电路应能提供几十毫安到几百毫安的"开""关"电流。一般 LED 不加偏置或只有小量的正向偏置电流。LED 对温度不是很敏感，因此驱动电路中一般不进行复杂的自动功率控制和自动温度控制。

与 LED 相比，对 LD 的调制要复杂得多。由于 LD 一般用于高速率系统，且是阈值器件，它的温度稳定性较差，因此 LD 驱动电路就要复杂很多。尤其在高速率调制系统中，驱动条件的选择、调制电路的形式和工艺、激光器的控制等都对调制性能至关重要。

图 4.2.8 给出了一个实际的工作于 44.7Mbit/s 光发送机的射极耦合 LD 驱动电路。VT_1、VT_2 组成电流开关发射极耦合对。如果 VT_1 的基极电位高于 VT_2 的基极电位，电流源的所有电流流经 VT_1 集电极，就没有电流流经激光器，也就不会发光。如果 VT_1 的基极电位低于 VT_2 的基极电位，那么所有驱动电流通过激光器 LD 从而发光。这两种情况由 ECL 输入信号控制，

输入信号 "1" 码为-1.8V, "0" 码为-0.8V, 经过 VT$_3$ 和二极管 VD$_5$ 使电平移动, 再加到 VT$_1$ 管, VT$_2$ 的基极则由温度补偿参考电压 V_{BB} 固定在-2.6V, 这是 "1" 码和 "0" 码电平移动后的中间电压。如果用了发射机耦合电路并适当选择输入电压的大小, 就可以不用把晶体管驱动至饱和状态, 不需要从饱和晶体管消除存储电荷, 从而起到快速开关的作用。

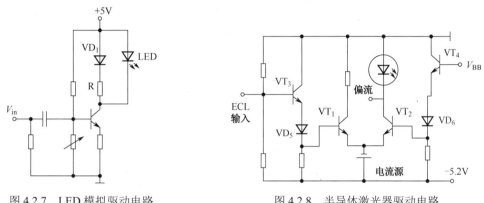

图 4.2.7　LED 模拟驱动电路　　　　　　　　图 4.2.8　半导体激光器驱动电路

2. 光接收机

在光纤通信系统中, 光接收机的任务是以最小的附加噪声及失真, 恢复出经光纤传输后光载波所携带的信息, 因此光接收机的输出特性综合反映了整个光纤通信的性能。

1）光接收机的构成及其主要性能指标

（1）光接收机的构成。光纤通信系统有模拟和数字两大类, 光接收机相应有模拟光接收机和数字光接收机两类, 其框图分别如图 4.2.9（a）、（b）所示。它们均由光检测器、低噪声前置放大器及其他信号处理电路组成, 这是一种直接检测的方式。相比于模拟光接收机, 数字光接收机更复杂, 在主放大器后还有均衡器、定时提取与判决再生、峰值检波与 AGC 放大等电路, 但因它们在高电平下工作, 并不影响对光接收机基本性能的分析。

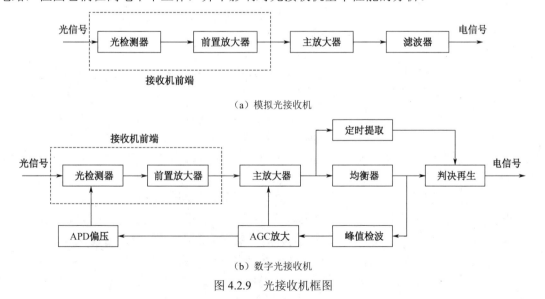

（a）模拟光接收机

（b）数字光接收机

图 4.2.9　光接收机框图

光检测器的作用是把接收到的光信号转换成光电流。光检测器的基本要求是具有高的光电转换效率、低的附加噪声和快速的响应。由于光检测器产生的光电流非常微弱（纳安到微安），必须先经过前置放大器进行低噪声放大，当然这时不可避免地会引进附加噪声。光检测器和前置放大器合起来称为接收机前端，其性能的优劣是决定接收灵敏度的主要因素。无论是模拟光接收机还是数字光接收机，基本性能的分析计算都是针对前端进行的。主放大器的任务是把前端输出的毫伏级信号放大到后面信号处理电路所需的峰-峰值电压为 1～3V 的电平。光接收机的其余电路则对信号进一步处理、整形，以提高系统的性能，最后解调出发送信息。例如，均衡滤波器的作用是消除放大器及其他部件（如光纤）引起的信号波形失真，使噪声及码间干扰的影响减到最小。抽样所需要的时钟由定时提取电路恢复。自动增益控制（AGC）电路用来控制 APD 偏压及放大器增益，以提高光接收机的动态范围。

（2）光接收机的性能指标。衡量光接收机性能的主要指标包括以下 4 个方面。

① 灵敏度。对数字光接收机来说，灵敏度是指保证一定误码率条件下，光接收机所能接收的最小光功率；对模拟光接收机来说，则是指在保证一定输出信噪比条件下，光接收机所需接收的最小光功率，一般用 dBm 作为单位。如果一部光接收机在满足给定的误码率指标下所需的平均光功率低，说明它在微弱的输入光条件下就能正常工作，显然这个光接收机的性能是好的。

② 数字光接收机的误码率。误码率是指数字信号中码元在传输过程中出现差错的概率。常用一段时间内出现误码的码元数与传输的总码元数之比来表示。

③ 模拟光接收机的信噪比。模拟光接收机信噪比是用电信号电流均方值和噪声电流均方值来表示的。在传送视频或多路电视信号的光传输系统中，信噪比的指标至关重要。

④ 动态范围。动态范围是指在保证系统的误码率指标要求下，光接收机所允许接收的最大和最小光功率之比。

因为传输到光接收机的光信号已经很微弱，所以如何提高光接收机的灵敏度、降低输入端的噪声是研究光接收机的主要问题。光检测器和前置放大器对光接收机的性能起着关键性作用。对模拟光接收机来说，表征其性能的指标是信噪比和灵敏度；对数字光接收机而言，误码率、灵敏度及其动态范围是其主要指标。

2）前置放大器

前置放大器是光接收机的关键部分之一，它直接影响接收机的灵敏度，主要有以下 3 种类型。

（1）低阻型前置放大器。用普通晶体管做前置放大器，如图 4.2.10（a）所示。其特点是线路简单、输入阻抗低，输入电路的时间常数 RC 小于信号脉冲宽度 τ，以防止产生码间干扰。因此，这种光接收机不需要或只需很少的均衡，前置级的动态范围也较大。但是，这种电路的噪声比较大。

（2）高阻型前置放大器。用场效应管做前置放大器，如图 4.2.10（b）所示。其设计尽量加大偏置电阻，把噪声减到尽可能小。因此，其特点是噪声小。高阻型前置放大器不仅动态范围小，而且当比特率高时，由于输入电路的时间常数太大，$RC > \tau$，脉冲沿很长，码间干扰严重。因此，它对均衡电路要求较高，一般只在码速率较低的系统中使用。

（3）互阻型前置放大器。互阻型（也称为跨阻型）前置放大器实际上是电压并联负反馈放大器，如图 4.2.10（c）所示。由于负反馈改善了放大器的带宽和非线性，因此是一个性能优良的电流-电压转换器，具有频带宽、噪声低等优点，而且它的动态范围比高阻型前置放大器改善很多，在光纤通信中得到广泛应用。

主放大器接在前置放大器之后，因为输入信号较大，所以不考虑噪声影响，是一个宽带高增益放大器。由于接收机要有自动增益控制功能，因此主放大器电路应有可变增益的性能。

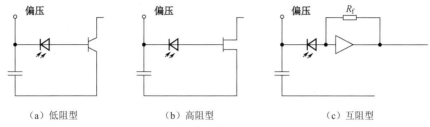

（a）低阻型　　　　　　（b）高阻型　　　　　　（c）互阻型

图 4.2.10　光接收机的前置放大电路

3）光接收机的噪声

影响光接收机性能的主要因素是接收机内的各种噪声源。光接收机的各种噪声源可以分为两大类：散弹噪声和热噪声。散弹噪声包括光载波的量子噪声、光检测器的暗电流噪声、漏电流噪声和 APD 过剩噪声。热噪声包括光检测器偏置电阻的热噪声和放大器的噪声两种。图 4.2.11 所示为接收机噪声及其分布。

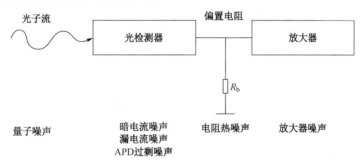

图 4.2.11　接收机噪声及其分布

（1）光检测器的噪声。光检测器在工作时，将光信号转换成电信号。在这一过程中，将一些与信息无关的随机变化的量引入信息量中，产生噪声。它主要有量子噪声、暗电流噪声和漏电流噪声，对于 APD 光电二极管还有雪崩倍增噪声。其中，倍增噪声又称为过剩噪声。

① 量子噪声产生的原因是：光束由大量光子组成，光检测器在某个时刻实际接收到的光子数在一个统计平均值附近浮动，因而产生了噪声。从噪声产生的过程可以看出，这种噪声是顽固地附在信号上的，增加发射光功率，或者采用低噪声放大器都不能减少它的影响，因此它限制了光接收机的灵敏度。

② 当没有光照射时，在理想条件下，光检测器应没有光电流输出。但是，实际上由于热激励，或者宇宙射线及发射性物质的激励，在无光的情况下，光检测器仍有电流输出，这种电流称为暗电流。由于这些激励都是随机的，因此暗电流也是随机浮动的，从而形成了暗电流噪声。表面暗电流也称为表面漏电流或漏电流。它由光检测器表面的缺陷或受污染等表面状态不完善所致，并与偏置电压及表面积的大小有关。漏电流不会倍增，它所产生的噪声并非本征噪声，可借助器件的合理设计、良好的结构和工艺的严格要求来降低，甚至可以忽略不计。

③ 雪崩光电二极管的倍增作用是一个十分复杂的随机过程，这种随机性必然要引起雪崩光电二极管输出信号的浮动，从而引入噪声。这种由于倍增的随机性而产生的附加噪声称为倍增噪声或过剩噪声。

（2）热噪声。热噪声是热力学温度在零度以上的物体内部电子的无规则热运动造成的，它具有高斯分布。在负载电阻和放大电路中都会产生这种热噪声。热噪声与光电流无关，即使没有光功率输入，热噪声也依然存在。光接收机除了负载电阻产生热噪声，放大器（特别是前置放大器）也产生附加热噪声。前置放大器的种类不同，附加的热噪声也不同。

4）光接收机的信噪比

信噪比是评价光接收机性能的重要指标之一。特别是模拟光接收机，它直观地表示出噪声对信号的干扰程度；对数字光接收机，信噪比与误码率直接相关。所有通信系统都希望系统的噪声尽可能低，以提高接收信噪比。

5）数字光接收机的灵敏度

光接收机的灵敏度是指当接收机调整到最佳状态时，在保证满足一定接收性能标准的条件下，接收微弱光信号的能力。它可用 3 个物理量来表征：最小平均接收光功率，最低平均接收光子能量（每一光脉冲），最少平均接收光子数（每一光脉冲）。通常使用最小平均接收光功率表示。至于接收机性能标准，对于模拟光接收机，给出的是信噪比，故光接收机的灵敏度定义为工作于给定的信噪比所要求的最小平均接收光功率；对于数字光接收机，给出的是误码率。

3. 系统设计

前面已经介绍了各个部件的基本特性，接下来将这些分立的单元组合到一起，形成一条完整的光纤传输链路。任何复杂的通信系统，其基本单元都是点到点的传输链路，它包括三大部分，即光发送机、光接收机和光纤，如图 4.2.12 所示。

图 4.2.12 单工点到点光纤链路

在设计一个光纤传输链路时必须考虑下面的系统要求。

（1）预期（或可能）的传输距离。

（2）数据速率或信道带宽。

（3）误码率或信噪比。

为了达到这些要求，需要对以下要素进行考虑。

（1）光纤。需要考虑选用单模还是多模光纤，需要考虑的设计参数有纤芯尺寸、纤芯折射率分布、光纤的带宽或色散特性、损耗特性。

（2）光源。可以使用 LED 或 LD，光源器件的参数有发射功率、发射波长、发射频谱宽度、发射方向图或光束发散角等。

（3）检测器。可以使用 PIN 组件或 APD 组件，主要的器件参数有工作波长、响应度、灵敏度、响应时间等。

为了确保获得预期的系统性能，必须进行两种分析，即链路功率预算和系统展宽时间预算（也称带宽预算）。在链路的功率预算分析中，首先要确定光发送机的输出和光接收机的灵敏度之间的功率富余量，以保证特定的性能指标。这个富余量用于补偿连接器、熔接点和光纤的损耗，以及用于补偿由于器件的退化、传输线路的损耗或温度的影响而引起的损耗。如果所选择的器件不能达到预期的传输距离，就必须更换器件，或者在链路中加入光放大器。链路功率预算确定之后，即可进行系统的带宽预算分析，以确保整个系统达到预期性能。

　　图 4.2.13 所示为数字光纤通信系统组成原理图，包括 PCM 端机，输入接口、输出接口、光发送机、光接收机、光纤线路、光中继等。

　　用户输入的电信号是模拟信号，包括语音、图像信号等。这些电信号在 PCM 端机中被转换为数字信号（A/D 转换），完成 PCM 编码，并按时分复用的方式复接。

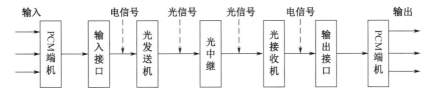

图 4.2.13　数字光纤通信系统组成原理图

其中，PCM 编码包括抽样、量化、编码 3 个步骤。把连续的模拟信号以一定的抽样频率 f 或时间间隔 T 抽出瞬时的幅度值，再把这些幅度值分成有限的等级，四舍五入进行量化。从 PCM 端机输出的 HDB3 或 CMI 码仍然不符合光发送机的要求，所以要通过接口电路把它们变成符合光发送机要求的单极性码（如 NRZ 码）。输入接口电路还可以保证端机之间的信号幅度、阻抗匹配。单极性码由于具有随信息随机起伏的直流和低频分量，在接收端对判决不利，因此还要进行线路编码以适应光纤线路传输的要求。常用的线路编码有扰码二进制、分组码、插入型码等。然后经过编码的脉冲按系统设计要求整形、变换，以 NRZ 码或 RZ 码去调制光源。

　　光发送机把电信号转换成光信号。现在的光通信系统一般采用直接调制的方式，即通过改变注入电流的大小直接改变输出光功率的大小。另外，也可以采用外调制的方式。光发送功率是指从光发送机耦合到光纤线路上的光功率，它是光发送机的一个重要参数，其大小决定容许的光纤线路损耗，从而决定了通信距离。

　　光接收机把从光纤线路上检测到的光信号转换成电信号。一般对应于强度调制，采用直接检测方案，即根据电流的振幅大小来判决收到的信号是"1"还是"0"。判决电路的精确度取决于检测器输出电信号的信噪比。确定接收机的一个重要参数是灵敏度，定义为接收机在满足所要求误码率的情况下所要求的最小接收光功率。

　　光接收机输出的电信号被送至输出接口，它的作用与输入接口相对应，进行输入接口所进行变换的反变换，并且使光接收机和 PCM 端机之间实现码型、电平和阻抗的匹配。

　　由于光纤本身具有损耗和色散的特性，它会使信号的幅度衰减、波形失真。因此，对于长距离的干线传输，每隔 50～70km 就需要在中间增加光中继器。

4.2.3　无线光通信

　　光通信也称为激光通信，可分为有线光通信和无线光通信两种。其中，有线光通信即光纤通信，已成为广域网、城域网的主要传输方式之一；无线光通信主要包括大气激光通信、水下激光通信和卫星激光通信。

1. 大气激光通信

1) 大气激光通信概述

大气激光通信也称为自由空间光通信，是以大气为介质来传输光信号的，通常采用的红外激光脉冲在太赫兹光谱范围内，是波长为 0.8～1.55 μm 的广播信号，只要在收发两个端机之间存在无遮挡的视距路径和足够的光发射功率，通信就可以进行。

与微波通信相比，大气激光通信具有调制速率高、频带宽、不占用频谱资源等特点；与有线光通信相比，它具有机动灵活、对市政建设影响较小、运行成本低、易于推广等优点。大气激光通信可以在一定程度上弥补光纤通信和微波通信的不足。它的容量与光纤通信相近，但价格低得多。它的设备可以直接架设在屋顶，信号由空中传送。既不需要申请频率执照，也没有铺设管道挖掘马路的问题。使用点对点的系统，在确定发、收两点之间视线不受阻挡的通道之后，一般可在数小时之内安装完毕，并投入运行。

大气激光通信的特点有 6 个：快速链路部署、无须频率使用许可证、带宽高、安全保密性强、协议透明、成本低。

大气激光通信作为一种视距范围的自由空间激光传输技术，存在以下问题。

（1）传输距离与信号质量的矛盾非常突出，当大气激光传输超过一定距离时（一般为几千米），其光波束就会变宽从而导致接收节点难以正确接收光信号。这是最大的问题。

（2）大气激光通信系统性能对天气非常敏感，晴天对传输质量的影响最小，而雨、雪和雾对传输质量的影响较大。

（3）在城市内，建筑物的阻隔、晃动将影响两个点之间的激光对准，同时诸如飞行的小鸟和空中其他能阻挡光束的障碍物也会对大气激光通信系统造成干扰。

（4）光链路两端的对准（捕获）和保持（跟踪）是必需的。为了保证光链路的性能，两端的对准是必需的，对准以后，在风力和其他因素的作用下，建筑物实际上会有些移动和摇摆，所以激光器节点必须具备自动跟踪能力，以保持收、发两端始终对准。

（5）超过一定功率的激光问题可能对人眼产生影响，人体也可能被激光系统释放的能量伤害，所以产品要符合人眼安全标准。

2) 激光在大气信道中的传播特性

（1）大气层信道。大气是由许多气体和水蒸气混合而成的，其中还含有大量的液态和固态杂质微粒。根据大气的密度、温度、气压、水蒸气含量和导电性能等物理性质不同，包围地球的大气空间可以分为对流层、平流层、中间层、热层和外层，地球的大气层充斥了许多被地球引力束缚的气体、原子、水蒸气、污染物和其他化学粒子，它的高度一直延伸到 600 多千米。这些粒子密度最大的地方是在靠近地面的对流层，粒子密度随高度增加而减小，直到穿过电离层。实际粒子的分布依赖大气层条件。最上面的电离层包含电离电子，它形成包围地球的辐射带。

大气层的情况可以大致分为 3 个基本类型：透明空气、云和雨。透明空气信道最佳，其特征为能见度高、天气晴朗和衰减相对低。透明空气仍然包含有涡流和温度梯度，可以引起投射场折射率变化。折射率变化的作用像光学透镜一样，可以汇聚光束或改变光束的传播方向。云大气层条件包括湿气、雾和浓云，其覆盖范围从地表面附近延伸到最上层，其特征为增加的云蒸气积累和更高的衰减。雨表现为大尺度水珠,根据降雨的速率和雨云的程度范围,可以产生不同的影响。

(2)大气对激光束传播的影响。大气对光具有吸收作用,O_2 存在对紫外区的弱吸收,主要的吸收来源于 O_3;水蒸气、O_2 和 O_3 对可见光区有不同程度的吸收;红外区最活跃的吸收气体分子是水蒸气、O_3 和 CO_2。

大气的散射是由大气中不同大小颗粒的反射或折射所造成的,这些颗粒包括组成大气的气体分子、灰尘和大的水滴。纯散射虽然没有造成光波能量的损失,但是改变了光波能量的传播方向,使部分能量偏离接收方向,从而造成接收光功率的下降。大气对光的散射主要有瑞利散射、米氏散射和非选择性散射。

在大气光学领域,湍流是指大气中局部温度、压力的随机变换而带来的折射率的随机变化。湍流产生许多温度、密度具有微小差异因而折射率不同的漩涡元,这些漩涡元随风速等快速地运动并不断地产生和消灭,变化的频率可达到数百赫兹,变化的空间尺度可能小到几毫米,大到几十米。当光束通过这些折射率不同的漩涡元时,会产生光束的弯曲、漂移和扩展畸变等大气湍流效应,致使接收光强的闪烁与抖动。

大功率激光束在大气中传播时,还会伴随各种非线性效应的产生,热晕效应即其中之一。热晕效应是指大功率激光束在大气中传播时,激光束路径上的大气分子或悬浮微粒将吸收部分激光能量而发热,且足以导致空气折射率发生变化,从而使激光束发生附加的弯曲和畸变等现象。

3)大气激光通信系统

一个完整的数字大气激光通信系统由电端机、线路编/解码、光调制/解调、自动功率控制、光学收/发天线等构成,有些高级系统还考虑了激光束的自动跟瞄和自适应光学波前校正,大气激光通信系统框图如图 4.2.14 所示。

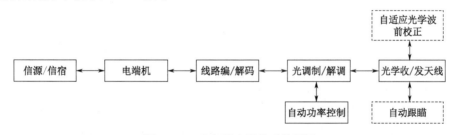

图 4.2.14 大气激光通信系统框图

(1)电端机:实现对信息的编码和解码。

(2)线路编/解码:由于大气信道的不稳定性,大气激光通信链路的误码问题较为严重,因此要使用线路编码实现前向纠错。

(3)光调制/解调:此单元实现信号的电光/光电转换。目前,大气激光通信系统多采用 IM-DD(强度调制-直接检测)方式。

(4)自动功率控制:在大气激光通信端机中,通常应设置自动功率控制电路,在不同的大气衰减条件下,自动调制发送光功率,降低对接收机 AGC 电路的动态范围要求,使系统能够正常工作。自动功率控制电路可以从接收信号中获得基准信息。当接收光信号功率上升或下降并保持一段时间不回调时,通常意味着大气传输条件发生了变化,此时控制电路将通过调制半导体激光器的调制电流大小,使发送光功率下降或上升,以补偿因大气条件变化而导致的激光束传播损耗变化。

(5)光学收/发天线:光学接收天线的任务是将一定面积内的信号光汇聚到光检测器上,目的是增大接收光信号功率;光学发送天线的任务是压缩光束发散角,降低激光束在大气中传播时的发散损耗。

2. 水下激光通信

1)海水信道

海水是个复杂的物理、化学、生物系统,它含有溶解物质、悬浮体和各种各样的活性有机体。由于悬浮体和海水具有不均匀性,使得光被强烈地散射、吸收而衰减,海水是浑浊介质。海水的光学特性与它的成分及 3 种主要因素有关:纯水、溶解物质和悬浮体。海水对光波的衰减主要由海水吸收和悬浮微粒散射引起,其衰减系数与光波波长、海水的浊度、生物含量、温度及深度有关。温度与盐度对衰减系数的影响不大,海水衰减系数与纯水的差异主要来自海水中悬浮的粒子与溶解的其他物质。悬浮粒子与溶解物质对光的衰减随波长的减小而增强。

2)海水对激光传播的影响

(1)海水吸收。海水的吸收特性与海水中所含物质的成分密切相关。海水中不仅含有水分子和无机溶解质,还包含大量的悬浮体和包括“黄色物质”的各种有机物,而且黄色物质在可见光范围内对海水吸收的贡献远大于水分子。同一水域不同深度、同一水域不同时间及不同水域,海水的吸收特性都表现出它随时间和空间的变化而变化。

(2)海水散射。海水的散射比大气的散射复杂得多,包括海水本身的瑞利散射和海水中悬浮粒子引起的米氏散射,以及透明物质折射所引起的散射。海水散射的一个重要效应是对光能量的衰减,水下光通信还存在另一个重要的效应,即由海水微粒对光的多次散射引起的多径效应。

(3)水空界面反射与散射。由于海水与空气折射率不同,因此水空界面存在反射,这将使光束部分能量产生反射损耗;同时,由于海面是一个非常复杂的随机波动面,海面上不可避免地存在泡沫等漂浮物,这对光束的传播也会有强烈的散射作用;通信过程中,海面会时刻变化,对光束的散射损耗也时刻变化,这相当于在光强上叠加一个低频随机噪声。

(4)海水扰动。海水会因为温度、盐度的不同而具有不同的折射率。在海流、生物体扰动、温度差的作用下,光束传播路径上的海水折射率处于时刻变化之中。

(5)热晕效应。由于海水对光的吸收比空气大很多,光束在海水中的热晕效应将远大于空气中的情况。同时,海水受热产生高密度蒸汽气泡,对光束会产生强烈的散射,造成非常大的损耗,对光束的传播也有很大的影响。

(6)光束扩散。光束在海水中传播时除了沿传播方向的衰减,还有垂直于传播方向上的横向扩展。扩散的程度与水质、激光发射器在水中的深度和水下发射角等因素密切相关。

(7)多径散射。对于窄带光脉冲,海水散射可以引起多径散射,使光束脉冲被展宽。

4.3 网络通信系统及其他

网络通信系统是由通信线路、交换设备及终端设备组成的。根据传输的介质,可以将网络分为有线网络和无线网络。有线网络的传输介质为同轴电缆或光纤；无线网络可用于长途连接，一般采用微波传输、红外传输或卫星传输。连接两个或多个网络时，可以使用路由器（Router）、网桥（Bridge）或网关（Gateway）。

4.3.1　网络通信的技术基础

网络通信系统是由一定数量的节点（包括交换节点、终端节点）和连接这些节点的传输链路相互有机地组合在一起的，并按照约定的信令或协议实现两个或多个节点的信息传输。网络系统的通信需要信令、协议、控制、管理等软件单元完成通信网的控制、管理和维护，并且需要终端设备、交换设备、业务节点和传输链路完成通信网的接入、交换、传输等功能。

1. 通信网分类

从不同的角度出发，通信网有不同的分类。下面介绍几种常见的分类。

（1）按照业务类型：电话通信网、电视通信网、数据通信网（如计算机通信网、综合业务数字网、多媒体通信网等）。"三网融合"是指电信网、计算机网和有线电视网，是按照业务类型来分类的。

（2）按实现的功能：业务网、传送网和支撑网。

（3）按传输的媒介：电缆通信网、光纤通信网、微波通信网和卫星通信网等。

（4）按通信覆盖范围：局域网、城域网和广域网。

（5）按信号处理方式：模拟通信网和数字通信网。

（6）按通信的活动方式：固定通信网和移动通信网。

2. 网络通信协议

网络中任意节点之间的通信需要高度协调工作，为了更简单方便地处理信息，人们提出了"分层"的概念，可以有效地将网络通信问题转化为一些局部的小问题。1978 年，ISO 提出了一个用于协调不同互联系统的架构，后来经过不断完善，成为著名的 OSI 参考模型。

OSI 参考模型主要分为 7 层，从上至下为应用层、表示层、会话层、传输层、网络层、数据链路层和物理层。网络中主要有两类设备，终端是数据的接收端和发送端，通常会涉及所有的协议；路由器或交换设备在转发用户数据的过程中，一般只涉及网络层、数据链路层及物理层的协议。

如图 4.3.1 所示，在虚线连接网络中不同设备的同一层次协议，每一层次都按照某一约定的协议进行操作。为实现每一层次的功能，在分组的发送端，该层子分组的首部加入某些特定的参数，完成相应的操作；在分组的接收端，剥离这些参数再送入上一层。图 4.3.1 中，"AH"、"PH"、"TH"分别是应用层、表示层和传输层的子分组头。

（1）应用层。应用层是面向用户的最高层，通过软件实现网络与用户通信。应用层提供了直接支持用户程序的服务，主要功能包括业务类型的识别，以及使用该业务的用户的身份鉴别机制、通信双方对该业务类型可用功能的协商机制等。

（2）表示层。表示层提供语法变换、数据压缩和数据加密等功能。这样，即使各个终端使用不同的信息表示方式，通过表示层的处理，都可以转换统一的表示方式；在接收端转化成应用层需要的数据格式。

（3）会话层。会话层主要控制用户之间的会话，包括会话连接的建立、控制、同步和终止。会话层提供一种有效的机制，使数据按照正确的顺序传输，保证会话的正常进行。还可根据数据在会话和相应控制进程中的重要性，对数据传输的优先度进行管理。

（4）传输层。传输层主要提供端到端的通信服务，该层的主要功能包括分割上层产生的数据、传输连接的建立和终止、对传输连接进行多路复用、端到端的顺序控制、信息流控制、错误的检验和恢复等。

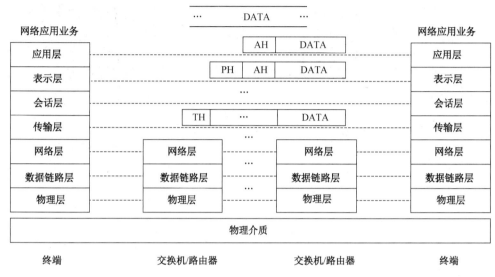

图 4.3.1　OSI 参考模型

（5）网络层。网络层主要完成数据在网络中的传输，实现分组在网络中各个中继节点的路由交换。网络层的主要功能包括：提供一个全局的编址方案，进行路由选择、数据交换，根据从数据链路层来的错误报告进行错误检验和恢复，分组的排序和信息流的控制等。

（6）数据链路层。数据链路是指网络中两个节点通过有线或无线的方式互联的数据通道，主要负责点到点的数据链路上的帧传输，实现无差错的数据传输。数据链路层主要实现链路建立、差错控制、纠错或重传、流量控制等功能。

（7）物理层。物理层定义与物理传输媒质之间的电气、过程和机械方面的功能，实现通信线路上比特流的传输。物理层包括定义物理信号的帧结构，信号的调制解调与同步方式，物理介质共享资源的方式，以及接插间的结构、相应的标准等。

4.3.2　有线通信网络

有线通信是指通信终端和网络设备之间通过电缆或光缆等固定线路连接起来，进而实现用户间的相互通信。固定网络通信是和移动网络通信相对应的概念，主要特征是终端不可移动或有限移动，包括公用电话交换网、IP 网络、传统电视网、联网计算机等。

1. 公用电话交换网

公用电话交换网（Public Switched Telephone Network，PSTN）特指传统的有线公用电话交换网。PSTN 经历从模拟通信到数字通信的过程，其交换方式经历了人工交换、机电式交换、电子布线逻辑控制交换和程序控制交换。

从组成设备的角度来看，完整的电话交换网的交换转发层面主要由终端设备、交换设备、传输链路和网关组成。

（1）终端设备：公用电话交换网中的用户终端设备主要是电话机，实现语音信号和电信号的转化。除了电话，用户终端还包括传真机等。

（2）交换设备：网络中的核心设备，主要采用的是数字程控交换设备，它采用电路交换技术，完成语音通路的建立和数据的交换。

（3）传输链路：负责在用户设备之间、交换设备之间进行信号的传输，公用电话交换网的传输链路一般都是有线的。

（4）网关：网关设备完成不同类型或不同运营商网络之间的互通。

典型的 5 级 PSTN 系统结构如图 4.3.2 所示，第一级到第四级均为长途交换中心，第五级为本地交换中心。终端设备以星形的方式连接到端局，以端局为交换中心的核心节点是网络的主干传输部分；第二、三、四级的交换节点和端局的交换节点以树形的方式逐级汇聚接入网状主干网络。通过网状网络的路由，信号传输到另一端，再逐级将信号传输到用户终端设备。

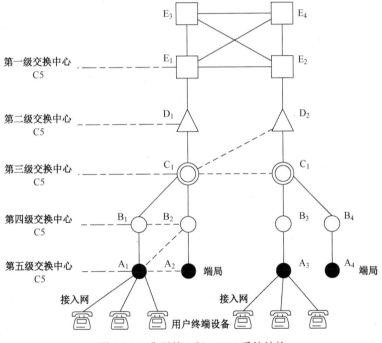

图 4.3.2　典型的 5 级 PSTN 系统结构

PSTN 的接入网通常是指用户终端设备到端局的网络部分，其传输信道一般由双绞线铜缆构成。信号传输频段为 300～3400 Hz，非常适合信号能量主要集中在这一频段的语音信号。在接入网传输阶段，应加入调制解调器，将数据通过多进制的载波进行传输，可将原本每秒几千字节的传输速率增加到每秒几十千字节。典型的传输速率等级为 9.6 kbit/s、14.4 kbit/s、28.8 kbit/s 和 56 kbit/s 等。

PSTN 在接入网之外的部分基本采用数字传输方式。模拟语音信号被编码成脉冲调制信号 PCM。PCM 信号进一步根据交换和传输的需要分为基群、二次基或更高次群路信号。基群信号是交换过程中最基本的信号，PCM 数字信号复帧/帧结构如图 4.3.3 所示。一个复帧包含了完整的信令周期，如复帧同步信号、帧同步信号和话路信号等。

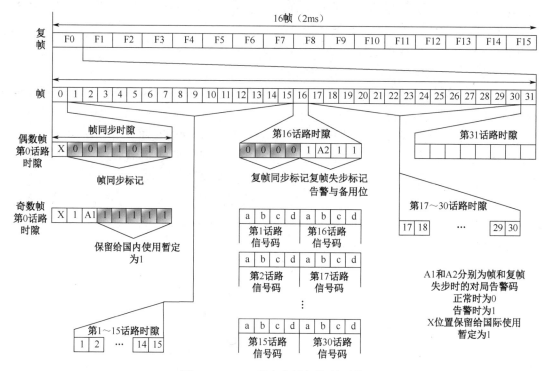

图 4.3.3　PCM 数字信号复帧/帧结构

PSTN 的呼叫过程如图 4.3.4 所示。PSTN 的呼叫过程是一个面向连接的通信过程，整个过程分为连接建立阶段、通信阶段和连接释放阶段 3 个部分。当用户进行连接建立请求时，若线路被占用，则等待；若空闲，则会有回铃音信号，接收终端摘机，链路建立；通话结束时，任一方挂机，都会进行链路释放。可以看出，信令信息在通话过程中起着重要的作用，缺少了信令信息的召回，用户间的通话将无法进行。信令的传输必须遵守一定的规定，否则无法被正确传输。

2. 互联网 TCP/IP 协议

TCP/IP 是和 OSI 同一时期发展起来的网络协议，图 4.3.5 给出了两种协议的对比。TCP/IP 协议只定义了应用层、传输层和网际层。其中，应用层对应于 OSI 协议的应用层、表示层和会话层；传输层对应于传输层；网际层对应于网络层。但是 TCP/IP 协议并没有定义数据链路层和物理层，因为它主要考虑网络中任意节点的寻址和业务传输的问题，并将下层统一看成网络接口层。TCP/IP 协议保持了网络的简单性，实现了业务与网络的无关性，并使业务的开发和实现在技术上不受网络的限制。下面主要描述 TCP/IP 协议的传输层协议。

TCP/IP 协议的互联网完成节点间的传输问题，而传输过程中端到端的差错、流量和报文的顺序等控制问题都由传输层完成。目前，传输层最常用的两个协议是 UDP 和 TCP，其中 UDP 是无连接的、不可靠的通信服务，TCP 是面向连接的、可靠的通信服务。

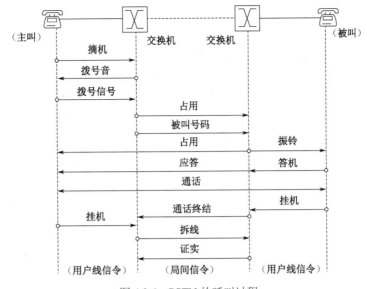

图 4.3.4　PSTN 的呼叫过程

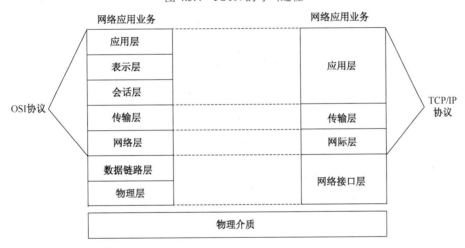

图 4.3.5　TCP/IP 与 OSI 协议间的对比

1）UDP

UDP 为应用层提供无连接、不可靠的通信服务，也称为"尽力而为"式的数据服务，它只有简单的报文检错机制，不提供报文差错恢复，不保证有序地传输，不提供流量控制。UDP控制简单，其报头的开销很小，传输效率较高。如果进程需要低延迟，那么对报文顺序无要求时，可采用 UDP 协议。

UDP 的报文结构如图 4.3.6 所示。报头只有源端口号和目的端口号，分别表示发送进程和接收进程；报文总长度用于确定报文的大小；校验和用于检验报文是否差错。校验和由 UDP首部、数据、伪首部三部分的校验和组成。伪首部由源 IP 地址、目的 IP 地址和 UDP 长度字段组成。校验和包含伪首部信息，可以验证 UDP 报文是否可以正确地在两个主机间进行传输。若正确，则认为传输过程中没有出错，并将数据发送给相应的应用层功能模块；若不正确，则丢弃。

UDP 的优点表现在 4 个方面：无连接，速度快；无状态记忆、协议简单；首部字节数小，开销低；无流量控制，理论上能以任意速率发送。UDP 常用于流媒体应用，其特点是可以容忍丢失，但对延迟很敏感。

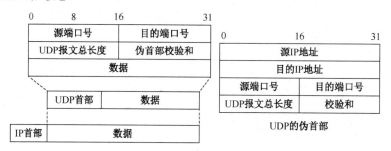

图 4.3.6　UDP 的报文结构

2）TCP

相对于 UDP 来说，TCP 比较复杂，提供面向连接的、可靠的控制传输协议。采用 TCP 进行通信时，数据在传输前首先要进行链路的建立，在传输过程中有差错控制、报文的传输顺序、流量控制和速率自适应匹配等，适用于对延迟不敏感、可靠性要求高的应用。

TCP 协议将来自应用层的数据看成连续字节流，对发送的字节流长度不做限制，但会对字节流分段，每一段进行编号，保证可靠传输；在接收端对字节流进行重新组装，并交给应用层。

TCP 的报文结构如图 4.3.7 所示，由首部发送和用户数据两部分组成。首部与源端口号和目的端口号用来确定通信进程的端口号；发送序号表示本报文段首字节位于整个字节流的相对位置，确认序号表示接收端已正确接收了确认序号之前的字节，接收端期待接收到下一个字节的序号；报头长度用于确定报文中报头的大小，其大小是一个可变的量（为 32bit 的整数倍）；接收窗口大小用以表示当前目的终端可接收的报文数，以实现一个基于接收端的流量控制机制；控制位包括 5 个专门的比特标识，其中 URG=1 表示紧急指针有效，ACK=1 表示报文确认序列号有效，PSH=1 表示要尽快发送当前的报文，RST=1 表示复位，SYN 和 ACK 一起表示链路的建立过程。校验和包含 TCP 首部、TCP 数据部分、IP 伪首部。

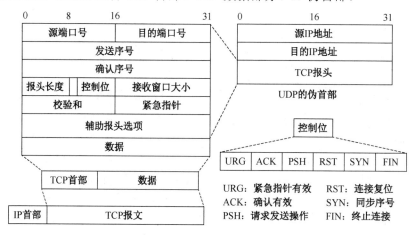

图 4.3.7　TCP 的报文结构

（1）TCP 的连接建立与释放过程。TCP 在传输数据前，必须建立连接，其采用"三次握手"方式。"三次握手"是指节点之间建立连接需要三次信息的交换才能完成连接过程，如图

4.3.8 所示，发起连接的主机进程首先进行连接建立的请求，并且选择一个随机的初始序号 x 作为发送序号，置 SYN=1 和 ACK=0。报文到达目的节点后，若同意本次连接，则发送响应报文，在响应报文中选择随机数 y 作为发送序号，接收的确认序号为 x+1，并置 ACK=1。发起连接节点接收响应报文后，发送确认报文，设置 SYN=1 和 ACK=1。三次往返过程完成后，则建立起连接，然后进行报文的传输。第三次握手看似多余，实际上由于在连接建立之前，TCP 仅依靠 IP 协议的不可靠服务，目的节点返回的第二次握手信号可能会因为丢失或超时不能及时返回发起节点，如果没有第三次握手，发起节点可能会以为发起连接失败，就选择放弃或发起新的连接请求，或者目的节点返回第二次握手后就认为成功，但其实连接只建立了一半，进行了资源分配。经历三次握手，可以保证建立过程完整。通信结束时，需要释放连接。TCP 的连接和释放是对称的，任何一方均可主动发起释放请求，收到请求的一方必须无条件释放连接。

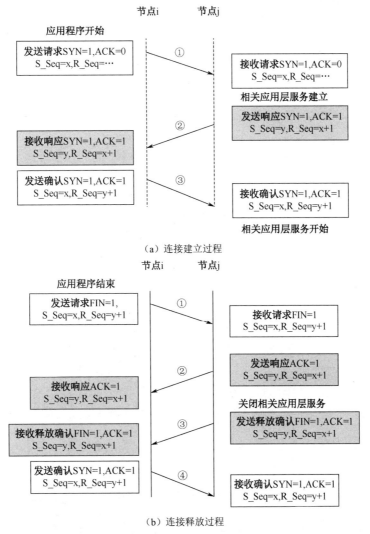

图 4.3.8　TCP 连接建立与释放过程

（2）TCP 的流量和顺序控制。为了保证数据的可靠传输，TCP 协议提供了流量和顺序控制机制。在互联网中，各种设备的端口速率和处理器的处理速度差别很大，如果不对流量进行控制，就不能匹配这些速率的变化。对于一个比较大的数据，通常会进行分段传输，在传输的过程中，可能因为路径的不同导致报文不能按照原本的顺序达到，在目的节点要对报文重新组装。TCP 采用经典的高级数据链路协议的窗口控制机制解决流量和顺序控制的问题。TCP 的流量控制原理如图 4.3.9 所示：高级数据链路协议的窗口大小变化控制着源端的发送量，报文中的发送序号表示特定报文在文件中的相对位置。图 4.3.9 中给出了节点 i 发送数据到节点 j 的流量控制过程，发送 2KB 数据，而接收节点的容量为 4KB；当接收节点有空间时，可接收发送节点的数据；当接收节点没有空间时，可关闭窗口，不再继续发送；当接收端向上层应用传输一部分数据，且其容量又有空闲时，可重新接收数据。

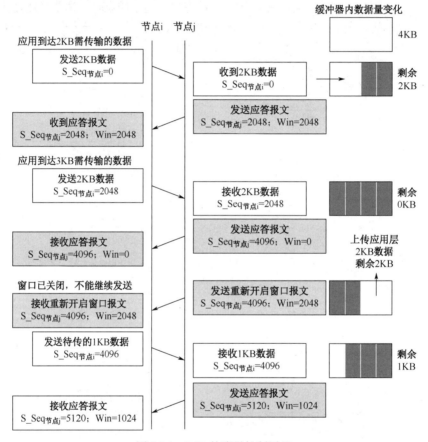

图 4.3.9　TCP 的流量控制原理

4.3.3　无线通信网络

无线通信网络的传输介质可分为无线电波（短波或超短波、微波）和光波（激光、红外光）。短波和超短波采用调频、调相和调幅的载波，可以使通信距离达到数万米，但易受到电气设备的干扰，可靠性差，一般不做无线联网。微波的频率很高，能够实现超高速率的数据传输，受气候环境影响小。激光和红外光易受到天气环境的影响，且穿透力小，因此在无线网络中最有能力的传输介质是微波，其频率范围为 300 MHz～300 GHz，可分为分米波、厘米波、毫米波，以及用字母表示的划分更细的波段。

无线网络按覆盖范围可分为无线个域网、无线局域网、无线城域网。下面主要介绍无线个域网和无线局域网的几个关键技术和应用。

1. 蓝牙

蓝牙是一种内嵌在芯片上的全时短距离无线连接技术，其使用 2.4 GHz 无线电频段，两个相距 10 m 的蓝牙设备间的速率高达 720 kbit/s。蓝牙是针对多用户环境设计的，主设备最多可与一个微微网中的 7 个设备通信，当然并不是所有设备都能够达到 7 个。设备之间可通过协议转换角色，从设备也可转换为主设备（如一个头戴式耳机如果向手机发起连接请求，它作为连接的发起者，自然就是主设备，但是随后也许会作为从设备运行）。数据传输可随时在主设备和其他设备之间进行。主设备可选择要访问的从设备；典型的情况是，它可以在设备之间以轮替的方式快速转换。因为是主设备来选择要访问的从设备，理论上从设备就要在接收槽内待命，主设备的负担要比从设备少一些。主设备可以与 7 个从设备相连，但是从设备很难与一个以上的主设备相连。

蓝牙的应用领域一般为：数据和语音的接入点（能够为通信设备之间提供无线数据和语音传输）；取代电缆线，使用蓝牙通信的设备间不需要专用的数据线，其有效传输距离一般为 10m，放大后可达到 100 m；建立自组织网，拥有蓝牙的设备，可在其有效传输距离传输范围内与另一蓝牙设备进行连接并传输数据。

1）蓝牙的标准协议

蓝牙的协议栈如图 4.3.10 所示，主要由核心协议、电缆替代协议、电话控制协议和接收协议组成。

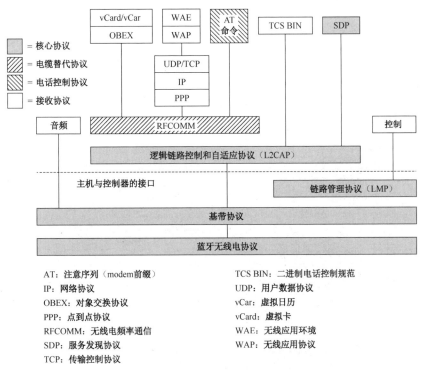

AT: 注意序列（modem前缀）　　　　　TCS BIN: 二进制电话控制规范
IP: 网络协议　　　　　　　　　　　UDP: 用户数据协议
OBEX: 对象交换协议　　　　　　　　vCar: 虚拟日历
PPP: 点到点协议　　　　　　　　　vCard: 虚拟卡
RFCOMM: 无线电频率通信　　　　　WAE: 无线应用环境
SDP: 服务发现协议　　　　　　　　WAP: 无线应用协议
TCP: 传输控制协议

图 4.3.10　蓝牙的协议栈

核心协议主要由以下 5 层组成。

（1）蓝牙无线电协议：设定详细的空中接口配置，包括频率、调制方法和传输功率的设置。

（2）基带协议：确保蓝牙设备之间的射频连接，形成微微网，包括连接的建立、寻址、包格式和功率控制等。

（3）链路管理协议：负责蓝牙设备和正在运行的链路管理之间建立链路，包括认证、加密及基带包大小的控制。

（4）逻辑链路控制和自适应协议：该层协议都是基带层的上层协议，主要提供无连接和面向连接的服务。

（5）服务发现协议：使用服务发现协议，可以询问设备的信息，使得各个蓝牙设备之间的建立连接成为可能。

电缆替代协议提供虚拟的串行端口来代替有线连接，提供了基于基带层的二进制数转化。电话控制协议是一个面向比特的协议，定义了蓝牙设备建立语音和数据呼叫的控制信令。接收协议是在由其他标准组织发布的规范中定义的，被纳入蓝牙协议中。

2）应用模型

在蓝牙的规范文档中定义了大量应用模型，图4.3.11解释了最优先的应用模型。

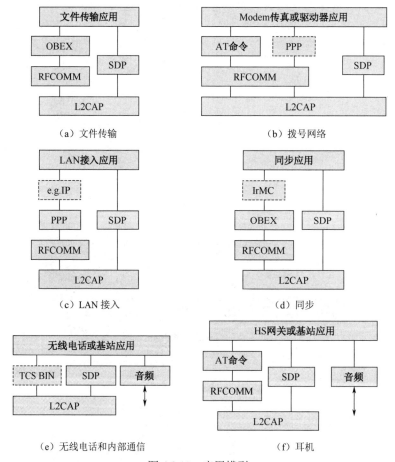

图 4.3.11　应用模型

（1）文件传输：此应用模型支持文件、文档、视频、图像和流媒体的传输。

（2）拨号网络：此应用模型提供拨号联网和传真的功能。

（3）局域网接入：此模式可以使微微网上的设备连入局域网，一旦接入局域网，设备便可在网络中传输数据。

（4）同步：提供设备与设备之间的同步。

（5）无线电话和内部通信：实现此模型的电话、手机可以作为一台连接到基站的无线电话，作为其他电话设备的内部通信设备。

（6）耳机：可作为一个远程设备的音频输入和输出接口。

2. ZigBee

ZigBee 是基于 IEEE 802.15.4 标准的低功耗局域网协议。根据国际标准规定，ZigBee 技术是一种短距离、低功耗的无线通信技术。这一名称（又称为紫蜂协议）来源于蜜蜂飞行时的八字舞，由于蜜蜂（Bee）靠飞翔和"嗡嗡"（Zig）地抖动翅膀的"舞蹈"来与同伴传递花粉所在方位信息，因此蜜蜂依靠这样的方式构成了群体中的通信网络。该协议的特点是近距离、低复杂度、自组织、低功耗、低成本、低速率等，主要适用于自动控制和远程控制领域，可以嵌入各种设备。简而言之，ZigBee 是一种低功耗的近距离无线组网通信技术，也是一种低速短距离传输的无线网络协议。ZigBee 协议从下到上为物理层（PHY）、媒体访问控制层（MAC）、传输层（TL）、网络层（NWK）、应用层（APL）等。其中，物理层和媒体访问控制层遵循 IEEE 802.15.4 标准的规定。

1）ZigBee 的特点

（1）低功耗：其电池寿命比较长。

（2）低成本：由于简化了协议栈，因此降低内核的性能要求。

（3）低速率：ZigBee 可以提供 3 种原始数据吞吐率，分别为 250 kbit/s（2.4 GHz）、40 kbit/s（915 MHz）、20 kbit/s（868 MHz）。

（4）近距离："近"是相对的，与蓝牙相比，ZigBee 属于低速率远距离数据传输。

（5）可靠：采用碰撞避免机制，同时为需要固定带宽的通信业务预留了专用时隙，避免了发送数据时的竞争和冲突；节点模块之间具有自动动态组网的功能，信息在整个 ZigBee 网络中通过自动路由的方式进行传输，保证了信息传输的可靠性。

（6）短时延：对于时延敏感，通信时延和从休眠状态激活的时延都非常短。

（7）网络容量大：ZigBee 可采用星状、网状网络结构。例如，由一个主节点管理若干子节点，最多一个主节点可管理 254 个子节点；同时，主节点还可由上一层网络节点管理，最多可组成 65000 个节点的大网。

（8）安全：ZigBee 提供数据完整性检查和鉴权功能，加密算法采用通用的 AES-128。

（9）网络维护简单：通常只要一个协调器。

2）ZigBee 的应用

基于 ZigBee 技术的传感器网络应用非常广泛，可以方便人们的生活。ZigBee 技术应用在数字家庭中，可使人们随时了解家里的电子设备状态，并可用于对家中病人的监控，观察病人状态是否正常以便做出反应。ZigBee 传感器网络用于楼宇自动化可降低运营成本，如酒店里遍布空调供暖（HVAC）设备，如果在每台空调设备上都加上一个 ZigBee 节点，就能对这些空调系统进行实时控制，节约能源消耗。此外，通过在手机上集成 ZigBee 芯片，可将手机作为 ZigBee 传感器网络的网关，实现对智能家居的自动化控制、进行移动端电子商务（利用手机购物）等诸多功能。据 BobHeile 介绍，目前意大利 TIM 移动公司已经推出了基于 ZigBee 技术的 Z-sim 卡，用于移动电话与电视机顶盒、计算机、家用电器之间的通信及停车场收费等。

3. Wi-Fi

WLAN（Wireless Local Area Networks，无线局域网）是一种利用无线技术进行数据传输的系统，它能弥补有线局域网的不足，有比较大的传输范围，有可移动性、可重新定位、自组网等特点。无线局域网是利用无线电磁波作为传输介质的局域网络。

Wi-Fi（Wireless Fidelity，无线保真）在无线局域网范畴是指"无线兼容性认证"，是一种无线联网技术，与蓝牙技术一样，同属于在办公室和家庭中使用的短距离无线技术。和蓝牙技术相比，它具备更高的传输速率、更远的传播距离，已经广泛应用于笔记本电脑、手机、汽车等广大领域中。

Wi-Fi 是无线局域网联盟的一个商标，该商标仅保障使用该商标的商品互相之间可以合作，与标准本身实际上没有关系，但因为 Wi-Fi 主要采用 802.11b 协议，人们逐渐习惯使用 Wi-Fi 来称呼 802.11b 协议。Wi-Fi 只是 WLAN 的一个标准，Wi-Fi 包含于 WLAN 中，属于采用 WLAN 协议中的一项新技术。

Wi-Fi 的关键技术有以下 7 个方面。

（1）无线局域网中采用载波监听多路访问/冲突避免（CSMA/CA）协议来减少数据的传输碰撞和重试发送，防止各站点无序地争用信道。CSMA/CA 通信方式将时间域的划分与帧格式紧密联系起来，保证某一时刻只有一个站点发送，实现了网络系统的集中控制。发送数据前，监听媒体状态，如果媒体处于无使用状态，维持一段时间后，再等待一段随机的时间依然没有人使用，才送出数据，就可减少随机冲突。

（2）Wi-Fi 主要的调制技术属于直接序列扩频技术。直接序列扩频技术是使用 11 位的 Chipping Barker 序列将数据编码并发送的技术。发送端通过 spreader 把 chips（就是一串的二进制码）添入要传输的比特流中，称为编码；然后在接收端用同样的 chips 进行解码，就可以得到原始数据了。在相同的吞吐量下，相比于跳频技术，直接序列扩频技术需要更多的能量；在同样的能量消耗下，它也能达到比跳频技术更高的吞吐量，802.11b 能达到 5.5Mbit/s 和 11Mbit/s 就是采用了 HR/DSSS 技术。

（3）Wi-Fi 采用正交频分复用 OFDM（Orthogonal Frequency-Division Multiplexing）技术，这是一种基于正交多载波的频分复用技术，它将高速串行数据流经串/并转换后，可将数据流分割成大量的低速数据流，每路数据采用独立载波调制发送，接收端根据正交载波特性分离多路信号。

（4）OFDM 与传统频分复用 FDM 的区别在于：传统的频分复用技术需要在载波间保留一定的保护间隔，结合滤波来减少不同载波间频谱的重叠，从而避免各载波间的相互干扰；而 OFDM 技术不同载波间的频谱是重叠在一起的，各子载波间通过正交特性来避免干扰，有效地减少了载波间的保护间隔，提高了频谱利用率。

（5）扩展绑定技术是 802.11n 中引入的新技术，并在 802.11ac 中得以继承和发展，它能够提高所用频谱的宽度从而提高传输速率。802.11a 和 802.11g 使用的频宽是 20 MHz，而 802.11n 支持将相邻两个频宽绑定为 40 MHz 来使用。当频宽为 20 MHz 时，为了减少相邻信道的干扰，在其两侧预留了一小部分的带宽边界。而通过 40 MHz 绑定技术，这些预留的带宽也可以用来通信传输。在 802.11ac 中，频宽可以扩展到 80 MHz 或 160 MHz，使得传输速率进一步提升。

（6）多输入多输出（Multiple Input Multiple Output，MIMO）技术是 802.11n 和 802.11ac 采用的关键技术。传统单输入输出无线传输（Single Input Single Output，SISO）接收的无线信号中携带的信息量的多少取决于接收信号的强度超过噪声强度的多少，即信噪比。信噪比越大，信号能承载的信息量就越多，在接收端复原的信息量也越多。MIMO 结合复数的射频链路和复数的天线，即同时在多个天线上发送出不同的信号，而接收端通过不同的天线将不同射频链路中的信号独立地解码出来。

（7）智能天线技术是 802.11n 采用的一个新技术，通过多组独立天线组成的天线阵列，可以动态调整波束，保证 WLAN 用户接收到稳定的信号，并可以减少其他信号的干扰。因此，其覆盖范围可以扩大到几平方千米，使 WLAN 移动性得到提高。在兼容性方面，802.11n 采用了一种软件无线电技术，是一个完全可编程的硬件平台，使得不同系统的基站和终端都可以通过这一平台的不同软件实现互通和兼容，这使得 WLAN 的兼容性得到极大改善。

4.3.4　移动通信网

移动通信网是现代通信网的重要组成部分，所有由可移动的终端设备和相关的网络设备组成的网络都可称为移动通信网，其具有信息交流机动、灵活、迅速、可靠等特点。由于移动通信可以满足人们随时随地通信的愿望，因此得到了突飞猛进的发展。移动通信的种类繁多，常见的包括蜂窝移动通信、卫星移动通信和群移动通信。一般移动通信指的都是蜂窝移动通信。移动网络的终端一般是手机或其他可移动的接入设备，移动网络的接入节点是蜂窝小区中的基站，传输部分由交换机或路由器组成。移动通信接入网由无线电路实现，移动通信网是无线通信网络的重要组成部分。图 4.3.12 所示为移动通信网系统结构。

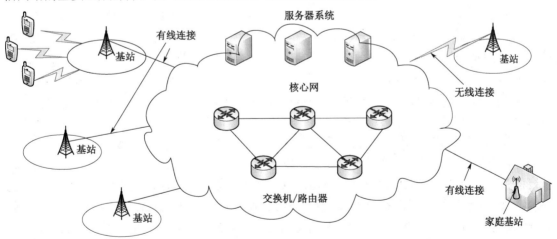

图 4.3.12　移动通信网系统结构

移动通信已经经历了 5 代的发展：1G 是模拟移动通信系统，采用频分双工、频分多址技术；2G 之后都是数字通信系统；2G 移动通信系统采用 TDMA 技术或 CDMA 技术；3G 移动通信采用 CDMA 技术，主要有 3 种制式：WCDMA、CDMA 2000、D-CDMA；4G 移动通信系统采用 OFDM 技术；5G 移动通信系统处于现已进入大规模普及阶段。2G 之后的移动通信系统除基本的语音功能之外,还引入了数据传输功能,逐步演变为一个可传输综合业务的系统。

1. 2G 移动通信系统

2G 移动通信网也称为公共陆地移动通信网（Public Land Mobile Network，PLMN）。起初 2G 移动通信系统是以语音业务为基础的,在后期发展中,各种制式的 2G 移动通信系统都加入了数据业务,其速率可达 14.4 kbit/s。2G 移动通信系统的主要标准有欧洲的全球移动通信系统 GSM 和美国的码分多址（CDMA）蜂窝移动通信系统 IS-95。

从结构上来看,一个完整的 2G 移动通信系统主要由基站子系统（Base Station Subsystem，BSS）和网络子系统（Network Sub-System，NSS）组成。系统的接入网部分由移动终端（Mobile Station）与 BSS 之间的部分构成。

基站子系统（BSS）通过无线接口直接与移动台相连,负责无线发送、接收和无线资源管理。BSS 由基站收发台和基站控制器组成,一个 BSC 可以控制多个 BTS。BTS 是 BSS 的无线部分,包括无线传输所需要的所有硬件和软件,如天线、无线发射机、接收机及有关的接口电路。BSC 是 BSS 的控制部分,负责小区内无线信道的管理,主要功能是完成无线信道的建立、维护和拆除,并进行越区切换控制。网络子系统（NSS）包括移动交换中心（Mobile Switching Center，MSC）、归属用户位置寄存器（Home Location Register，HLR）、访问位置寄存器（Visitor Location Register，VLR）、设备标识寄存器（Equipment Identity Register，EIR）和鉴权中心（Authentication Center，AC）,主要完成通信系统的交换功能、数据管理,以及数据的安全性管理。

1）2G 移动通信的基本工作过程

与固定网络相同,移动网络最基本的功能是为用户进行呼叫接续;与其不同的是,移动网络还需要进行一些移动性管理来进行位置标记、越区切换。图 4.3.13 所示为移动用户主叫的呼叫建立过程。其呼叫建立过程是:移动用户与基站之间建立专用的控制信道,然后完成鉴权过程(用于判断移动用户的身份是否合法)和相关的密码计算(用于设定通信过程的加密方式),之后 VLR 重新分配给移动用户一个临时移动用户识别码,以免固有的识别码被截获。完成这些过程后,建立呼叫过程及业务信道,最终进入通话状态;通话结束后,移动用户和基站之间的无线信道释放,以供其他用户使用。

2）移动用户位置登记

移动用户位置登记是指移动用户向基站发送报文,报告自己的位置;移动用户周期性地执行位置登记过程,登记信息回传到 HCL/AC 中进行身份认证,认证结果返回接入小区的 VLR,由此可判断移动用户是否合法。无论 MS 漫游到什么地方,HLR 和所在小区 NSS 中的 VLR 都保存了 MS 所在小区的位置和其身份信息。图 4.3.14 所示为一个漫游用户的位置更新过程。MS 接收到广播与公共控制消息或登记的周期时间到达时,则发起位置登记请求,此区域的 VLR 分析 MS 是否新进入的用户,如果不是,就刷新原来的位置信息,如果是,就向上一 VLR 查询该用户的身份信息,得到确认后,在 MS 的 HLR 更新位置信息和身份信息。

图 4.3.13　移动用户主叫的呼叫建立过程

3）移动用户的越区切换

越区切换是指当通话中的移动台从一个小区切换到另一个小区时，网络能够把移动台的信道切换到新小区的一个信道，并且保证中间通话不间断。越区切换是移动网络和固定网络的重要不同之一，它是由网络发起、移动台辅助完成的。MS 周期性地对周围小区的无线信号进行测量，并及时报告给小区，当符合切换条件时，就进行有关的越区信令交换，释放原来的信道，并建立新的信道进行通话。越区通信有以下 3 种不同的情形。

（1）同一 BSC 控制下的不同小区之间的切换，如图 4.3.15（a）所示。

（2）同一 MCS/VLR 控制下的不同小区之间的切换，如图 4.3.15（b）所示。

（3）不同 MCS/VLR 控制下的不同小区之间的切换，如图 4.3.15（c）所示。

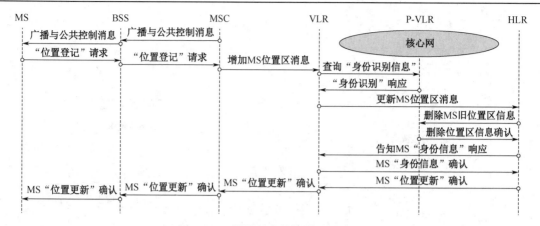

图 4.3.14　漫游用户的位置更新过程

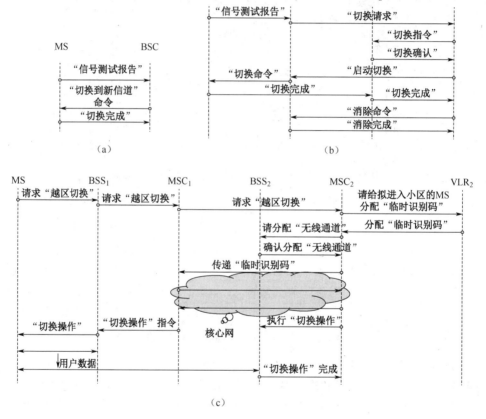

图 4.3.15　MS 越区切换过程

2. 3G 移动通信系统

随着社会经济和网络的发展，网络通信系统不仅提供语音业务，而且提供更高速率、更丰富的数据业务和多媒体业务。3G 移动通信的基本技术指标要求：业务速率在室内至少为 2Mbit/s；室外步行条件下至少为 384 kbit/s；车载环境中至少为 144 kbit/s。3G 移动通信系统基于 CDMA 技术，采用频分双工或时分双工的上下行方式。MS 接入网的过程、越区切换等技术都与 2G 移动通信系统类似。3G 移动通信系统的标准主要有欧洲提出的宽带码分多址 WCDMA、美国提出的 CDMA2000 和中国提出的 TD-CDMA。

从网络的角度来看，3G 移动通信系统由两个基本单元构成：无线接入网 UTRAN（面向无线通信的即空中接口的网络结构）和核心网 CN（进行数据路由和交换及信令交换和移动性管理的网络结构）。UTRAN 包括无线网络控制器 RNC 和基站 Node B，对应于 2G 移动通信系统中的基站控制器 BSC 和基站收发器 BTS，其主要功能是提供 MS 的接入控制、网络同步、资源调度、切换控制和移动业务服务。

1）UTRAN 通用协议模型

如图 4.3.16 所示，UTRAN 通用协议模型包括无线网络层和传输网络层。无线网络层包括所有与无线接入网有关的协议，而传输层是指 UTRAN 选用的标准传输协议。协议结构模型也可以分为控制平面和用户平面，其中控制平面的应用协议提供有关空中接口控制的信令承载，用户平面提供用户数据的传输。对于无线网络层，控制平面包括应用协议，用户平面包括数据流，用户发送和接收的数据都是通过用户平面来传输的。对于传输网络层面，除了包括传输应用协议的信令承载和传输数据流的数据承载，还包含一个传输网络控制平面，为控制平面和用户平面的信令和数据传输提供与有线信道接口间的逻辑信道。UTRAN 通用协议模型中，控制平面与用户平面分离，实现了信令数据和用户数据的分离，便于使用统一的信令操作对数据进行管理；而且 UTRAN 功能与传输层分离，使无线传输网络不依赖于特定的传输技术。

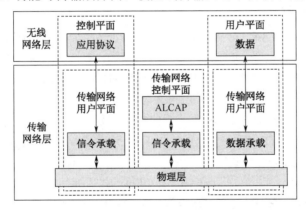

图 4.3.16　UTRAN 通用协议模型

2）3G 无线接口协议

无线接口是指 MS 和无线接入网部分的接口，主要包括无线接口协议和物理层无线传输技术。如图 4.3.17 所示，无线接口协议包括 3 层，分别为物理层（L1）、数据链路层（L2）、网络层（L3）。物理层位于协议的最底层，提供了在物理介质上的比特流传输，根据不同的制式，采用不同的传输技术；数据链路层包括 MAC 子层和无线链路控制（Radio Link Control, RLC），MAC 子层向高层提供无确认的数据传输、无线资源重分配及测量服务，RLC 完成数据分段与重组、用户数据的传输和纠错、流量控制等功能。根据不同的层次协议，可将承载业务的信道分为逻辑信道、传输信道和物理信道 3 类，分别对应 3 个层次。多个逻辑信道可能映射到同一个传输信道上，多个传输信道也可能映射到同一个物理信道上。

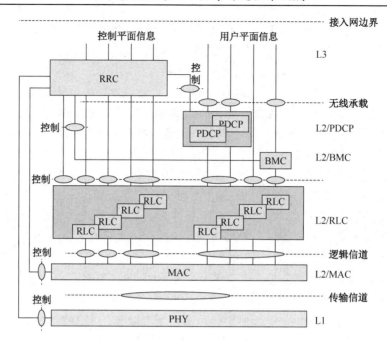

图 4.3.17   无线接口协议结构

3. 4G 移动通信系统

随着互联网业务和移动通信网络的结合，移动网络应能够随时随地像有线接入网一样高速使用互联网业务，并且由于 OFDM 并行传输系统的出现，解决了无线信道估计与均衡运算的问题，加快了移动通信的发展。3GPP 提出了长期演进技术（Long Term Evolution，LTE）和系统架构演进，分别侧重无线接入技术和网络架构。

LTE 是指 3GPP 无线技术的长期演进，在 LTE 的许多功能模块命名过程中，都采用"E×××"的命名方式，如演进的 UTRAN，称为 E-UTRAN。移动终端设备一般用 UE 表示，和 MS 有相同的意义。LTE 采用 OFDM 和 MIMO 天线技术，在 20MHz 的频谱带宽下能提供 100Mbit/s 的下行峰值速率和 50Mbit/s 的上行峰值速率。OFDM 技术是 LTE 系统采用的多址接入技术，上行采用单载波频分多址复用（SC-FDMA），可以降低系统功耗比，减小终端的体积和成本；下行采用正交频分多址接入（OFDMA），可以提高频谱的效率。MIMO 技术是指在发送端和接收端采用多副天线同时进行数据的接收和发送，可以实现复用增益，提高小区的容量、数据传输速率等指标。

1）系统的结构

LTE 的系统结构如图 4.3.18 所示，包括无线终端、接入网和核心网。接入网中只有 eNodeB 一个网元，使结构更加扁平化，核心网由纯分组域构成，没有电路域，由此移动网络过渡成单一的分组交换系统。LTE 的接入网支持数据和信令的直接传输，可有效地支持 UE 在整个网络中的移动，完成无缝切换。图 4.3.19 给出了 E-UTRAN 与 EPC 间的功能划分。eNodeB 的主要功能有：实现无线承载控制、无线许可控制和连接移动性控制，在上下行链路完成资源的动态分配，用户数据流的 IP 报头压缩和加密，用户数据的路由选择，完成移动性配置和调度测量。核心网负责对用户终端控制和有关承载的建立。主要由移动性管理实体（Mobility

Management Entity, MME)、服务网关（Serving Gateway, S-GW）和分组数据网关（Packet Data Network Gateway, P-GW）等组成，其功能主要包括分组数据的路由与转发、用户终端移动时用户平面切换控制、合法监听和用户计费等。

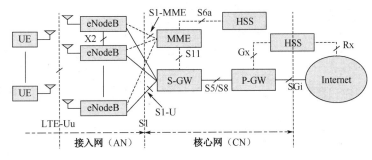

图 4.3.18　LTE 的系统结构

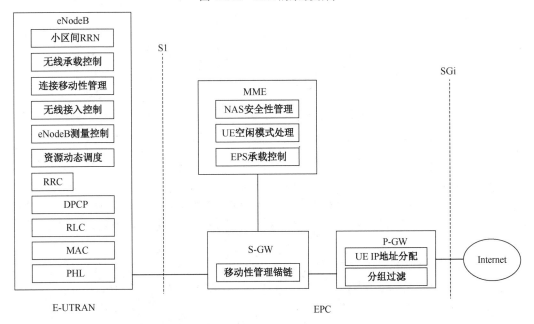

图 4.3.19　E-UTRAN 与 EPC 间的功能划分

2）LTE 的无线接口协议

LTE 的无线接口协议与 3G 协议基本相同，但传输速率的性能比 3G 协议好。LTE 接口协议栈分为控制平面协议栈和用户平面协议栈。其中，用户平面协议是接入层的一部分，主要承载数据通过网络的一部分；控制平面协议进行 QoS 管理和移动行管理。

图 4.3.20 给出了 LTE 系统中上下行逻辑信道、传输信道和物理信道之间的映射关系，其大部分与 3G 移动通信系统中定义的信道相同。逻辑信道的功能为提供控制或业务传递，逻辑信道被映射到传输信道上，多个逻辑信道可以被映射到同一个传输信道上；传输信道定义了通过空中接口进行数据传输的方法和特性，传输信道中的下行共享信道和上行共享信道分别用于承载下行和上行的用户信号或控制信号，传输信道最终被映射到相应的物理信道上；物理信道的传输功能最终用一个或多个特定的位置物理资源实现。逻辑信道主要有广播控制信道、组

播控制信道、寻呼控制信道、公共控制信道、专用控制信道、专用业务信道和组播业务信道；传输信道主要有下行链路共享信道、广播信道、组播信道、寻呼信道、上行链路共享信道和随机接入信道；物理信道主要有物理下行链路控制信道、物理广播信道、物理多播信道、物理控制格式指示信道和物理上行链路控制信道。

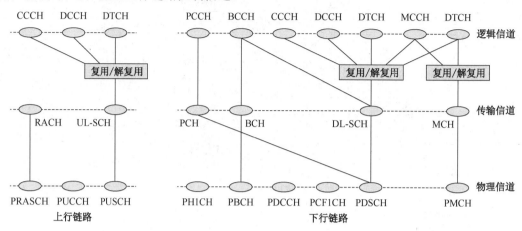

图 4.3.20　LTE 信道间的映射关系

　　LTE 的主要功能很大程度上体现在空中接口协议的操作上，包括系统信息广播、随机接入、移动性管理、无线资源管理和同步等。

　　（1）系统信息广播：主要由主信息块和其他系统信息块携带提供给移动用户的系统信息，一般在小区中进行周期性的广播。

　　（2）随机接入：在小区中的移动用户申请接入网络中的过程。移动用户随机接入取得与 eNodeB 间的上行同步，并申请空中接口的无线传输资源，主要分为竞争随机接入和非竞争随机接入。

　　（3）移动性管理：移动网络系统的基本功能。主要包括空闲状态下和移动状态下移动用户的管理。移动性管理在移动用户处于连接状态时，主要考虑移动过程中位置的变化、所在小区和邻小区的负载情况。

　　（4）无线资源管理：在移动通信系统中，无线资源主要是频率、功率和时间。无线资源管理主要通过接纳控制、资源动态分配和小区的负载均衡等措施来实现，从而达到资源的高效利用和资源的协调处理。

　　（5）同步：LTE 有两种方式，分别为频分双工和时分双工。其中，时分双工易于实现上下行不对称传输，为了避免信号间的干扰，对同步的要求十分严格。

4. 5G 移动通信系统

　　5G 移动通信系统已经投入大规模商用，它实现了超高流量密度、超高连接数密度和超高移动性的功能，能够为用户提供虚拟现实、云桌面、增强现实、在线游戏等极致体验。5G 的主要性能指标包括：几十 Gbit/s 的峰值速率，每平方千米几十 Tbit/s 的流量密度，每平方千米百万级的连接数密度，毫秒级的端到端时延。表 4.3.1 给出了 5G 典型场景下的性能指标要求。

表 4.3.1　5G 典型场景下的性能指标要求

场　　　景	性 能 需 求
连续广域覆盖	100Mbit/s 用户体验速率
热点高容量	用户体验速率：1Gbit/s 峰值速率：几十 Gbit/s 流量密度：几十 Tbit/s/km^2
低功耗大连接	连接数密度：10^6/km^2 超低功耗，超低成本
低时延高可靠	空口时延：1 ms 端到端时延：ms 级 可靠性：接近 100%

　　用户体验速率、接入的密度和时延是 5G 移动通信系统的 3 个基本指标。同时，5G 还大幅提高了网络部署和运营的效率，比 4G 的频谱效率提高 5～15 倍，能效和成本效率提高百倍以上。

　　5G 的主要核心技术如下。

　　（1）大规模天线阵列：可分为集中式和分布式两种，前者利用大规模天线阵列形成三维的波束赋形，实现和密集空分复用，大幅提高小区的容量；后者采用大规模分布式天线阵列，缩短用户与基站的距离，且可通过虚拟波束赋形技术，提高频谱复用的利用率。

　　（2）超密集组网技术：通过增加基站的密度，实现频率复用效率的大幅提升，大大缩小了用户和基站之间的距离，但会引入基站间的相互干扰问题，需要高智能化的自组网来支撑其运行。

　　（3）无线接入网的虚拟化技术：实现多个运营商共享基站等无线接入网基础设施，按需分配，提高资源的利用效率；实现基站的软件化和云化，大幅降低建设基站的费用，并易于系统的更新升级。

　　（4）毫米波技术：毫米波是指在几十兆赫兹频段工作的无线电信号，在毫米波频段，还有大量未被使用的频谱，有巨大的频谱资源。毫米波可在很小的面积上构成数百根天线阵列，理论上可以获得很高的波束赋形增益。但毫米波穿过建筑物时，会引起很高的穿透损耗，且对物体或行人遮挡的影响很敏感，这些都会对移动通信造成严重影响。

第 5 章

电源及电磁兼容

5.1 电源及电源管理

在电子电路及电子设备中,一般都需要稳定的直流电源供电,可以说直流稳压电源是电子系统中的一个必备部分。获得直流电源的方法很多,除应用蓄电池之外,绝大多数的电子系统都使用直流稳压电源。小功率稳压电源一般由电网供电,再经过整流、滤波、稳压 3 个主要环节,将电网交流电压变换成电子系统所需的稳定的低压直流。

5.1.1 直流稳压电源的主要技术指标

直流稳压电源的主要技术指标分为性能参数和工作参数两类,性能参数是衡量直流稳压电源质量优劣的重要依据,工作参数是稳压电源安全稳定工作的条件。

1. 性能参数

直流稳压电源的主要性能参数有稳压系数、输出电阻、纹波抑制比、温度系数、最大输出电流等。

1)稳压系数

稳压系数 (S_V) 又称为电压调整率,用来衡量当输入电压变化而负载不变的条件下,稳压电源抗输入电压变化的能力。其定义是当负载和温度不变时,输出电压的相对变化量与输入电压的相对变化量之比,即

$$S_V = \frac{\Delta U_o / U_o}{\Delta U_i / U_i}\bigg|_{\Delta t=0, \Delta T=0} \tag{5-1-1}$$

2)输出电阻

输出电阻又称为负载调整率,用来衡量当负载变化(即输出电流变化)而输入电压不变的条件下,稳压电源抗负载变化的能力。其定义为当输入电压和温度不变时,输出电流变化(ΔI_o)以及所引起的输出电压变化(ΔU_o)之比,即

$$R_o = \frac{\Delta U_o}{\Delta I_o}\bigg|_{\Delta U_i=0,\,\Delta T=0} \tag{5-1-2}$$

3）纹波抑制比

交流电压经过整流、滤波后送入稳压电路，因此稳压电路的输入除了直流成分，还含有周期性的纹波电压，纹波抑制比体现了稳压电路对交流纹波电压抑制的能力。其定义为

$$S_{rip} = 20\lg \frac{U_{rip-p}}{U_{rop-p}} \tag{5-1-3}$$

式中，U_{rip-p} 和 U_{rop-p} 为稳压电路输入和输出纹波电压峰-峰值。

4）温度系数

温度系数表征输出电压 (U_o) 随温度变化而漂移的大小，其定义为

$$S_T = \frac{\Delta U_o}{\Delta T}\bigg|_{\Delta U_i=0,\,\Delta I_o=0} \tag{5-1-4}$$

2. 工作参数

1）输出电压及调节范围

可调节输出的稳压电源有一个输出电压的调节范围 $U_{omin} \sim U_{omax}$。固定输出的稳压电源其输出电压与设计的标称输出电压相比通常存在微小的误差。

2）最大输出电流 (I_{omax})

稳压电路能够向负载提供的最大电流。

3）功耗

直流稳压电源将交流变成稳定直流的过程中要消耗功率，并将其消耗的功率转换成热能，主要是由稳压电路消耗的。

5.1.2　常用整流滤波电路

直流稳压电源的基本组成框图及相应的工作波形如图 5.1.1 所示，图中电源变压器将 220 V 交流电压变换为需要的交流电压值，然后由整流电路将交流电压变换为单向脉动电压，再经滤波电路滤去交流分量而输出带有波纹的直流电压。该电压是不稳定的，其值将随电网电压变化而变化，所以还需稳压器来稳定输出电压。稳压电源是用途最广泛的功率电子电路之一，它的作用是在输入电压变化或负载电流变化时，始终能提供稳定的输出电压。

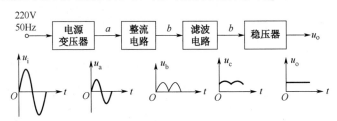

图 5.1.1　直流稳压电源的基本组成框图及相应的工作波形

1. 整流电路

利用二极管的单向导电特性实现整流功能，常用的整流电路有半波整流、全波整流、桥式整流及倍压整流，前三种如图 5.1.2 所示。

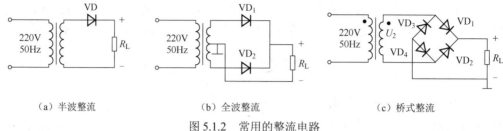

（a）半波整流　　　　　（b）全波整流　　　　　（c）桥式整流

图 5.1.2　常用的整流电路

半波整流电路虽然结构简单，但是因仅半周导通，故滤波效果不佳，波纹大。

全波整流电路由两个二极管和带有中心抽头的变压器组成，两个二极管轮流导通以提供负载电流，纹波较小。

桥式整流电路由 4 个二极管和一个没有中心抽头的变压器组成，当 U_2 正半周时，VD_1、VD_4 导通，VD_2、VD_3 截止，反之，当 U_2 负半周时，VD_2、VD_3 导通，VD_1、VD_4 截止，负载电流由两路二极管轮流提供，波纹较小。桥式整流电路是最常用的整流电路。

2. 滤波电路

滤波电路的功能是滤去整流器输出的交流分量，进一步减小输出电压中的脉动成分，使其变得更加平滑。常用的滤波电路如图 5.1.3 所示，其中，5.1.3（a）、5.1.3（c）为电容滤波，5.1.3（b）为电感滤波，在小功率直流电源中，负载电阻 R_L 较大，用电容滤波效果较好，且更方便，电感滤波一般用在大功率大电流直流电源中。由于电网电压频率很低（50 Hz，二次谐波为 100 Hz），因此滤波电容一般取值很大（几百微法到几千微法）。

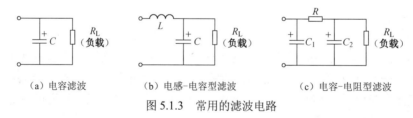

（a）电容滤波　　　　（b）电感-电容型滤波　　　　（c）电容-电阻型滤波

图 5.1.3　常用的滤波电路

下面以桥式整流电容滤波电路为例，进一步说明整流滤波的原理。桥式整流电容滤波电路如图 5.1.4（a）所示，在分析中，特别要注意滤波电容两端电压对整流二极管导通角的影响。

（1）负载为纯电阻（无滤波电容），则输出波形如图 5.1.4（b）所示；输出电压平均值约为 $0.9U_2$。

（2）负载为纯电容（$R_L \to \infty$），设电容 C 的初始电压为零，接通电源后电容 C 被充电直到峰值 $\sqrt{2}U_2$（$1.4U_2$），此后桥路中二极管被反偏而截止，电容无放电回路，输出电压保持为 $\sqrt{2}U_2$，输出波形如图 5.1.4（c）所示。

（3）滤波电容 C 与负载 R_L 同时存在，当 u_2 正半周时，VD_1、VD_4 导通，VD_2、VD_3 截止，电容被充电至峰值 $\sqrt{2}U_2$，输出波形如图 5.1.4（d）所示；此后 u_2 开始下降，但电容电压

不能突变，导致 VD_1、VD_4 反偏而截止，电容 C 通过负载 R_L 放电，输出电压下降，由于 R_L 比二极管导通电阻大得多，因此放电速度远小于充电速度。只有等到负半周输入信号 $|u_2| > u_c(u_o)$，且 VD_2、VD_3 导通时，再次向电容 C 充电，直到 $|u_2| < u_c(u_o)$，因反偏截止，电容 C 又通过负载 R_L 放电，如此循环，得到比较平滑的输出直流电压($U_o \approx 1.2U_2$)，电容 C 和负载 R_L 越大，输出直流电压中锯齿状的波纹越小。在有滤波电容存在的电路中，每个二极管的导通时间均小于半个周期，脉冲电流波形如图 5.1.4（e）所示。

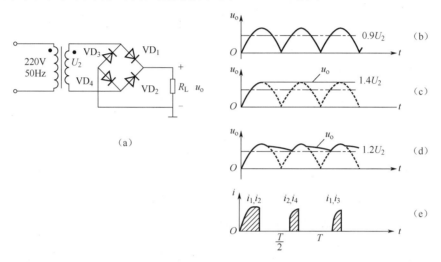

（a）电路；（b）无滤波电容的输出波形；（c）$R_L \to \infty$，仅有滤波电容的输出波形；

（d）接 R_L，C 的输出波形；（e）整流管的电流波形

图 5.1.4　桥式整流电容滤波电路及电压电流波形

一般情况下（接 R_L，C），输出直流电压 U_o 的估算值为：$U_o \approx 1.2U_2$，式中 U_2 为变压器次级交流电压有效值。根据该式，由输出直流电压 U_o 可算出 U_2，从而算出变压比 $n = N_2 / N_1 = U_2 / 220\text{V}$。负载电流由两路整流管提供，故每个整流二极管电流等于负载电流的一半，即 $I_D = I_L / 2$。每个截止管承受的反向电压为 $(\sqrt{2}U_2 + U_o) / 2$。以上分析为选择整流二极管提供依据。

滤波电容取值尽量大，且满足

$$R_L C_L \geqslant (3 \sim 5)\frac{T}{2} \tag{5-1-5}$$

其中，T 为电网电压周期。一般滤波电容取值为几百微法到几千微法。

5.1.3　线性集成稳压电源

集成稳压电路分为线性和开关型两类，线性稳压器外围电路简单、输出电阻小、输出纹波电压小、瞬态响应好，但是其功耗大、效率低，多用在输出电流 5 A 以下的稳压电路中。

集成线性稳压器将线性稳压电源的所有部件（包括功率调整管、基准源、运放、采样及过流保护电路、超温保护电路等）全部集成在一片芯片上。各大半导体厂商推出了多种规格、适用于各个应用领域的专用集成稳压器，以及可调输出的通用稳压器。它们大多采用三端接法，

使用非常方便。常用集成三端稳压器有 78×× 和 79×× 两个系列，78×× 为正压输出，79×× 为负压输出，"××" 一般有 5、6、9、12、15、18、24V 等值，7805 表示输出为+5V，7912 表示输出为-12V。

三端集成线性稳压器的典型电路如下。

1. 固定电压输出电路

固定电压输出电路的典型接法如图 5.1.5 所示，其中 3 个电容的作用如下。

C_1：防止输入引线较长带来的电感效应进而可能产生的自激。

C_2：用来减小负载电流瞬时变化所引起的高频干扰。

C_3：电解电容，容量较大，用来进一步减小输出脉动和低频干扰。

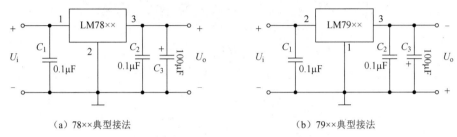

（a）78×× 典型接法　　　　　　（b）79×× 典型接法

图 5.1.5　三端集成线性稳压器的典型接法

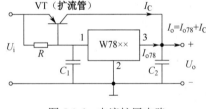

图 5.1.6　电流扩展电路

2. 电流扩展电路

如果三端稳压器的输出电流不够大，不能满足负载电流的要求，那么可以外加扩流管，如图 5.1.6 所示。此时，负载得到的电流为三端稳压器输出电流与扩流管集电极电流之和。

3. 电压扩展电路

当负载需要的电压高于三端稳压器的标称输出电压时，可采用电压扩展电路，如图 5.1.7 所示，由图可知，输出电压 U_o 为

$$U_o = (\frac{U_{××}}{R_1} + I_Q)R_2 + U_{××} \approx (1 + \frac{R_2}{R_1})U_{××} \tag{5-1-6}$$

式中，$U_{××}$ 表示三端稳压器输出电压，并忽略 I_Q。如果需要输出电压可调，那么可采用图 5.1.8 所示的电路。

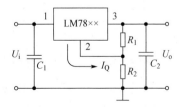

图 5.1.7　电压扩展电路

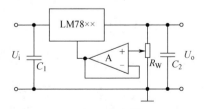

图 5.1.8　输出电压可调电路

4．输出电压可调三端稳压器电路

这是一类输出电压可调的三端稳压器芯片，如 W117/W317，输出为正电压，典型接法电路如图 5.1.9 所示，其中，图 5.1.9（a）中令输出端和调整端的电压为 U_{OA}，则输出电压为

$$U_o = (1+\frac{R_2}{R_1})U_{OA} + I_{ADJ} \times R_2 \approx (1+\frac{R_2}{R_1})U_{REF} = (1+\frac{R_2}{R_1})\times 1.25\text{V} \qquad (5\text{-}1\text{-}7)$$

W117/W317 的调节范围为 1.25～37 V，最大输出电流为 1.5 A（需加散热器）。W137/W337 为负电压输出的可调三端稳压器，调节范围为-37～-1.25 V。

此类可调三端稳压器性能优越，内置各种保护电路，调整端使用滤波电容 C_2 可改善波纹抑制比（一般取 10 μF 左右）。二极管起保护作用，其中 VD_1 提供 C_3 的放电通路，以免当输入端意外短路时 C_3 向稳压器放电而损坏稳压器。VD_2 提供 C_2 的放电通路，以保证输出端意外短路时损坏稳压器。当输出电压较小（如 $U_o<25$ V），且 C_2 也较小时，可省去二极管保护电路。

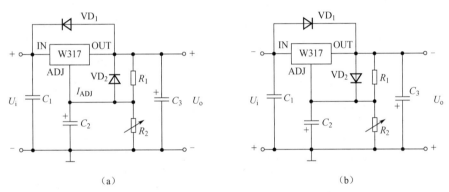

图 5.1.9　输出电压可调的三端稳压器电路

表 5.1.1 给出了一些常用集成线性稳压器的参数。

表 5.1.1　常用集成线性稳压器的参数

型　号	输出电流	最大输入电压	输出电压规格/V	压差	静态电流	电压调整率	负载调整率	温度系数/(mV/℃)
78××/79××	1.5A	36V/-36V	±5/6/9/12/15/18/24	2V	8mA	0.1%/V	1%	0.6～1.8
LM317/337	1.5A	40V/-40V	可调	3V	5mA	0.02%/V	1.5%	$0.07U_o$
LT1084	5A	30V	可调	1.3V	5mA	0.02%/V	0.3%	$0.025U_o$
LM1117-××	0.8A	15V	2.85/3.3/5.0 可调	1V	10mA	0.03%/V	0.3%	0.08
HT71×× HT75××	30mA 100mA	24V	3.0/3.3/3.6/4.4/5.0	0.1V	5μA 10μA	0.2%/V	1.8%	0.7
TPS764××	150mA	10V	2.5/2.7/3.0/3.3	0.3V	85μA	0.1%/V	2%	0.2

5.1.4 开关型稳压电源

线性稳压电源主要有两个缺点：一是效率低；二是体积大，质量重（主要是工频变压器）。克服第一个缺点的关键是将调整管的工作由线性状态转换为开关状态；克服第二个缺点的关键是将工作频率由工频（50Hz）提高到几十千赫兹，甚至几百千赫兹。开关稳压电源应运而生。

开关型稳压电源简称开关电源（Switch Mode Power Supply，SMPS），是指功率管工作于开关状态的一类稳压电源。相比于线性稳压电源，开关稳压电源具有以下优点。

（1）效率高。开关电源的效率通常为75%～90%，在大电流输出、输入输出电压悬殊的情况下，效率远高于线性稳压电路。

（2）可以实现多种电源变换。开关电源能够实现降压、升压、负压、隔离等多种电压变换形式，而线性稳压电源只能实现降压。

（3）体积小，质量轻。工作频率提高，变压器、滤波器体积减小，质量就减轻了。效率提高了，散热器体积、质量也就减小了。

因此，开关电源被广泛用于对效率、体积及质量有较高要求的场合，如台式计算机、笔记本电脑、手机充电器、电视/平板显示器等。常用规格的开关电源也被作为标准模块出售，使用非常方便。它的缺点是纹波及噪声比线性稳压电源要大得多，所以不能用于对电源稳定度、纹波和噪声要求高的场合（如高保真音响系统、高精度信号调理、弱信号放大等）。

1. 开关型稳压电源的原理

开关型稳压电源与线性稳压电源的区别在于，调整管被高效率的PWM发生器与开关管所替代，其基本组成框图如图5.1.10所示。图中，取样反馈控制电路与线性稳压电源差不多，由取样环节、基准环节和误差放大环节组成。PWM控制与驱动电路由三角波或锯齿波发生器和电压比较器组成，三角波与来自误差放大器的信号比较后产生占空比可变的方波信号，驱动开关管的导通或截止。储能滤波电路由储能电感、滤波电容及续流二极管组成，开关管导通时，给电感充电，存储能量，开关管截止时，通过续流二极管释放能量，从而使负载得到连续的直流电流。图5.1.11给出了一个典型的开关电源的原理结构。

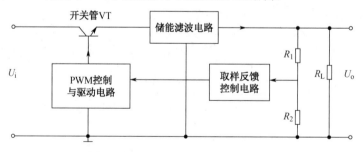

图 5.1.10 开关电源的基本组成框图

2. 开关变换器的基本拓扑结构

开关变换器的拓扑结构决定了开关电源的类型。拓扑结构（Topology）是指开关、电感、电容、续流二极管4类元件的连接关系。开关变换器有4种基本类型，即降压型、升压型、极性反转型和隔离型，其他的拓扑结构大多可以由这4种基本类型衍生而得。多种变换形式是开关电源的优势,而线性稳压电源只有降压一种类型。由于各种类型开关电源 PWM 控制与驱动电路以及取样反馈控制电路基本一致(隔离型有所差别),因此在以下电路中不予画出。

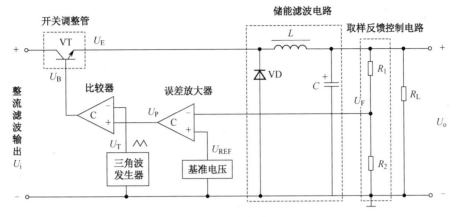

图 5.1.11 开关电源的原理结构

1)降压型(Buck)拓扑结构

降压型拓扑结构如图 5.1.12 所示。如前所述,当开关 S 接通时,$U_D = U_i$,续流二极管反偏截止,电源通过电感 L 向电容 C 充电,并为负载供电,此间电感上的电流 I_L 逐渐增大,电感储存磁能。当开关断开时,由于电感上的电流不能突变,I_L 通过电容和二极管构成闭合回路,释放电感上存储的磁能,期间 $U_D \approx 0$。当电感量足够大时,由于电感电流的连续性,因此无论开关处于导通或截止,负载都能得到连续的电流和电压,实际上输出电压就是 U_D 的平均值,即

$$U_o = DU_i \tag{5-1-8}$$

式中,D 为占空比,$D \leq 1$,故只能实现降压。

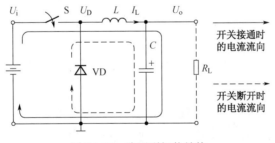

图 5.1.12 降压型拓扑结构

2)升压型(Boost)拓扑结构

升压型拓扑结构如图 5.1.13 所示。当开关 S 接通时,$U_D = 0$,续流二极管反偏截止,电源直接向电感 L 储存磁能,电感电流 I_L 增大,直到开关断开前达到峰值。当开关断开后,由于电感上的电流不能突变,I_L 通过电容和二极管构成闭合回路给电容 C 充电,释放电感上存储的磁能,I_L 逐渐下降至 0。电感上的能量释放至电容 C 上,输出电压等于输入电压与电感电压叠加。据分析,此类开关电源输出电压与输入电压的关系为

$$U_o = -\frac{1}{1-D} U_i \tag{5-1-9}$$

可见，输出电压总高于输入电压，故实现了升压。

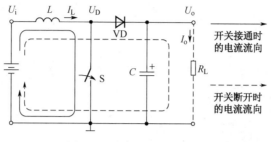

图 5.1.13　升压型拓扑结构

3）极性反转型（Inverting）拓扑结构

极性反转型是指开关电源的输出电压与输入电压极性相反，其拓扑结构如图 5.1.14 所示。设输入为正压，当开关 S 接通时，$U_D = U_i$，电感 L 储能。当开关断开后，电感上的能量经二极管释放至电容 C，得到负压输出，故也称此类开关电源为负压型开关电源。此类开关电源输出电压 $|U_o|$ 既可以高于输入电压，也可以低于输入电压，所以负压型拓扑结构也称为升/降压型（Buck-Boost）拓扑结构。

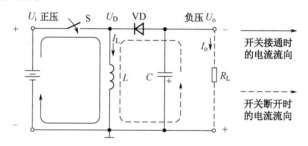

图 5.1.14　极性反转型拓扑结构

极性反转型开关电源的输出电压与输入电压的关系为

$$U_o = -\frac{1}{1-D} U_i \tag{5-1-10}$$

当 $D > (1-D)$ 或 $D > 0.5$ 时，除极性相反之外，输出电压大于输入电压，即极性反转型升压开关电源；反之，当 $D < (1-D)$ 或 $D < 0.5$ 时，除极性相反之外，输出电压小于输入电压，即极性反转型降压开关电源。

4）隔离型（Isolatian）拓扑结构

在许多应用场合，为了避免公共地电流引入的干扰，也为了安全，采取隔离技术，即将电网交流输入高压端与低压直流用电端互相隔离，使输入输出不共地。为了使电路不共地又不影响信号传输，一般采用变压器和光耦合器，既实现了电气隔离，又耦合了信号。如图 5.1.15 所示，开关管的高频方波信号采用变压器隔离和交流耦合，而取样反馈控制信号是通过光耦合器件实现隔离和传输的，即实现了输入输出"不共地"。

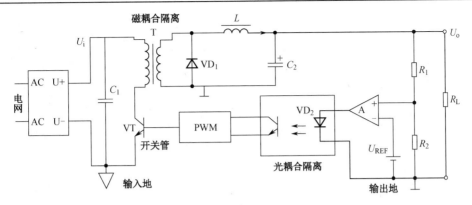

图 5.1.15　具有隔离（不共地）作用的开关电源

目前，半导体厂商提供了大量的集成开关稳压器件。根据用途的不同，集成开关稳压器可以分为两大类：一类是单片式开关电源，它几乎包含了开关电源的所有部件，只需增加电感、电容等少量外围元件即可构成特定用途的开关电源；另一类是通用 PWM 控制器，它不含功率开关管及反馈取样等部分，所需的外围器件较多，但可以灵活地构成各种拓扑结构或实现某些特殊指标。常用的单片式开关电源及通用 PWM 控制器如表 5.1.2 所示。

表 5.1.2　常用的单片式开关电源及通用 PWM 控制器

（1）单片式开关电源							
型号	拓扑结构	最大输出电流/功率	最大输入电压	输出电压/V	电压调整率	输出纹波/mVpp	效率/%
MC34063	升/降/反	1A	40V	可调	0.02%/V	120～500	60～80
LM2574	降压	0.5A	40V	5/12/15	0.03%/V	<50	72～88
LM2576	降压	3A	40V	5/12/15	0.03%/V	<50	75～88
LM2674	降压	0.5A	40V	3.3/5/12	0.02%/V	<60	86～94
LM2577	升压	3A	40V	12/15/可调	0.07%/V	<100	80
TOP-221 ～TOP-227	单端反激	12～150W	700V	可调	外围电路决定	外围电路决定	90

（2）通用 PWM 控制器				
型号	控制模式	开关频率	工作电压	其他控制功能
UC3842/3	电流	50kHz	16/9～30V	单周期过流保护、欠压锁闭
TL494	电压/双环	<300kHz	7～40V	可调死区、单端/双端模式选择、双环反馈
SG3525	电压	<400kHz	8～40V	可调死区时间、软启动、推挽驱动
MC34066 MC34067	可变频率（软开关）	<1.1MHz	9～20V	软启动、零电压/零电流开关（高效率）

5.1.5　电荷泵型直流-直流变换器

直流-直流变换器用于直流电源电压的变换，这些变换有降压变换、升压变换和极性反转变换。这里以 ICL7660 为例介绍基于开关电容原理（也称为电荷泵原理）工作的小电流直流-

直流变换器，这些变换器用在需要多种电压供电的设备中，可使电路简单可靠。

ICL7660 是 INTERSIL 公司生产的单片 CMOS 直流-直流变换器。芯片采用 DIP-8 封装，其内部原理电路和引脚如图 5.1.16 所示，其主要参数如表 5.1.3 所示。内部电路包括串联电压调整器、RC 振荡器、电平转换器、逻辑控制网络和 4 个输出 MOS 功率开关管。ICL7660 负直流电压变换，它的外围电路非常简单，只需要外接两个电容器就能将 1.5～10 V（ICL7660A 为 1.5～12 V）的正电压转换成相同幅值的负电压，空载时转换效率可达 99.9%。当负载电流为 2～5 mA 时，转换效率达 98%。其内部电路的工作过程可用图 5.1.17 所示的电路来等效。4 个 MOS 管相当于 4 个开关 T_1～T_4，T_1 和 T_3 导通时，T_2 和 T_4 截止，U_1 给 C_1 充电，如图 5.1.17（a）所示；T_2 和 T_4 导通时，T_1 和 T_3 截止，C_1 上的电荷转到 C_2 上，如图 5.1.17（b）所示。随着 T_1～T_4 轮流通、断，C_2 上输出负的直流电压。

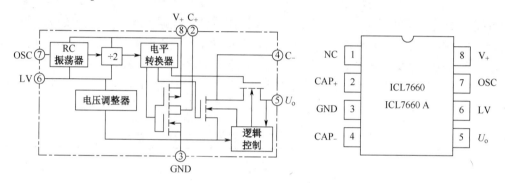

图 5.1.16　ICL7660 内部原理电路和引脚

表 5.1.3　ICL7660 的主要参数

输入电压范围	输入电流	输出电阻	振荡频率	效率（R_L=5kΩ）	工作温度范围 ICL7660C
1.5～10V	170μA	55Ω	10kHz	98%	0℃～70℃

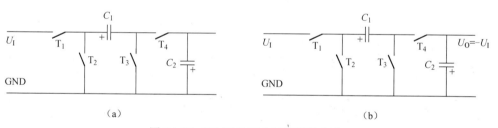

图 5.1.17　ICL7660 工作过程等效电路

ICL7660 的典型应用电路如图 5.1.18（a）所示，两个外接电容均为 10 μF，当输入电压在 6.5 V 以下时，5 引脚直接与电容 C_2 连接输出；当输入电压为 6.5～10 V 时，需要串接一个保护二极管 VD，以防 U_1 断开时，C_2 上的反向负压损坏芯片。当 $U_1 \leqslant 3.6$ V 时，6 引脚（LV 端）应接地，将内部串联电压调整器短路，可以改善低压工作特性。当 $U_1 \geqslant 3.6$ V 时，6 引脚必须悬空，以防止器件闭锁。正常工作时，内部振荡器的振荡频率约为 10 kHz，如果在 7 引脚（OSC）与地之间接一个电容器 C_{OSC}，那么振荡频率可以降低，降低振荡频率可以改善高频噪声特性，频率降低后，C_1、C_2 的取值要大于 10 μF，振荡频率与外界电容器 C_{OSC} 的关系如图 5.1.18（b）所示。ICL7660 在 T_A=25 ℃、U_1=5 V 时，能够输出的最大负载电流为 40 mA。图 5.1.18（c）所示的曲线为负载电流与输出电压的关系，由曲线可知，如果负载电流比较大，那么输出电压下降较多。

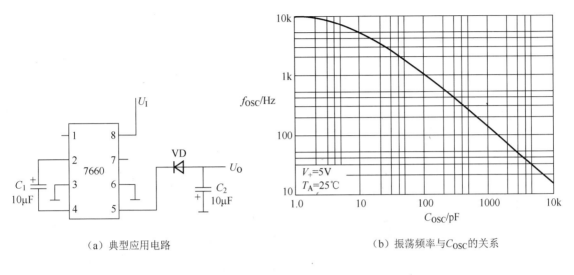

（a）典型应用电路　　　　　　　　　　　　　　　　（b）振荡频率与 C_{OSC} 的关系

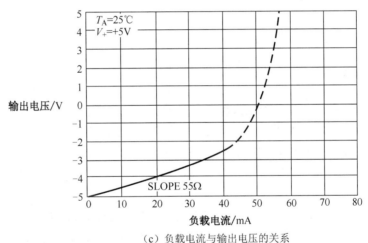

（c）负载电流与输出电压的关系

图 5.1.18　ICL7660 的典型应用电路

　　ICL7660 的输出电阻约为 $60\ \Omega$，为了减小输出电阻，可将数个 ICL7660 并联使用，电路如图 5.1.19（a）所示。此时的输出电阻为 $R_o = R_{out}/n$，R_{out} 为单个芯片的输出电阻。芯片也可以串联使用，以增大输出的负电压，电路如图 5.1.19（b）所示。在较轻的负载下，最大串联数可达 10 个。当 $1.5\ \mathrm{V} \leqslant U_I \leqslant 6.5\ \mathrm{V}$ 时，$U_O = -nU_I$；当 $6.5\ \mathrm{V} \leqslant U_I \leqslant 10\ \mathrm{V}$ 时，$U_O = -n\left(U_I - U_D\right)$，式中 n 为变换器串联的个数，U_D 为二极管的正向压降。ICL7660 虽然设计为一个负直流变换器，但是也可以作为正电压变换器使用，图 5.1.19（c）为一个二倍压电路，输出电压 $U_O = +2U_I$。

　　ICL7660 和其他电荷泵电压变压器都有一个共同的问题，即芯片不具有稳压功能，当输入电压发生变化时，输出的电压也将发生变化。在实际应用中需要注意的是，芯片对输入电压的升高比较敏感，当输入电压超过最大输入电压时，芯片很容易损坏。

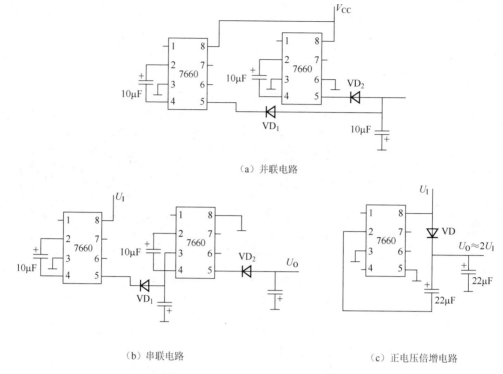

（a）并联电路

（b）串联电路　　　　　　　　　　　　　（c）正电压倍增电路

图 5.1.19　ICL7660 的其他应用电路

5.1.6　基准电压源

基准电压 U_{REF} 在稳压电路中至关重要，它的稳定度将直接影响电源的稳定度，通常要求 U_{REF} 几乎不受温度、输入电压、负载变化的影响，具有极高的稳定性。提供这种高稳定电压的器件称为"基准源"或"参考源"，被广泛用于稳压电源、计量仪表，以及一切需要高稳定度电压信号的场合。需要注意的是，它的带载能力很弱，最大输出电流通常仅能达到毫安级，不能直接作为电源使用。

常见的基准源可以分为齐纳（Zener）基准源、带隙（Bandgap）基准源、掩埋齐纳（Buried Zener）基准源 3 类。齐纳基准源就是稳压二极管，规格丰富、成本较低，但性能较差；带隙基准源性能好、成本较低，应用十分广泛；掩埋齐纳基准源是一种特殊工艺的齐纳管，温度特性极佳，但成本较高。

从应用的角度来看，基准电压源可以分为两端型基准电压源和三端型基准电压源。两端型基准电压源对外可等效成一个稳压二极管，其特性参数的种类和名称与稳压二极管相似，有击穿电压、最大和最小电流，相当于稳压二极管的稳定电压、最大稳定电流和稳定电流。但是，击穿电压的精确度、击穿电压的温度漂移和动态内阻都远优于普通的稳压二极管，使用方法也与稳压二极管一样，需要串联电阻后接电源，从器件两端输出稳定的电压。这种基准电压源允许流过的电流比较大，通常都在十几毫安数量级。向负载提供的电流与本身的工作电流密切相关，负载电流越大，器件自身消耗的电流就越小，负载电流为零时，器件自身电流达到最大。在两端器件的应用电流中，只需选择限流电阻 R，R 的选择原则是无论电源电压 Vcc 和负载电阻 R_L 如何变化，必须保证流过器件的电流在最大和最小电流之间，这与简单稳压电路设计是完全一样的。三端器件（如 ADR520）可以像两端器件一样使用，也可以在电路中接入一个电位器来微调输出电压。

三端型基准电压源至少是 3 个或 3 个以上引脚的器件。从使用的角度来看，该基准电压源相当于一个高精度、高稳定度的小电流串联型线性稳压电路，使用方法与线性稳压器基本一样。这类基准电压源有固定电压输出、可调电压输出和多电压输出 3 种输出形式，但输出电压一定低于输入电压。大多数产品都是正电压输出，若需要负电压基准，则通过电路连接来实现。这类基准电压源自身工作电流（即芯片地端的电流）极小，输入输出额定压差很小，而向负载提供的电流远大于自身工作电流，负载电流与自身的工作电流没有直接的对应关系。当负载电流为零时，芯片的功耗都非常低，目前的产品大多数采用微型封装。有些产品的输出电流既可以流出，也可以流入。

表 5.1.4 列举了 TI 公司、AD 公司、LT 公司和 MAXIM 公司的几款常见的基准电压源的型号和主要参数。

表 5.1.4　常见的基准电压源的型号和主要参数

型　　号	类　　型	输出电压（击穿电压）/V	电压精确度/%	电压温度漂移/（×10⁻⁶/℃）	最大电流/mA	输出噪声电压峰-峰值/μV	引脚数
ADR520A	两端型	2.048	±0.4	70	10	14	3
ADR525A	两端型	2.5	±0.4	70	10	14	3
ADR550A	两端型	5.0	±0.4	70	10	18	3
AD589JH	两端型	1.235	—	100	5	5	2
AD780AN	三端型	2.5、3	±1	7	10	4	8
LT1004-1.2	两端型	1.235	—	20	20	60	2
LT1004-2.5	两端型	2.500	—	20	20	120	2
LT1461	三端型	2.5、3、3.3、4.069（可调节）	0.04	1～7	100（输出对地短路）	8	8
LTC1798	三端型	2.5、3、4.1、5（可调节）	0.15	15	10	8	8
LM185-1.2	两端型	1.235	—	150	20	60	2
LM199	两端型	6.95	—	2	140	7	4
LM4120	三端型	1.8、2.048、2.5、3.0、3.3、4.096、5.0	0.2	50	±5	20	5
LM4121	三端型	1.25（可调节）	0.2	50	5	20	5
MAX6006	两端型	1.2500	±0.2	30	2	30	2
MAX6008	两端型	2.5000	±0.2	30	2	60	2
MAX6009	两端型	3.000	±0.2	30	2	75	2
MAX676	三端型	4.096	0.02	1	5	1.5	20
REF01/02	三端型	5、10	3	5	20	30	8

5.1.7 几种电源比较及设计注意事项

下列对稳压管电路、线性稳压电源、开关电源、基准电压源 4 种稳压电路各自的特点和不同应用进行比较，它们之间的性能对比如表 5.1.5 所示，灰底表示优势项，实际应用中应合理选择最适用的电路。

表 5.1.5 各类稳压电路性能对比

类型 指标	稳压管	基准电压源	线性稳压电源		开关电源
			常规稳压器	低压差稳压器	
电压稳定性	很差	极好	较好	较好	较差
输出纹波、噪声	大（宽带噪声）	极小（μV 级）	小（mV 级）	小（mV 级）	很大（百毫伏级）
转换效率	很低	一般不考虑	低（30%～70%）	较高（30%～85%）	很高（75%～95%）
压差	较小	一般不考虑	大（通常 2～3V）	很小（<1V）	大（通常>2V）
静态电流	很高	一般不考虑	低（mA 级）	很低（通常<1mA）	高（数十毫安）
电压变换类型	降压	降压	降压	降压	升压/降压/负压/隔离等多种
输出带载能力	弱（<100mA）	极弱（μA～mA 级）	中（可达数安）	较弱（通常<1A）	极强（可达上百安）
成本	低	与指标有关	低	中	高
适用场合	粗略而低成本的简易稳压	在电路内部作为高稳定基准	一般用途，成本较低	有低压差、低功耗需求的应用	高效率、大功率、小体积的应用

5.2 电磁兼容

在信号与通信类电子系统设计和实现的过程中，如何使系统在各种各样的电磁干扰源作用下仍可以正常工作是一个非常重要的问题，同时需要分析系统对其他电子设备的干扰（或影响）应该小到什么程度才能接受。一般称其为电磁兼容性（Electromagnetic Compatibility，EMC）。为了保证各种电子装置都可以正常工作——不干扰别人、同时也不受干扰，国际电工组织（International Electrotechnical Commission，IEC）制定了一系列标准，用来规范电磁干扰（Electromagnetic Interference，EMI）的强度和相应的测量与计量方法。所有的电子产品在电磁兼容性方面都必须符合这些标准，并经过法定的监测部门认证后方可进入市场销售。

电磁兼容模型中存在 3 个要素：干扰源、敏感电路、干扰耦合途径。当这 3 个要素同时存在时，系统中存在干扰；如果其中任意一个要素不存在了，那么干扰也就不存在了。在电子系统电路设计中，更应关注所设计的系统是否能够正常工作，即不要因为系统内部的各部分电路之间的相互影响导致系统性能降低甚至彻底崩溃。由于电磁系统的互易性原理，能够被他人干扰的部分也肯定会干扰到他人，因此在设计电路时减少干扰源和切断干扰途径是消除干扰的基本方法。

5.2.1 电磁干扰源及其耦合途径

任一处理电信号的电子系统在电信号耦合或电源供电的过程中都有可能产生或接收电磁干扰。要保证所涉及的电路可以不被干扰影响而正常工作,必须搞清楚所有可能的干扰源和其耦合途径,从而相应地采取抗干扰措施,以达到最终目的。

1. 干扰源

常见的电磁干扰源大体上可分为以下几类。

1)电磁波辐射装置

电磁波辐射装置包括无线电导航设备、无线电通信设备、无线电探测设备(如雷达、遥测遥感)、电子对抗装置等。其发射的信号频率范围由几十千赫兹到数兆赫兹。这类设备的正常工作需要发射无线电波,一般是由无线频谱管理机构(如我国的无线电管理委员会)为其制定授权使用的工作频率范围。对于这类已知的确定干扰源,在电子系统设计时应预先考虑并采取合理有效的对抗措施。

2)电子装置内部信号处理电路

电子装置内部的高速数字电路、高频模拟电路和开关与脉冲电路在工作过程中,信号中的高频分量已达到辐射频率,所以会对其他电路部分形成电磁干扰。这类干扰源的频率并不能确定,干扰频带宽,但是功率比较小。系统设计时主要通过布局布线和屏蔽措施等方法来减小其影响。

3)电源干扰

工频交流信号或开关电源的高次谐波在稳压电路滤波性能不好时会对电路产生明显干扰。电源干扰在电源电路功率裕量不足时十分突出,解决电源干扰问题的根本方法是设计良好的电源电路。

4)电力设备干扰

各种电力设备,如电力开关、电焊机、荧光灯、电弧炉、电动机、汽车的点火装置等,在工作过程中也会向外部辐射出干扰电磁波。主要通过滤波、接地和屏蔽等措施来减小这类干扰。

5)自然干扰

宇宙和地球环境中的很多自然现象也会形成电磁干扰,如雷电、宇宙射线、太阳黑子爆发等。自然环境中的人体通常会带有较强的干扰信号,如工频感应电压信号(几伏到几十伏)、服装摩擦产生的静电压(数百伏)等。主要通过接地、屏蔽和保护电路等方法对抗这类干扰。

2. 干扰耦合途径

干扰信号从干扰源到被干扰设备之间必然存在某种耦合途径,通常还可能存在若干种不同的耦合途径同时发生作用。为了选择合适的抗干扰措施就必须了解这些耦合途径。

1)公共阻抗通道

干扰源和被干扰设备公用某段导线,由于导线固有阻抗上的压降,干扰源会对被干扰设备产生一定的影响。如图 5.2.1 所示,干扰源电流 i_{EMI} 通过公共接地线的导线电阻 R_{COM} 对 A_2 电路产生干扰，使得 A_2 的输入电压 u_{i2} 变为 A_1 的输出电压 u_{o1} 与干扰电压 u_{EMI} 之差。

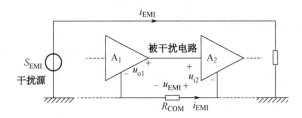

图 5.2.1　公共阻抗干扰耦合途径示意

2）空间电磁场-导线共模耦合

由干扰源产生的空间交变电磁场，会在任何一个环形电路上感应出感生电动势。干扰电磁场在闭合的地线环路上耦合出共模干扰信号的原理示意如图 5.2.2 所示。

干扰磁场（设其为均匀磁场）在与其垂直的闭合环路上产生的感生电动势为

$$u_{EMI} = -\frac{dB}{dt} S \, (V) \tag{5-2-1}$$

式中，dB/dt 为干扰磁场的磁感应强度变化率；S 为环路围成的面积。

干扰电场在闭合环路（设其长、宽分别为 l、w）上产生的干扰电压为

$$u_{EMI} = \frac{lwfE}{48} \, (V) \tag{5-2-2}$$

式中，f 为干扰信号频率，单位为 MHz；E 为干扰电场强度，单位为 V/m。

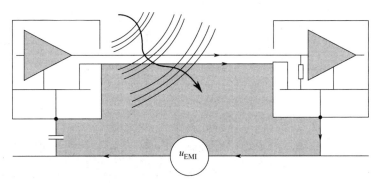

图 5.2.2　干扰电磁场耦合共模干扰信号示意

3）空间电磁场-导线差模耦合

干扰电磁场在闭合的信号线环路上耦合出差模干扰信号的原理示意如图 5.2.3 所示。由图可知，两根信号线靠得越近，耦合出的干扰信号就越小。此外，可以采用信号线绞合的方式使得耦合出的干扰信号互相抵消。

4）导线间串扰

由于两根平行导线之间存在着互感和分布电容，因此会造成干扰信号的耦合。如图 5.2.4 所示，M_{1-2} 和 C_{1-2} 的存在会使导线 1 上的信号耦合到导线 2 上形成干扰。

电容耦合的干扰电压 u_{CAP} 为

$$u_{CAP} = R_2 C_{1-2} \frac{\mathrm{d}u_c}{\mathrm{d}t} \tag{5-2-3}$$

互感耦合的干扰电压为

$$u_{IND} = M_{1-2} \frac{\mathrm{d}i_1}{\mathrm{d}t} \tag{5-2-4}$$

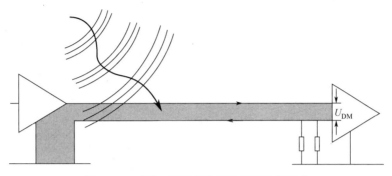

图 5.2.3　干扰电磁场耦合差模干扰信号示意

5）电源线耦合

由于直流稳压电源存在内阻，使用同一电源供电的各部分电路之间会在电源内阻上产生干扰信号耦合。共电源干扰耦合原理示意如图 5.2.5 所示。

图 5.2.4　导线间串扰示意　　　　　　　　图 5.2.5　共电源干扰耦合原理示意

6）共模-差模转换

共模干扰作用在放大器的两根输入信号线和地线之间，其数值一般比较大。若仅存在共模干扰，由于放大器前端具有较高的共模抑制比参数，因此不会对放大器形成干扰。由于实际系统中存在导线连接和分布参数的影响，因此总会有部分共模信号转换为差模干扰信号。图 5.2.6 所示为共模干扰转换为差模干扰的途径。

其中，共模干扰信号 U_{CM} 在输入侧 0V 参考端接地时，将会在 R_i 上形成较大的差模干扰 U_{DM}。因此，一般信号线仅在一个点上接地。在0V 参考端不接地的情况下，由于对地的分布电容 C_p 导通，随着频率的增高也会形成

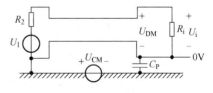

图 5.2.6　共模 - 差模转换示意

较为明显的差模干扰信号。当频率高到数兆赫兹以上时，由于分布参数电路谐振，单点接地方式下的差模干扰会高于多点接地方式，因此高频电路中一般采用多点接地方式工作。

5.2.2 接地、屏蔽及滤波

大量的电磁干扰是两个系统用导线连接在一起时发生的，但有用信号的耦合必须通过导线来连通，并且要提供公共的参考电位来正确地表达信号。解决连通信号和提供参考电位的过程中出现的一个基本问题是如何接地。

1. 接地的概念

接地的最终目标是提供一个公共的参考电位。通常实现这个目标的方法是用导线把电路中需要参考电位的点连接在一起，把这种用于连接的导线称为地线。这种做法的依据是导体上各个位置处都是等电位的，而由于以下原因在实际中上述依据是不能成立的。

（1）存在导线电阻，地线回路电流必然会在该电阻上形成压降。地线电阻和地线电流的分布与电路的连接方式及各部分电路的工作状态有关，所以导致地线上各点电位不同并处于不断变化中。

（2）对于频率很高的交流信号，由于地线本身分布参数的影响，会存在传输线效应，信号在地线上以波的形式传输，地线上不同点处的信号不可能相同。高频交流电流还存在趋肤效应，导线电阻与其形状有关，也会存在由于电流分布造成的电位分布差异的现象。

（3）在地线较长或环境干扰场强较大的情况下，地线上会耦合出干扰信号，导致同一导线连接的各个点之间可能存在很大的电位差。

讨论到接地问题时往往会涉及另一个概念：安全地。安全地是以人类活动的基本参考电位——大地电位为参考的，保证电气设备在存在漏电或强电击干扰的情况下能够将电能量通过良好的接地通道释放到地球大地电容上，而不会对人体产生危害。

参考地与安全地的概念不同，实际系统中对这两个地线的处理方法也不同。对于某些系统，它们之间需要连接上，而对于另一些系统，则需要断开。

必须要正确理解大地电位的概念。在独立系统单点接大地的情况下，地球就是一个大电容，具有很大的电荷承载能力，它的电位可以视为参考 0 电位。人体和地球之间以电容和电阻并联的方式连接。在两个系统通过不同地点连接到大地的情况下，大地两点间存在明显的电阻，通常不能认为它们是等电位的。在工业干扰环境中，强干扰造成的地电位差异有时会达到数百伏至上千伏，在这种情况下如果在不同地点接地，就会在系统中引入很强的共模干扰，并存在严重的不安全因素。

在设计地线电路时必须重点考虑地线上的电流情况，特别是射频信号（或频率较高的数字信号）的地线电流。流入信号端口的电流，肯定要以相同的频率从地线端口流出去，若选用的地线不适合射频电流通过，实际上起不到与参考地电平有效连接的作用，则会带来干扰。

在设计 PCB 时，接地的基本方式有单点接地、多点接地和混合接地 3 种方式。

1）单点接地

系统中各单元电路的地线分别连接到一个公共的参考点上，称为单点接地。这种方式避免了地线上的共阻抗耦合，使得电路间的相互干扰减小。单点接地系统示意图如图 5.2.7 所示。

为了实现单点接地，一般要使用较长的单独地线。长导线上的分布参数影响较大，空间信号耦合也比较强。因此，对于甚高频率的电路，单点接地方式实际效果并不太好。一般单点接地方式适用于信号频率低于 1 MHz 的低频电路系统。

2）多点接地

系统中各单元电路的地线通过不同的连接点连接到地线平面上称为多点接地。多点接地方式一般存在一个面积较大的地线导体（如多层板中的地线层），各单元电路的地线就近与地平面连接，连线可以很短，这样可以大大减小由于空间耦合造成的串扰信号。多点接地存在接地环路问题，应当充分重视。多点接地系统示意图如图 5.2.8 所示。

图 5.2.7　单点接地系统示意图　　　　图 5.2.8　多点接地系统示意图

3）混合接地

图 5.2.9 给出了两种混合接地系统示意图。图 5.2.9（a）对于低频信号而言，各单元电路采用的是单点接地的方式；对于高频信号而言，则通过电容实现多点接地。图 5.2.9（b）则刚好相反。采用这种方式可以实现对地线电流流向的控制，也可以用来优化系统性能。

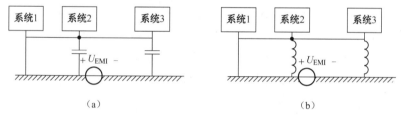

（a）　　　　　　　　　　　　　（b）

图 5.2.9　混合接地系统示意图

4）接地环路

接地环路是指距离较远的两个设备之间非平衡信号地线和设备地线之间构成的环路。如图 5.2.10 所示，由 A、B 点间的信号地线和 C、D 点间的外壳地线构成的环路就是一个接地环路。

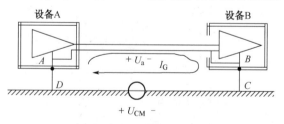

图 5.2.10　接地环路干扰原理示意图

在这个环路中，接地点 C、D 间的共模干扰电压 U_{CM} 和环路 A-B-C-D-A 所围成的面积中的空间电磁场感应出来的干扰电压会形成接地环路电流 I_G，导致 A、B 间连线上出现干扰压降，从而使得设备 B 的输入端被干扰。

解决接地环路问题的措施有以下几种。

（1）单点接地。只有一个设备的外壳接地。这种方法仅对于低频干扰有效，高频干扰因为存在对地的分布电容，仍可能构成接地环路。

（2）地线隔离。采用变压器、光电耦合器等期间在传输信号的同时阻断地线连接。

（3）采用共模信号扼流圈。信号线穿过铁氧体磁管或在铁氧体磁环上并绕均可实现共模扼流作用，阻断高频共模电流，从而减小了地线环路影响。扼流圈对低频干扰信号的抑制作用不明显。

（4）采用平衡传输方式工作。在平衡传输方式下，两根信号线对地是平衡对称的（信号大小相等、方向相反），耦合出的共模干扰会互相抵消。这种方式存在的问题是，在电路上要保证绝对平衡是做不到的，所以总会有一部分干扰无法消除。

5）测试仪器的连接

测试仪器的信号连接方式有平衡和非平衡两种。一般测试仪器大多采用交流电源供电，设计有专门的外壳接地端子。测试探头的导线也有屏蔽电缆和非屏蔽电缆两类。

（1）平衡探头。也称差分探头，适用于高频差模信号测量，耦合的干扰信号小。扫频仪、网络分析仪等高频仪器通常采用具有标准阻抗值（如 50Ω）的电缆进行连接，被测电路上必须安装专用的电缆接头。

（2）非平衡探头。也称单端探头，适用于对地电压信号测量，应用范围很广。非平衡探头的接地端有可能引入干扰信号，特别是在测量高频信号时应当仔细选择接地的方式。Agilent 在其仪器使用指南中讨论了差分探头和单端探头的特点和区别，可参见相关网上资料。

（3）外壳接地端子的处理。仪器探头的地线和仪器外壳上的接大地端子有两种连接方式：接地与浮地。

一般常见的仪器输入、输出端接法如图 5.2.11（b）和图 5.2.12（b）所示，信号地和电源地接在一起。测量时信号地不能和与大地电位有明显电位差的点连接。由于一些廉价仪器中没有采用电源隔离变压器，把交流电直接引入被测电路，外壳地电位不确定，因此仪器地线和被测电路地线连接时必须慎重考虑。

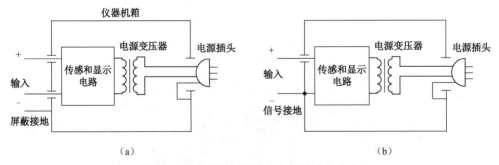

图 5.2.11　仪器的浮地输入与接地输入方式

有些仪表为了避免上述问题，采用信号线浮地的连接方式，如图 5.2.11（a）和图 5.2.12（a）所示。只要仪器和被测电路的共模电压耐受能力（包括共模抑制比和击穿电压）足够大，就不会产生安全问题。

使用仪器时接地的基本原则如下。

（1）处理各种不同接地端（如电源地、屏蔽接地、信号地等）时，要避免彼此间有交互作用，引导它们各走各的路。

（2）接地线的阻抗要低，路径要短。

（3）避免多重地回路。

（4）将电流大的地电流回路与小信号回路分开。

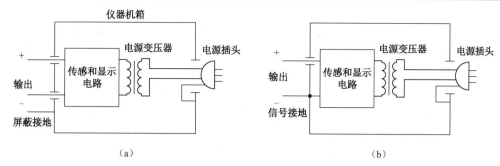

（a）   （b）

图 5.2.12   仪器的浮地输出与接地输出方式

简单地讲，接地与不接地需要考虑：安全性——接地可以放掉漏电流/错误连接本身可能导致电击；地电平差异——差异过大，地线一搭上就烧电路；接地环路——尽量避免接地环路。

对于高频仪器，地线的连接要更讲究，图 5.2.13 所示的电路中专门连接的地线 A-A'，在频率比较高的情况下根本就不会有电流流过，高频信号仅由传输线（同轴电缆）传输。

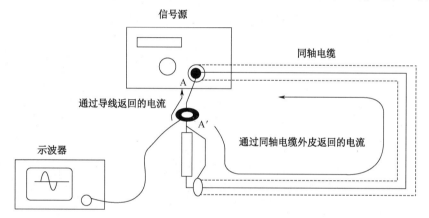

图 5.2.13   观察电流回路的实验

2. PCB 设计的基本方法

PCB 设计涉及布局、半层设置、布线策略、去耦与电源滤波等方面的问题。PCB 设计中的一些基本注意事项如下。

1）布局的基本原则

（1）遵循先难后易、先大后小的原则。

（2）可以参考原理图进行大致的布局，根据信号流向规律放置主要元器件。

（3）总的连线尽可能短，关键信号线最短。

（4）强信号、弱信号、高电压信号和弱电压信号要完全分开。

（5）高频元器件间隔要充分。

（6）模拟信号、数字信号分开。

（7）相同结构电路部分应尽可能采取对称布局。

（8）按照均匀分布、重心平衡、板面美观的标准来优化布局。

（9）同类型的元器件应该在 X 或 Y 方向上一致。同一类型的有极性分立元器件也要力争在 X 或 Y 方向上一致，以便于生产和调试。

（10）元器件的放置要便于调试和维修，大元器件边上不能放置小元器件，需要调试的元器件周围应有足够的空间。发热元器件应有足够的空间以利于散热。热敏元器件应该远离发热元器件。

（11）双列直插元器件相互的距离要大于 2 mm。BGA 与相邻元器件距离大于 5 mm。阻容等贴片元器件相互距离大于 0.7 mm。贴片元件焊盘外侧与相邻插装元器件焊盘外侧要大于 2 mm。压接元器件周围 5 mm 不可以放置插装元器件。焊接面周围 5 mm 内不可以放置贴装元器件。

（12）集成电路的去耦电容应尽量靠近芯片的电源脚，使之与电源和地之间形成回路最短。

（13）旁路电容应均匀分布在集成电路周围。

（14）元器件布局时，使用同一种电源的元器件应尽量放在一起，以便于将来的电源分割。

（15）用于阻抗匹配目的的阻容元器件的放置，应根据其属性进行合理布局。

（16）匹配电容电阻的布局要分清楚其用法，对于多负载的终端匹配一定要放在信号的最远端进行匹配。

（17）匹配电阻在布局时要靠近该信号的驱动端，距离一般不超过 50 mil（1mil=0.0254mm）。

2）板层的设置规则

（1）在印制电路板内分配电源层与地层，可以很好地抑制印制电路板上固有的共模 RF 干扰，并且能够实质性地减小高频电源的分布阻抗。

（2）在印制电路板内的电源平面与接地平面应尽量相互邻近，并且一般接地平面应在电源平面之上，这样可以利用两个金属平板间的电容做电源的平滑电容，同时接地平面还对电源平面上分布的辐射电流起到屏蔽作用。

（3）把模拟电路单元与数字电路单元分开，特别是模拟地与数字地、模拟电源与数字电源要绝对分开，不能混用。条件允许时，最好在不同层内对数字电路和模拟电路进行布局，否则应采用隔离措施，如开沟、加接地线条、分隔线条等方法。

（4）布线层应尽量安排与整块金属平面相邻以产生通量对消作用。

（5）电子系统设备中的时钟电路和高频电路是主要的干扰和辐射源，所以必须进行分区，单独安排。采用空间分离技术，使此类电路远离其他敏感电路以避免对敏感电路形成干扰。

（6）对于多层印制电路板中有多个接地平面时，其中高速信号的布线平面应该靠近接地平面，而不是电源平面，这是因为当高频信号的布线平面接近接地平面就能迅速将高频干扰信号泄放到结构大地，而如果布线平面接近于电源平面就会跟随电源影响其他电路工作。

（7）在多层印制电路板中的电源平面与接地平面分配原则，主要是要满足电源平面和接地平面上的分布电阻最小。这是由于电源平面与接地平面中充满了电磁辐射频段的浪涌，可能会产生逻辑混乱、瞬间短路、总线上信号过载等现象。由于不同逻辑部件的导通和截止电流比是不同的，因此分布电阻小就使信号线平面与接地平面间的电磁干扰通量比信号线平面与电源平面的通量要小得多，信号平面邻近电源平面时会引起信号相移、产生大的电感、交叉的线条阻抗控制，并会产生变化的噪声。

3）走线的基本规则

（1）仔细选择接地点以使环路电流、接地电阻及电路的公共阻抗最小。

（2）干扰电流不通过公共的接地回路影响其他电路。

（3）尽可能减小信号电流环路的面积，尤其是减小高频信号的电流环路面积。

（4）作为高速数字电路的输入端和输出端用的印制导线，应避免相邻平行布线。必要时，在这些导线之间加接地线。

（5）信号走线尽量粗细一致，有利于阻抗的匹配，一般为 0.2～0.3mm，对于电源线和地线应尽可能加大，地线排在印制板的四周从而对电路防护有利。

（6）时钟线的处理。

① 建议先走时钟线。

② 频率大于等于 66 MHz 的时钟线每条过孔数不要超过两个，平均不得超过 1.5 个。

③ 频率小于 66 MHz 的时钟线每条过孔数不要超过 3 个，平均不得超过 2.5 个。

④ 长度超过 12 in（1in=2.54cm）的时钟线，当频率大于 20 MHz 时，过孔数不得超过两个。

⑤ 如果时钟线有过孔，在过孔的相邻位置，在第二层（地层）和第三层（电源层）之间加一个旁路电容，以确保时钟线换层后，参考层（相邻层）的高频电流的回路连续。旁路电容所在的电源层必须是过孔穿过的电源层，并尽可能地靠近过孔，旁路电容与过孔的间距最大不超过 300 mil。

⑥ 时钟线要远离 I/O 一侧板边 500 mil 以上，并且不要和 I/O 线并行走，若难以实现，时钟线与 I/O 线间距要大于 50 mil。

⑦ 时钟线走在第四层时，时钟线的参考层（电源平面）应尽量在为时钟供电的那个电源面上，以其他电源面为参考的时钟越少越好。另外，频率大于等于 66 MHz 的时钟线参考电源面必须为 3.3 V 电源平面。

⑧ 时钟线打线时线间距要大于 25 mil。时钟线打线时进去的线和出去的线应尽可能远。

⑨ 注意各个时钟信号，不要忽略任何一个时钟，包括 AUDIO CODEC 的 AC_BITCLK，尤其注意的是 FS3～FS0。

⑩ 时钟芯片上拉下拉电阻尽量靠近时钟芯片。

（7）I/O 口的处理。

① 各 I/O 口包括 PS/2、USB、LPT、COM、SPEAK OUT、GAME 共地，最左和最右与数字地相连，宽度不小于 200 mil 或 3 个过孔，其他地方不要与数字地相连。

② 若 COM2 口是插针式的，尽可能靠近 I/O 地。

③ I/O 电路 EMI 器件尽量靠近 I/O SHIELD。

④ I/O 口处电源层与地层单独划岛，且 Bottom 和 TOP 层都要铺地，不许信号穿岛（信号线直接拉出 PORT，不在 I/O PORT 中长距离走线）。

3. 屏蔽技术

屏蔽作为切断空间电磁干扰的一种重要手段，在电子设备中有重要应用。屏蔽有静电屏蔽和电磁屏蔽两种。静电屏蔽是利用导体制成的屏蔽层将被屏蔽空间隔离出来，屏蔽层与大地连接释放感应电荷，保证被屏蔽空间内的电场基本维持在 0，从而不受外部干扰影响。电磁屏蔽一般采用高导磁、导电率材料分隔出屏蔽空间，而屏蔽层构成闭合的磁通、电流短路回路，以阻止电磁波穿过，从而达到阻断电磁干扰信号的目的。

影响电磁屏蔽效果的基本因素有屏蔽层材料、屏蔽层形状、干扰信号频率、干扰信号功率等。

1）屏蔽层材料

用于电磁场干扰屏蔽的屏蔽层材料应当具有良好的导电性和电磁性，常用的材料有钢、铜、银、镍及其合金。此外，还有一些混合金属微粒或碳微粒的有机材料等。

钢是一种良导体，其磁导率的量级也令人满意。它是相对廉价并能提供很大机械强度的材料，所以有理由利用钢材获得满意的屏蔽效能。

2）屏蔽层形状

屏蔽层厚度涉及几个基本问题：机械形状、电厚度、开孔与缝隙。

机械形状一般有闭合壳体型、网状编织型、表层涂覆型。前两种是比较常见的屏蔽层形状。表层涂覆层是含有金属微粒的导电涂层，是近年来大幅推广的屏蔽层实现方法。

电厚度是指考虑到趋肤效应后导体实际的导电厚度。

任何一个有用的屏蔽层都不可能完全封闭，必然会有引线端、电源端及上盖接缝等开孔和缝隙。干扰信号会沿着引线或缝隙进入屏蔽区内，这是影响屏蔽效果的主要原因。

3）干扰信号频率

低频电磁波相比于高频电磁波，有更高的磁场分量。因此，对于非常低的干扰信号频率，屏蔽材料的导磁率远比在高频时更为重要。例如，电源变压器的屏蔽就需要采用导磁率好的钢材来制作。

用于屏蔽外场直接耦合的机壳或机柜的材料是很重要的。由于是高反射屏蔽，通常采用提供电场屏蔽的薄导电材料。对于 30 MHz 以上的更高频率，主要考虑的是电场分量，在这种情况下，非铁磁性材料（如铝或铜）能提供较好的屏蔽，是因为其表面阻抗很低。

4）干扰信号功率

屏蔽的目的是要削弱干扰信号的影响，如果输入的干扰信号功率很大，就要求屏蔽层具有更好的阻断能力。也就是说，在设计屏蔽措施时需要对可能的干扰功率进行正确的评估，否则不能保证系统正常工作。

屏蔽层的接地问题也应当予以重视，特别是传输导线的屏蔽层接地，应当在 $\lambda/10$ 处多点接地，才能够起到较好的作用。

关于屏蔽技术的详细介绍，可参考中国电气工业网上的 9 期连载文章《EMC 电磁屏蔽材料设计者指南》。

4. 滤波技术

电子装置必须有信号输入输出线和电源线等引线存在，采用屏蔽措施不可能把系统全部隔离开来，干扰信号会通过各种引线进入系统内部。滤波就是针对这种从导线引入的干扰信号所采取的抗干扰措施。

滤波是指根据信号本身的特征对信号进行选择性通过或阻止通过的处理方法。最常见的滤波方法是根据信号的频率进行选通。采用具有不同频率特性的电抗电路，让有用信号通过，把干扰信号衰减掉或隔绝开，从而达到减小干扰的目的。

在电子系统中，干扰滤波技术主要分为电源线滤波和信号线滤波两大类。

1）电源线滤波器

典型的电源线滤波器电路如图 5.2.14 所示。该电路基本上是一个低通滤波器电路，但在设计上兼顾了共模干扰信号和差模干扰信号，具有比较好的干扰滤除性能。

交流电源电压从左侧接入，右侧送出，右侧的地线与屏蔽接地端相接。该电路对于输入的共模干扰为 L 型滤波器——L 阻隔，C_1、C_2 旁路减小高频干扰的影响；对于输入的差模信号为 π 型滤波器——C_3、C_4 旁路，L 阻隔，同样减小高频干扰的影响。

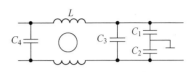

图 5.2.14　典型的电源线滤波器电路

由于电源功率较大，滤波器的元件选择必须考虑到功率和耐压、磁饱和的要求。L 型采用把导线穿绕在高磁导率磁环上的方式实现，电容采用高耐压的陶瓷电容或丙纶电容。滤波器的安装位置要尽可能靠近屏蔽层开口处，并与屏蔽层有良好的接触连接。

2）信号线滤波器

信号线滤波器用来滤除通过信号线，特别是信号线的屏蔽层引入的干扰信号。

信号滤波器按安装方式和外形分为 3 种，分别是线路板安装滤波器、贯通滤波器和连接滤波器。

线路板安装滤波器适用于安装在线路板上，具有成本低、安装方便等优点。但是，线路板安装滤波器的高频效果不是很理想。

贯通滤波器较适合于安装在屏蔽壳体上，具有比较好的高频滤波效果，用于多根导线（电缆）穿过屏蔽体。

最常见的信号线滤波器是铁氧体磁管或磁环套在信号线上的形式，如各种监视器的信号线上串接在两端附近的粗圆柱体，其内部就是纵剖开的两个半圆铁氧体磁管扣在一起，包围在信号线外部构成的一个滤波器。其作用相当于在信号线屏蔽层上串接了一个电感，可以阻断高频干扰信号。

第6章
真题解析

6.1 调幅信号处理实验电路

本题为 2017 年全国大学生电子设计竞赛 F 题。

6.1.1 任务要求与评分标准

1. 任务

设计并制作一个调幅信号处理实验电路，其结构框图如图 6.1.1 所示。输入信号为调幅度 50% 的 AM 信号，载波频率为 250～300MHz，幅度有效值 V_{irms} 为 10μV～1mV，调制频率为 300Hz～5kHz。

低噪声放大器的输入阻抗为 50Ω，中频放大器输出阻抗为 50Ω，中频滤波器中心频率为 10.7MHz，基带放大器输出阻抗为 600Ω、负载电阻为 600Ω，本振信号自制。

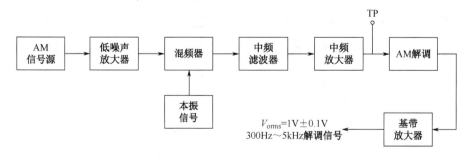

图 6.1.1 调幅信号处理实验电路结构框图

2. 要求

1）基本要求

（1）中频滤波器可以采用晶体滤波器或陶瓷滤波器，其中频频率为 10.7MHz。

（2）当输入 AM 信号的载波频率为 275MHz，调制频率在 300Hz～5kHz 范围内任意设定一个频率，V_{irms} =1mV 时，要求解调输出信号为 V_{orms}=1V±0.1V 的调制频率信号，解调输出信号无明显失真。

（3）改变输入信号载波频率 250～300MHz，步进 1MHz，并在调整本振频率后，可实现 AM 信号的解调功能。

2）发挥部分

（1）当输入 AM 信号的载波频率为 275MHz，V_{irms} 在 10μV～1mV 范围内变动时，通过自动增益控制（AGC）电路（下同），要求输出信号 V_{orms} 稳定在 1V±0.1V。

（2）当输入 AM 信号的载波频率为 250～300MHz（本振信号频率可变），V_{irms} 在 10μV～1mV 范围内变动，调幅度为 50%时，要求输出信号 V_{orms} 稳定在 1V±0.1V。

（3）在输出信号 V_{orms} 稳定在 1V±0.1V 的前提下，尽可能降低输入 AM 信号的载波信号电平。

（4）在输出信号 V_{orms} 稳定在 1V±0.1V 的前提下，尽可能扩大输入 AM 信号的载波信号频率范围。

（5）其他。

3. 说明

（1）采用+12V 单电源供电，所需其他电源电压自行转换。
（2）中频放大器输出要预留测试端口 TP。

4. 评分标准

评分标准如表 6.1.1 所示。

表 6.1.1 评分标准

	项 目	主 要 内 容	分 数
设计报告	系统方案	比较与选择 方案描述	2
	理论分析与计算	低噪声放大器设计 中频滤波器设计 中频放大器设计 鉴频器的设计 基带放大器设计	8
	电路与程序设计	电路设计与程序设计	4
	测试方案与测试结果	测试方案及测试条件 测试结果完整性 测试结果分析	4
	设计报告结构及规范性	摘要 设计报告正文的结构 图表的规范性	2
	小计		20
基本要求	完成第（1）项		6
	完成第（2）项		20
	完成第（3）项		24
	小计		50

续表

发挥部分	完成第（1）项	10
	完成第（2）项	20
	完成第（3）项	10
	完成第（4）项	5
	（5）其他	5
小计		50
总分		120

6.1.2 题目分析

在仔细阅读考题之后，对设计的任务、系统功能及主要技术指标归纳如下。

1. 设计任务

设计一个恒幅输出的 AM 解调电路。

2. 系统功能及主要技术指标

（1）自制本振信号：频率覆盖范围为 250～300MHz，频率步进小于 1MHz。

（2）自制低噪声放大器：噪声系数尽量小，频率覆盖范围为 250～300MHz。

（3）自制混频器：频率覆盖范围为 250～300MHz，输入信号动态范围尽量宽。

（4）自制中频滤波器：中心频率为 10.7MHz，晶体滤波器，并考虑匹配问题。

（5）自制自动增益控制电路：使得中频输出信号满足 AM 解调电路幅度范围的要求，基带解调输出幅度满足 1V±0.1V 的指标。

（6）自制 AM 解调电路：失真度尽可能小，灵敏度尽可能高。

（7）自制 MCU 控制系统，能对中频放大器和基带放大器进行联合控制，在使得解调信号不失真的同时，输出幅度稳定在 1V±0.1V 之间，并能控制本振，对不同频率的 AM 信号进行解调。

6.1.3 方案论证

本系统需要实现的功能包括射频低噪声放大、混频、本振信号源产生、中频滤波放大、AM 检波、基带滤波放大及自动增益控制。需要以下模块电路的设计与制作：射频低噪声放大器、混频器、由锁相环电路构成的本振电路、晶体滤波电路、AM 检波电路、带通滤波器电路及自动增益控制电路。系统方案论证如下。

1. 射频低噪声放大器

方案一：选用射频运放实现高频信号的放大。可以通过 OPA695、AD8000、OPA847 等射频运放级联实现高频高增益放大，但是射频电流反馈型运放在级联之后其增益及带宽均会有所减小，级联调试比较困难，且其噪声系数大，不能达到题目所要求的系统灵敏度。

方案二：采用高稳定的固定增益 LNA 芯片，其噪声系数较小，容易级联得到高增益放大器，提高系统灵敏度。

综上所述，选用方案二。

2．混频器

为实现系统高灵敏度，一方面需要选择噪声系数小的前端放大器，另一方面需要灵敏度高的混频器电路。

方案一：利用双栅管的栅极调制特性进行混频，但是双栅管的输入信号动态范围很小，很容易出现非线性失真，且外围电路导致带宽很难做宽，调试难度大。

方案二：选用灵敏度较低、噪声系数较大的乘法器实现混频。它具有输入动态范围宽、电路调试简单、带宽宽等特点。

考虑到前级已经有高增益的 LNA，混频器的噪声系数对系统灵敏度的影响可以忽略不计，而系统对动态范围的要求高，故选用方案二。

3．中频滤波器

方案一：采用 LC 谐振电路实现。由于中频的频率比较低，LC 谐振电路的品质因数很难做高，导致带外噪声的残留较大，影响系统的灵敏度。

方案二：采用晶体滤波器。由于本题 AM 调制信号的基带频率最高为 5kHz，需要带宽大于 10kHz 的滤波器。在 10.7MHz 频率上的晶体滤波器可以做到 15kHz 以上，且 Q 值非常高，能够在满足系统要求的前提下，大大提高系统灵敏度。

综上所述，选用方案二。

4．自动增益控制

方案一：采用射频前端 AGC。为提高射频的带宽，射频前段的 AGC 通常采用放大器+程控衰减器的方案。由于系统输入动态范围宽，要求的信号稳定度高，且射频后极的处理模块较多，很难做到要求。

方案二：射频前端 AGC+基带 AGC。通过射频 AGC 实现信号稳定性的粗调，再利用基带 AGC 实现输出信号幅度的精确控制，既能提高输入信号的动态范围，又能提高输出信号的稳定性。

综上所述，选用方案二。

本系统框图如图 6.1.2 所示。射频信号源的输出信号依次经过第一级 LNA、衰减器、第二级 LNA，衰减后进入混频器，并与自制的本振信号源进行混频，混频后的信号通过 10.7MHz 的晶体滤波器后，得到 10.7MHz 的中频信号。本系统对中频信号进行两级中频放大后，再进行能量检测和 AM 检波。AM 检波后的信号，通过 300Hz～5kHz 的带通滤波器、基带 AGC 电路后，在 600Ω 负载得到 1V±0.1V 有效值的基带信号。

系统采用两块微处理器，MCU1 完成该射频 AGC 功能，它根据有效值检测电路的输出，控制射频前段的程控衰减器，使中频放大器输出信号幅度能稳定在 200mV±1dB 之间。MCU2 完成本振信号产生功能，它根据输入的指令产生所需要的射频信号频率。

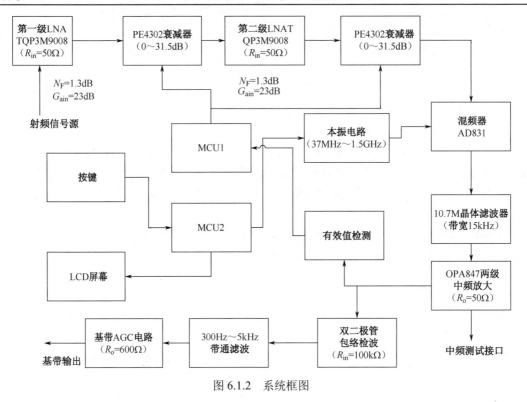

图 6.1.2　系统框图

6.1.4　理论分析与电路设计

1. 低噪声放大器和程控增益电路的设计

接收机灵敏度计算公式为

$$S_{in}(dBm) = -174 + 10\lg(BW) + S_{NR} + N_F \tag{6-1-1}$$

从式(6-1-1)可以看出，放大器的噪声系数 N_F 越低，系统的灵敏度越高。本系统选用噪声系数 $N_F=1.3$ 的射频小信号放大器 TQP3M9008 作为前级放大器，其 3dB 频率范围为 50MHz～4GHz。

考虑到拓展部分的要求，设系统最小输入信号为 1μV（对应-107dBm）。经过测试，获知乘法器的输入信号需要-65dBm，故前级需要 42dB 以上增益。为此，我们设计两级 LNA，每级增益为 23dB，最大可以提供 46dB 增益。为了达到增益可控的目的，在放大器后接入射频衰减器 PE4302，该芯片可在 0～4GHz 范围内实现 0～31.5dB 的衰减。两级级联可实现 0～63dB 的可控衰减，满足要求。一级的低噪声放大电路如图 6.1.3 所示，最终电路使用两个该电路级联。

2. 混频器和中频电路的设计

混频器采用 AD831 实现。经测试，其输入信号范围为-65～8dBm，最高混频频率可达 1.5GHz。它在输入信号小于 0dBm 时，失真度较小。本系统通过 LNA 及射频前端的程控衰减器，保证了输入 AD831 的信号满足要求，同时所设计的本振输出幅度设定为-10dBm，保证混频器工作于最佳状态。

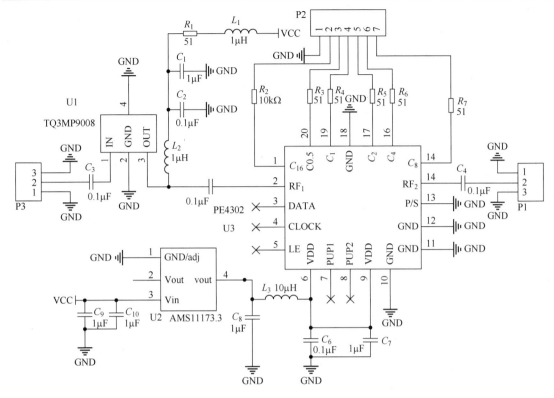

图 6.1.3　低噪声放大电路

中频载波信号频率为 10.7MHz，根据 AM 信号的最高基带信号频率为 5kHz 可得中频带宽需要大于 10kHz。考虑到中频滤波的带外衰减能力和 Q 值对灵敏度的影响很大，我们选择性能较好的带宽为 15kHz、中心频率为 10.7MHz 的晶体滤波器完成中频滤波功能。混频和中频滤波电路如图 6.1.4 所示。

考虑到晶体滤波器的输入输出阻抗为 300Ω，系统设计了阻抗匹配电路，完成其与后级 50Ω 输入阻抗的放大器阻抗匹配。

混频器提供了 8dB 增益，加上 LNA 的 46dB 增益，可获得 54dB 增益。考虑到 AM 检波电路的最佳工作点大于-15dBm，在输入为 1μV（-107dBm）下，还需要中频放大器提供 38dB 增益。系统使用 OPA847（单位增益带宽为 3.9GHz）电压反馈运放作为中频放大器，两级级联使用，共实现 40dB 的中频增益，满足系统要求。

3. 有效值检测电路

为了实现高动态范围，必须用自动增益控制电路，自动增益控制由单片机、程控衰减器、功率检测芯片组成闭环控制。其中，程控衰减器插在两级低噪声放大器之间。功率检测芯片检测中频输出的信号功率值，将其与设定的信号功率阈值电压进行比较，若超出阈值，则单片机控制衰减器衰减信号功率；否则减小衰减器的衰减值，以此达到对前段高频部分的程控增益的闭环控制。有效值检测由 AD8362 实现。该芯片可在 50Hz～2.7GHz 频段实现有效值检测，完全符合要求。AD8362 有效值检测电路如图 6.1.5 所示。

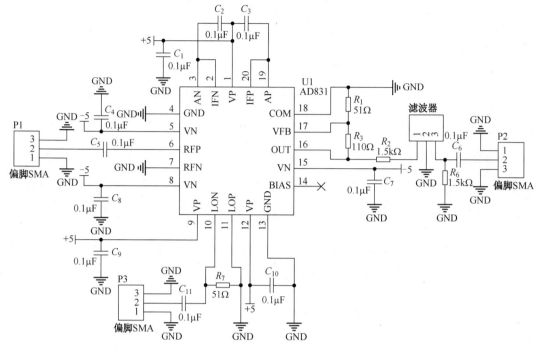

图 6.1.4　混频和中频滤波电路

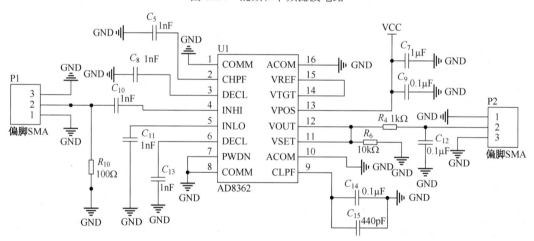

图 6.1.5　AD8362 有效值检测电路

4．AM 检波电路

AM 检波采用双二极管检波电路实现，其电路如图 6.1.6 所示。该电路利用二极管的非线性实现 AM 检波。被检波的载波最小幅度需大于 0.7V。

5．基带滤波和自动增益控制电路

按照题目要求基带信号的频率范围为 300Hz～5kHz，为得到比较纯净的基带信号，将信号经过音频运放放大后通过四阶带通滤波器（通频带为 250Hz～7kHz），在带内信号得到放大的同时，衰减了带外的杂散频率干扰，使得系统的灵敏度进一步提高，基带滤波电路如图 6.1.7 所示。信号最后通过由 AD603 构成的自动增益控制（AGC）电路输出电压稳定在 1Vrms±0.1V

的幅度范围内，其电路如图 6.1.8 所示。

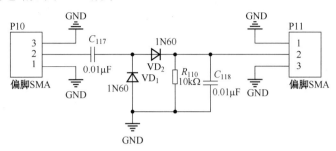

图 6.1.6　AM 检波电路

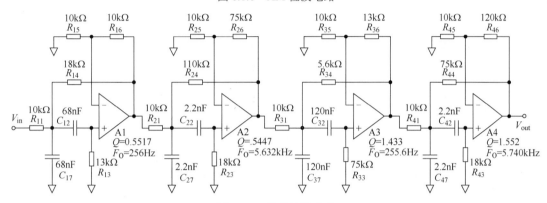

图 6.1.7　基带滤波电路

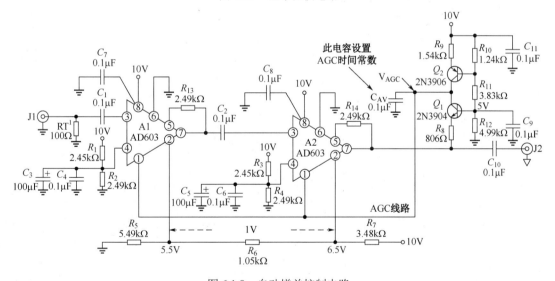

图 6.1.8　自动增益控制电路

6. 本振电路

本振采用 ADF4351 实现，当 ADF4351 结合外部环路滤波器和外部基准频率使用时，可实现小数 N 分频或整数 N 分频锁相环（PLL）频率合成器。ADF4351 具有一个集成电压控制振荡器（VCO），其基波输出频率范围为 2200～4400 MHz。此外，利用 1/2/4/8/16/32/64 分频电路，用户可以产生低至 35 MHz 的 RF 输出频率。对于要求隔离的应用，RF 输出级可以实现静音。静音功能既可以通过引脚控制，也可以通过软件控制。同时提供辅助 RF 输出，且不用时可以关断。ADF4351 最大输出功率为 0dBm，用来驱动 AD831 本振完全足够。本振电路原理图如图 6.1.9 所示。

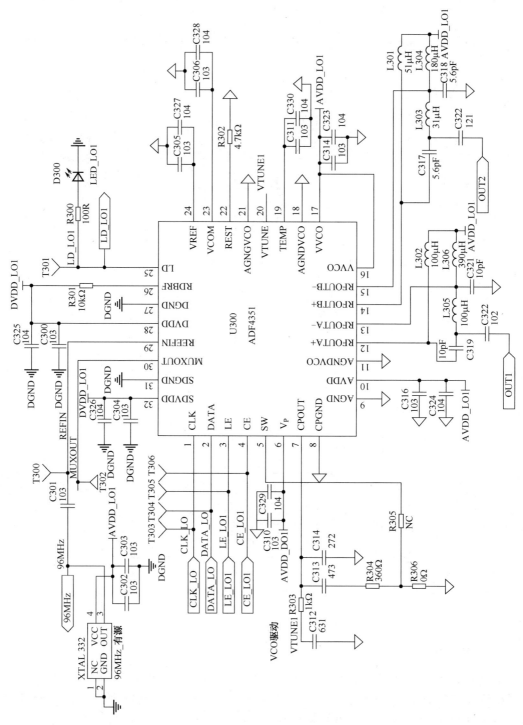

图 6.1.9   本振电路原理图

7．系统电源

由于系统高频信号链路和低频信号链路同时存在，因此对电源的要求较高。系统采用高性能低纹波大功率线性稳压电源为系统整体供电。系统高放部分采用单电源 5V 供电，中频及检波电路采用+5V 双电源供电。使用电荷泵电路产生-5V 电压源。各模块电路通过 LC 滤波，接入电源。单片机数字地与前端模拟地相互隔离。各模块电路在电源接口处增加钽电容和铝电解电容的退耦回路。

6.1.5　软件设计

为更高效地实现系统控制，系统采用两块 STM32 单片机完成整体控制，各功能如下。

MCU1：负责前级 PGA 自动增益控制。程序功能框图如图 6.1.10 所示。

MCU2：负责本振源锁相环输出频率及幅度控制。程序设计框图如图 6.1.11 所示。

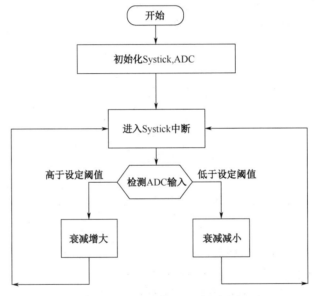

图 6.1.10　MCU1 程序功能框图

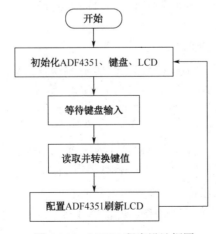

图 6.1.11　MCU2 程序设计框图

6.1.6　系统测试方案与测试结果

1. 测试接线

系统测试接线图如图 6.1.12 所示。

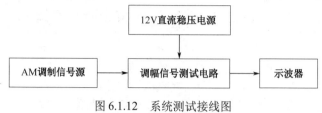

图 6.1.12　系统测试接线图

2. 测试方案

射频信号源产生载波频率、调制频率、调制深度等参数可变的 AM 调制信号，并输入系统电路中；单片机调整本振信号频率；在示波器上观测系统解调输出波形。测试仪器如表 6.1.2 所示。

表 6.1.2　测试仪器

序　号	仪器类别	仪器型号	数　量	性 能 参 数
1	示波器	RIGIO MSO4054	1	500MHz
2	信号源	RIGIO DSG815	1	9kHz～1.5GHz
3	直流稳压电源	SK3323	1	32V，3A
4	频率计	EE1641B1	1	1GHz
5	数字万用表	VC9205	1	三位半

3. 测试数据

1）中频放大器输出阻抗 50Ω 测试

输入频率为 275MHz 的载波信号，幅度为 1mV，本振频率为 285.7MHz，中频测试接口通过 SMA 接口接示波器，示波器输入阻抗为 1MΩ 时，测得中频信号幅度为 276.2mVrms，调整示波器输入阻抗为 50Ω，测得中频信号幅度为 135.1mVrms，可知中频测试接口输出阻抗为 50Ω。

2）基带放大器输出阻抗 600Ω 测试

输入频率为 275MHz 的载波信号，幅度为 1mV，本振频率为 285.7MHz，基带输出测试接口通过 SMA 接口接示波器，示波器输入阻抗为 1MΩ，测得基带信号幅度为 1.999Vrms，基带输出接 600Ω 测得基带输出信号幅度为 985.3mVrms，可知基带放大器输出阻抗为 600Ω。

3）10.7MHz 中频信号测试

输入频率为 275MHz 的载波信号（AM 调制关闭），幅度为 1mV，本振频率为 285.7MHz，通过示波器测量中频放大器输出信号频率，测得 $f = 10.699$MHz。

4）基带信号频率变化的测试

测试条件：AM 载波频率为 275MHz，$V_{irms} = 1$mV，调制深度为 50%，调制信号频率在 300Hz～5kHz 范围内变化。

5）载波频率 1MHz 步进变化测试

测试条件：$V_{irms} = 100\mu V$，调制信号频率为 1kHz，调制深度为 50%，载波频率步进范围为 250~300MHz。

6）输入信号幅值在 10μV~1mV 范围内变化测试

测试条件：AM 载波频率为 275MHz，调制信号频率为 1kHz，调制深度为 50%，改变输入信号幅值在 10μV~1mV 范围内变化。

7）输入信号幅值和载波频率变化时的测试数据

测试条件：调制信号频率为 1kHz，调制深度为 50%，载波频率步进范围为 250~300MHz，V_{irms} 在 10μV~1mV 范围内变化。

8）输入 AM 载波电平测试

测试条件：AM 载波频率为 275MHz，调制深度为 50%，调制信号频率为 1kHz，结果如表 6.1.3 所示。

表 6.1.3　AM 载波电平测试表

输入信号幅值 V_{irms}（μV）	输出信号幅值 V_{orms}（V）
1.00	1.045
3.00	1.042
5.00	1.032

9）输入 AM 信号载波频率范围测试

测试条件：载波信号幅值为 100μV，调制信号频率为 1kHz，调制深度为 50%，测试结果如表 6.1.4 所示。

表 6.1.4　AM 信号载波频率范围测试表

载波信号频率/MHz	解调输出信号/mVrms	有无明显失真
50	1021	无
100	997.2	无
150	991.0	无
200	989.5	无
300	988.1	无
400	988.5	无
500	988.6	无
700	987.6	无
800	986.9	无
900	985.4	无
1000	986.4	无
1200	985.5	无

4．测试结果分析

由测试结果可以得出，系统达到题目要求的所有指标，同时载波频率指标和 AM 输入信号幅度指标远超题目要求指标。在保证输出为 1V±0.1V 有效值的基带信号下，最小输入 AM 调制信号的幅度为 1μV，最小频率为 50MHz，最大频率为 1.5GHz。

6.2 远程幅频特性测试系统

本题为 2017 年全国大学生电子设计竞赛试题 H 题。

6.2.1 任务要求及评分标准

1. 任务

设计并制作一个远程幅频特性测试装置。

2. 要求

1）基本要求

（1）制作一信号源。输出频率范围为 1～40MHz；步进为 1MHz，且具有自动扫描功能；负载电阻为 600Ω 时，输出电压峰-峰值在 5～100mV 范围内可调。

（2）制作一放大器。要求输入阻抗为 600Ω；带宽为 1～40MHz；增益为 40dB，要求在 0～40dB 范围内连续可调；负载电阻为 600Ω 时，输出电压峰-峰值为 1V，且波形无明显失真。

（3）制作一个用示波器显示的幅频特性测试装置，该幅频特性定义为信号的幅度随频率变化的规律。在此基础上，如图 6.2.1 所示，利用导线将信号源、放大器、幅频特性测试装置 3 个部分连接起来，由幅频特性测试装置完成放大器输出信号的幅频特性测试，并在示波器上显示放大器输出信号的幅频特性。

图 6.2.1 远程幅频特性测试装置框图（基本部分）

2）发挥部分

（1）在电源电压为+5V 时，要求放大器在负载电阻为 600Ω 时，输出电压有效值为 1V，且波形无明显失真。

（2）如图 6.2.2 所示，将信号源的频率信息、放大器的输出信号利用一条 1.5m 长的双绞线（一根为信号传输线，一根为地线）与幅频特性测试装置连接起来，由幅频特性测试装置完成放大器输出信号的幅频特性测试，并在示波器上显示放大器输出信号的幅频特性。

图 6.2.2 有线信道幅频特性测试装置框图（发挥部分）

（3）如图 6.2.3 所示，使用 Wi-Fi 路由器自主搭建局域网，将信号源的频率信息、放大器的输出信号信息与笔记本电脑连接起来，由笔记本电脑完成放大器输出信号的幅频特性测试，并以曲线方式显示放大器输出信号的幅频特性。

图 6.2.3 Wi-Fi 信道幅频特性测试装置框图（发挥部分）

（4）其他。

3. 说明

（1）笔记本电脑和路由器自备（仅限本题）。

（2）在信号源、放大器的输出端预留测试端点。

6.2.2　题目分析

1. 设计任务

设计一参数可调的信号源，用于检测经过传输电路后负载的幅频特性，将幅频特性曲线可视化。

2. 系统功能及主要技术指标

本题目主要由信号源、放大电路、信号幅度检测电路及信号传输电路组成，各部分指标要求分析如下。

（1）设计信号源，扫频带宽为 1～40MHz，步进 1MHz，600Ω 负载下输出电压范围为 5～100mVpp。

（2）设计增益连续可调的放大电路，带宽要求为 1～40MHz，通过滤波器加以限制，增益调整范围为 0～40dB，最大输出电压为 1Vpp，在发挥部分要求达到 1Vrms，需要增加额外的功率放大电路。

（3）设计信号幅度检测电路，常用的方法有峰值检测、有效值检测。

（4）MCU 控制扫频频率及信号输出幅度，接收端则需要采集信号幅度，实现幅频特性曲线的可视化，在发挥部分需要与 Wi-Fi 模块实现通信。

6.2.3　方案论证

1. 信号源方案选择

方案一：采用高速 DA 产生。采用高速 DAC，通过 DDS 算法产生信号，如 DAC5672，其更新速率高达 275MB。其缺点是输出频率较高的正弦信号时，波形失真严重。本题要求输出频率范围为 1～40MHz，输出信号的频率较高，因此该方案不适合本题使用。

方案二：采用集成 DDS 芯片产生。采用集成 DDS 芯片产生信号，如 AD9854。使用集成 DDS 芯片不仅保证了题目要求的输出频率范围，还保证了输出电压峰-峰值在 5～100mV 范围内可调。其使用灵活，配置更加简便。使用单片机控制 DDS 芯片产生所需的信号，能够更有效地保证输出信号的准确性。

考虑到本题要求的频率范围、电压峰-峰值范围，本设计选用方案二。

2. 可变增益放大器方案选择

方案一：切换电阻衰减网络。采用固定增益放大，切换衰减网络。首先由放大器级联实现固定增益放大，再由继电器切换衰减网络（如 π 型或 T 型）实现增益控制。该方案中衰减网络由纯电阻搭建，其优点是噪声小、成本低，其缺点是增益调节精度受限于电阻值精度，且引入电子开关，电路复杂，挡位数量有限，无法实现题目要求的增益连续可调。

方案二：采用压控增益放大器（VGA）。选用宽带、线性 dB VGA，通过滑动变阻器调节控制电压，从而改变增益。例如，AD8368 的带宽高达 800MHz，增益调节范围为-12～22dB，线性 dB 调整比例为 37.5dB/V。其优点是增益控制简单灵活、带宽高，并且可连续调节。

考虑到本题的带宽要求、增益范围和连续调节，本设计采用方案二。

3．检波电路方案选择

方案一：采用集成 RMS 检波芯片。使用集成 RMS 检波芯片（如 ADL5511），其优点是 RMS 响应的检波器输出独立于输入信号的峰均比。但它的缺点是动态范围窄，在小信号波动时，检波器很难检测到信号波动。

方案二：采用集成对数检波芯片。采用单片集成对数检波芯片（如 AD8317），其带宽为 1MHz～10GHz，动态范围为 50dB±1dB。电路结构简单，容易搭建。并且在本题要求下，无须再进行对数转换。

考虑到本题需画幅频特性曲线，本设计采用方案二。

4．系统总体方案

系统主要由 5 个模块组成：信号源、放大器、信号测量电路、信号传输电路、单片机控制电路及显示模块。整个系统由+5V 单电源供电，系统总体框图如图 6.2.4 所示。

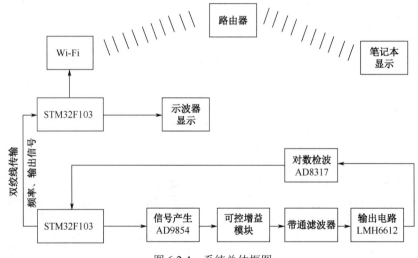

图 6.2.4　系统总体框图

由单片机控制 DDS 产生信号输入放大器中。可控增益模块由 AD8368 和 AD8367 级联而成。放大器输出后接对数检波，把幅值信息传递给单片机。两个单片机通过双绞线通信，并通过 Wi-Fi 模块实现与计算机的通信，显示波形信息。

6.2.4　理论分析与电路设计

1．放大器设计

为了满足题目要求在 0～40dB 范围内连续可调，选择宽带模拟线性 dB 增益控制功能的可变增益放大器 AD8368（-12～22dB 可调）和 AD8367（-2.5～42.5dB 可调），两级级联可实现 79dB 增益调节动态范围。考虑到题目要求放大器输入阻抗为 600Ω，且要求放大器带宽为 1～40MHz，滤波器和前后级阻抗匹配引入多级衰减。该设计可完全满足题目要求的动态可调范围。放大器最终的增益调节范围为-10～55dB，如图 6.2.5 所示。

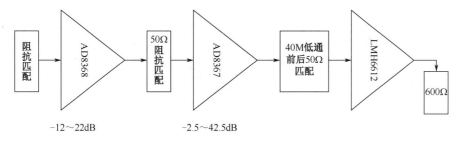

图 6.2.5 放大器设计

根据数据手册，AD8368 增益调节范围为-12～22dB，AD8367 增益调节范围为-2.5～42.5dB，AD8368 与 AD8367 级联理论上可实现-14.5～64.5dB 的增益范围调节，动态范围为 79dB，完全满足题目要求。其增益调节滑动变阻器通过分压控制，具体电路如图 6.2.6 所示，电容值按照手册选取。

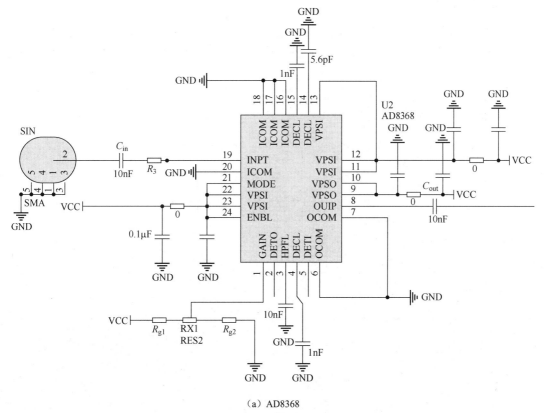

（a）AD8368

图 6.2.6 可变增益放大电路

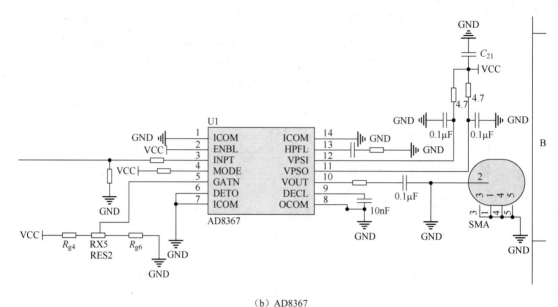

（b）AD8367

图 6.2.6　可变增益放大电路（续）

2. 滤波电路计算

由于题目要求运放带宽为 1～40MHz，因此需要在放大器设计中加入带通滤波器。本设计的低通特性由 6 阶无源低通巴特沃斯滤波器产生，截止频率为 40MHz。高通特性由末级运放 LMH6612 搭建的 2 阶 RC 滤波器提供。

设计截止频率为 40MHz 的 6 阶巴特沃斯低通 LC 滤波器与截止频率为 1MHz 的 2 阶有源高通滤波器级联形成带通滤波器，具体电路设计如图 6.2.7 所示。

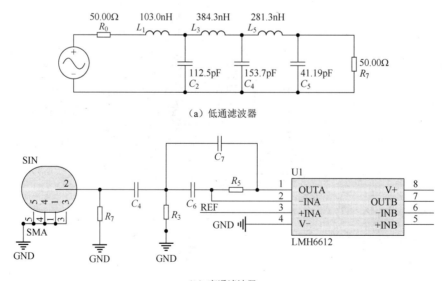

（a）低通滤波器

（b）高通滤波器

图 6.2.7　滤波电路设计

3．末级放大电路计算

本题要求末级输出 1V 有效值，供电电源为+5V 单电源供电。因此，选择的运放需要具有轨到轨、压摆率大的特性。由于前级输出最大为 1.5Vpp，并且考虑到阻抗匹配，要达到 1Vrms 的输出，设计放大器的放大倍数为 4。

前级最大输出为 1.5Vpp，为达到题目要求的 1Vrms 并且考虑到两级间的阻抗匹配，设计放大器的放大倍数为 4。可控增益放大电路如图 6.2.8 所示。根据手册，选取 R_F=750Ω，R_G=250Ω。

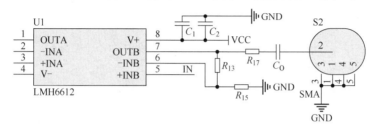

图 6.2.8　可控增益放大电路

6.2.5　软件设计

1．主程序流程

单片机的主控程序所要完成的任务比较简单，发送端分为两个模式，即信号源模式和扫频模式，接收端同时进行接收信号、生成波形和发送 Wi-Fi 信号的操作。另外，还需要对按键和显示进行处理，主控程序流程如图 6.2.9 所示。

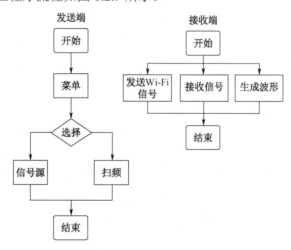

图 6.2.9　主控程序流程

2．初始化操作

进入主循环之前，需要对将要用到的外设进行初始化，对于发送端主要包括串行接口、内部时钟模块、GPIO 口、OLED 显示屏、中断及 A/D 转换模块等，接收端主要包括串行接口、DAC 模块、DMA 的初始化。分别调用相应的外设初始化函数完成。

3．信号源

信号源主要用 AD9854 来实现正弦波的发生，其幅度和频率可由调整其控制字来实现控制。通过 MATLAB 拟合一些控制字找到确定公式，其中

频率控制字=10000000.0×(pinlv×0.093744077322865+8.696603049130999)

幅度由于发现与频率也有关系，因此将其存在数组中方便调用。从而实现每个点的幅度频率控制，精度在 1%以内。

4．扫频及信号远程传输

信号源部分频率由 1MHz 扫到 40MHz，期间幅度可以变化。由 ADC 采集对数检波器的电压值进行采集之后发送到接收端。

接收端通过中断接收信号，由 DMA 控制 DAC 生成波形在信号发生器上，从而在示波器 X-Y 模式下生成幅频特性图。

5．Wi-Fi 发送模块

通过 ESP8266 接收数据并发送出去，之后由上位机的 MATLAB 代码接收并显示图片。

6.2.6　系统测试方案与测试结果

1．测试仪器清单

测试仪器清单如表 6.2.1 所示。

表 6.2.1　测试仪器清单

序　号	仪器名称	型　号	指　标	生产厂商	数　量
1	数字示波器	DSO-X 3102A	500MHz	Agilent	1
2	信号源	TFG3950G	500MHz	SUING	1
3	直流稳定电源	SS3323	30V/3A	SUING	1

2．信号源频率测试

测试方案：用示波器测试信号源的输出频率。

测试条件：被测信号源输出频率设置为 1MHz、5MHz、10MHz、20MHz、40MHz 时，用示波器测试其真实频率，如表 6.2.2 所示。

表 6.2.2　信号源频率测量

预设频率/MHz	1	5	10	20	40
实测频率/MHz	1.00	5.00	10.0	19.99	40.02
频率绝对误差	0	0	0	0.01	0.02
频率相对误差/%	NULL	NULL	NULL	0.5%	0.5%

结果分析：信号源频率可通过单片机设置，频率绝对误差不大于 0.5%，完全满足题目要求。

误差分析：示波器的测量误差，DDS 的控制误差。

3．信号源输出峰-峰值测试

测试方案：在 DDS 输出后接 600Ω 负载，用示波器 1MHz 探头测试此时给定的峰-峰值在不同频率下的值，给定值应在 5～100mV 范围内可调。

测试条件：用示波器分别测量频率为 1MHz、20MHz、40MHz 时给定幅度的幅值，如表 6.2.3 所示。

表 6.2.3　信号源幅度测量

给定值/mV	5	20	50	80	100
f=1MHz 时	5.01	20.06	50.10	80.1	100.2
f=20MHz 时	5.02	20.01	50.11	80.08	100.0
f=40MHz 时	4.98	20.04	50.08	80.02	99.8
幅度绝对误差	0.02	0.06	0.11	0.1	0.2
幅度相对误差/%	0.4%	0.3%	0.22%	0.13%	0.2%

结果分析：信号源幅度可通过单片机设置，幅度绝对误差不大于 0.2，完全满足题目要求。

误差分析：DDS 输出幅度随着频率增大而减小；示波器测量误差。

4．放大器的带宽测试

测试方案：用频谱分析仪测量放大器带宽。

测试条件：将频谱分析仪输出端接入放大器输入端，将放大器的输出端接入频谱分析仪测量的信号输入端。扫频结果如图 6.2.10 所示。

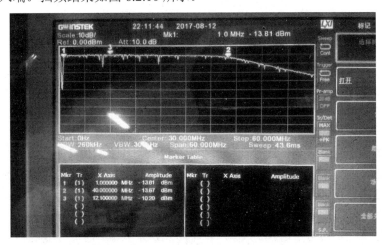

图 6.2.10　放大器的带宽测试结果

结果分析：由图 6.2.10 可以看出，放大器-3dB 通频带为 1～40MHz。

误差分析：①电感电容值的偏差造成-3dB 通频带的偏移；

②频谱分析仪的底噪会造成阻带衰减测试不准。

5．放大器输入阻抗 R_i 的测量

在信号源后接入 600Ω 负载，测量系统输出为 100mVrms，在信号源后接入放大器的输入

端，测量系统输出为 1Vrms，可知系统输入阻抗为 600Ω。

6.3　自适应滤波器

本题为 2017 年全国大学生电子设计竞赛试题 E 题。

6.3.1　任务要求及评分标准

1. 任务

设计并制作一个自适应滤波器，用来滤除特定的干扰信号。自适应滤波器工作频率为 10～100kHz，其电路应用示意图如图 6.3.1 所示。

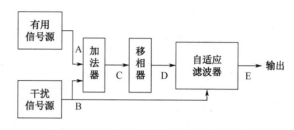

图 6.3.1　自适应滤波器电路应用示意图

在图 6.3.1 中，有用信号源和干扰信号源为两个独立信号源，输出信号分别为信号 A 和信号 B，且频率不相等。自适应滤波器根据干扰信号 B 的特征，采用干扰抵消等方法，滤除混合信号 D 中的干扰信号 B，以恢复有用信号 A 的波形，其输出为信号 E。

2. 要求

1）基本要求

（1）设计一个加法器实现 C=A+B，其中有用信号 A 和干扰信号 B 峰-峰值均为 1～2V，频率范围为 10～100kHz。预留便于测量的输入输出端口。

（2）设计一个移相器，在频率范围为 10～100kHz 的各点频上，实现点频 0°～180° 手动连续可变相移。移相器幅度放大倍数控制为 1±0.1，移相器的相频特性不做要求。预留便于测量的输入输出端口。

（3）单独设计制作自适应滤波器，有两个输入端口，用于输入信号 B 和 D。有一个输出端口，用于输出信号 E。当信号 A、B 为正弦信号，且频率差≥100Hz 时，输出信号 E 能够恢复信号 A 的波形，信号 E 与 A 的频率和幅度误差均小于 10%。滤波器对信号 B 的幅度衰减小于 1%。预留便于测量的输入输出端口。

2）发挥部分

（1）当信号 A、B 为正弦信号，且频率差≥10Hz 时，自适应滤波器的输出信号 E 能恢复信号 A 的波形，信号 E 与 A 的频率和幅度误差均小于 10%。滤波器对信号 B 的幅度衰减小于 1%。

（2）当 B 信号分别为三角波和方波信号，且与 A 信号的频率差大于等于 10Hz 时，自适应滤波器的输出信号 E 能恢复信号 A 的波形，信号 E 与 A 的频率和幅度误差均小于 10%。滤波器对信号 B 的幅度衰减小于 1%。

（3）尽量减小自适应滤波器电路的响应时间，提高滤除干扰信号的速度，响应时间不大于 1 秒。

（4）其他。

3. 说明

（1）自适应滤波器电路应相对独立，除规定的 3 个端口之外，不得与移相器等存在其他通信方式。

（2）测试时，移相器信号相移角度可以在 0°～180°范围内手动调节。

（3）信号 E 中信号 B 的残余电压测试方法为：信号 A、B 按要求输入，滤波器正常工作后，关闭有用信号源使 $U_A=0$，此时测得的输出为残余电压 U_E。滤波器对信号 B 的幅度衰减为 U_E/U_B。若滤波器不能恢复信号 A 的波形，则该指标不测量。

（4）滤波器电路的响应时间测试方法为：在滤波器能够正常滤除信号 B 的情况下，关闭两个信号源。重新加入信号 B，用示波器观测 E 信号的电压，同时降低示波器水平扫描速度，使示波器能够观测 1～2 秒 E 信号包络幅度的变化。测量其从加入信号 B 开始，至幅度衰减 1%的时间即为响应时间。若滤波器不能恢复信号 A 的波形，则该指标不测量。

6.3.2　题目分析

1. 设计任务

利用自适应滤波原理设计滤波器以滤除干扰信号并恢复原信号。

2. 系统功能及主要技术指标

（1）设计信号源 A 与 B，正弦波，1～2Vpp，10～100kHz，发挥部分要求 B 可以为三角波、方波。

（2）设计加法器，将 A、B 信号叠加后传输到移相器。

（3）设计移相器，在 10～100kHz 范围内的各点频上，移相范围为 0°～180°，手动连续可调。

（4）设计自适应滤波器，滤除干扰信号 B，恢复信号 A，B 信号的残余信号小于 1%，滤波响应时间小于 1 秒。

6.3.3　方案论证

1. 方案分析与比较

为实现自适应滤波的要求，可有以下几种方案，现分析如下。

方案一：数字滤波方案。将经过移相器的混合信号利用模数转换器采集，利用 FPGA 实现可重构的 FIR 滤波器以得到信号，计算输出信号与期望信号的误差均方值，然后利用得到的结果重构 FIR 滤波器。其缺点在于，在 10～100kHz 的十倍频程区间，对于叠加的遵循不同统计规律的干扰信号，基于同一组参数的普通 LMS 自适应滤波算法难以对每种情况都收敛，实现困难且稳定性一般。

方案二：模拟电路滤波方案。搭建能够跟踪与前端滤波电路相匹配的滤波网络，利用数控移相器完全模拟前端移相系统网络。用混合信号与通过数控移相器的干扰信号相减，利用 RMS 检波器将其输出经过单片机反馈，直到 RMS 检波器的值最小，此时输出即可获得单频有用信号。

综上所述，第二种方案简单可行，且自适应网络和外部可调移相网络可实现较好的匹配性，更有利于模拟前端移相网络。故本设计选用方案二。

2．总体方案设计

模拟电路滤波方案的总体结构框图如图 6.3.2 所示，主要由六大部分组成：加法器、移相器、程控移相器、减法器、有效值检波器和单片机。

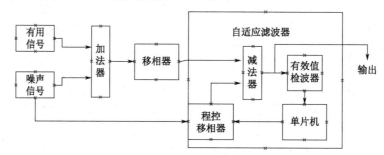

图 6.3.2　模拟电路滤波方案的总体结构框图

加法器的要求：两路相加对称，两路信号的增益保持一致。带宽 1MHz 以上两输入端输入阻抗极高，使一路的通断与否对另一路不会造成影响。

移相器模块的要求：实现宽频带单频信号移相 0°～180°。

程控移相器模块的要求：实现宽频带单频信号移相 0°～180°。为保证有用信号中叠加的噪声可被完全对消，程控移相器的元件参数、电路布局与移相器完全一致。

减法器模块的要求：两路相减对称，两路信号的增益保持一致。

有效值检波器模块的要求：最大 1Vrms，线性度良好，可检测 500kHz 的输入信号。

6.3.4　理论分析与电路设计

1．基于自适应模拟的噪声抑制

未知系统与自适应滤波器由相同端口输入激励，自适应滤波器调整自身以得到一个与未知系统相匹配的输出，通常得到一个与未知系统输出最好的均方拟合。本设计利用数控移相器，完全模拟前端移相系统网络，系统框图如图 6.3.3 所示。用混合信号与通过数控移相器的干扰信号相减，利用 RMS 检波将其输出经过单片机反馈，直到 RMS 检波器的值最小，此时输出即可获得单频有用信号。

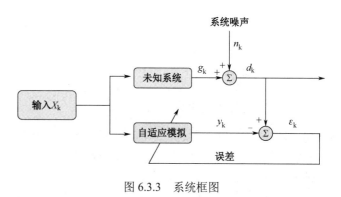

图 6.3.3　系统框图

2．压控移相器参数设置

选择 VCA810 作为压控放大器，实现可变增益放大器在 ±40dB 宽动态范围内的放大。选择单位增益稳定的高速宽带运放 OPA820 作为低通滤波器和同相相加器，以保证足够的响应速度，避免环路自激，如图 6.3.4 所示。

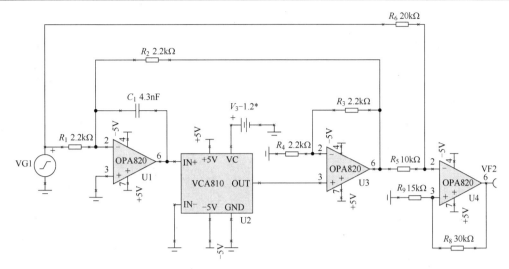

图 6.3.4 基于可变增益放大器的压控移相器

在模拟电路仿真软件 TINA 中对图 6.3.4 中的电路进行仿真，其中积分器与可变增益放大器构成压控低通滤波器，其传递函数为

$$A_{LP}(j\omega) = -\frac{A_1(0)}{1+j\dfrac{\omega}{\omega_0}} = -\frac{R_2/R_1}{1+j\dfrac{\omega}{A(V_g)(R_3+R_4)/R_2R_4C_1}} \tag{6-3-1}$$

可以看出，改变 VCA810 的控制端电压 V_g 即可改变此滤波器的相频特性。整个压控移相器的传递函数为

$$A(j\omega) = -\frac{1-j\omega RC}{1+j\omega RC} = -\frac{1+R_8/R_9}{1+R_6/R_5}\left(\frac{A_1(0)R_6/R_5-1-j\dfrac{\omega}{\omega_0}}{1+j\dfrac{\omega}{\omega_0}}\right) \tag{6-3-2}$$

其中，

$$\frac{1+R_8/R_9}{1+R_6/R_5}=1, \quad A_1(0)R_6/R_5-1=1 \tag{6-3-3}$$

由软件仿真可知，控制电压与该电路相频曲线位置之间存在近线性的关系，如图 6.3.5 所示。通过调整前级积分器和后级运放增益等参数，调整环路增益和高频相移，使得增益曲线大于 0dB 点处相位裕度大于 45°，保证环路稳定性。

3．牛顿法梯度搜索

本设计采用牛顿法作为控制滤波

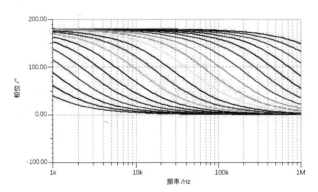

图 6.3.5 TINA 软件仿真：控制电压与相频响应曲线

器实现快速稳定收敛的算法。由收敛性分析可知，最速下降法的收敛速度与待优化函数 $f(x)$ 在极值点的黑塞矩阵 $\boldsymbol{H}$ 条件数有很大关系，$\boldsymbol{H}$ 越接近单位矩阵 $\boldsymbol{I}$，收敛性越好。牛顿法相比梯度下降法，采用 2-H 范数来替代梯度下降法中的欧几里得范数。这相当于对原始变量 x 做了线性变换。在此变换下，可以发现黑塞矩阵 $\overline{\boldsymbol{H}}=\boldsymbol{H}^{-1}\boldsymbol{H}=\boldsymbol{I}$，因此可以期望牛顿法具有更好的收敛性。当距离极值点较近时，牛顿法具有二次收敛速度。

牛顿法的另一个解释是：在极小值附近用二次曲面来近似目标函数 $f(x)$，然后求二次曲面的极小值作为步径。牛顿法的离散形式可表示为

$$w_{k+1}=w_k-\frac{w_k-w_{k-1}}{f(w_k)-f(w_{k-1})}f(w_{k-1})\cdot k \tag{6-3-4}$$

4．加法器

加法器实现了有用信号 A 和噪声信号 B 的叠加，使用带宽 11MHz 的低噪声精密运放 OPA2140 实现。加法器的两路及 B 路跟随器阻值精确匹配，使信号幅度精确对称相加。输入级采用跟随器实现较大输入阻抗，以及相加信号关闭时的稳定增益，并给出主回路的电路图，如图 6.3.6 所示。

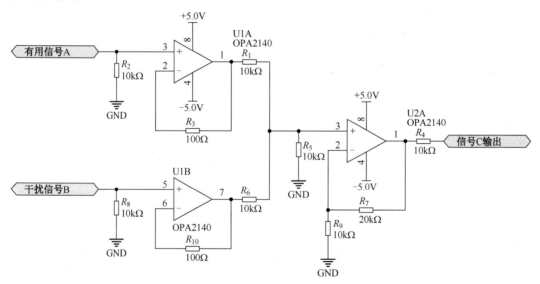

图 6.3.6　加法器主回路的电路图

5．宽带 0°～180° 压控移相电路设计

为了满足题目要求，前端移相器利用 VCA810 构成压控全通滤波器，采用滑动变阻器调节 VCA810 控制端电压，使移相器可在 10～100kHz 范围内实现 0°～180° 连续移相，如图 6.3.7 所示。

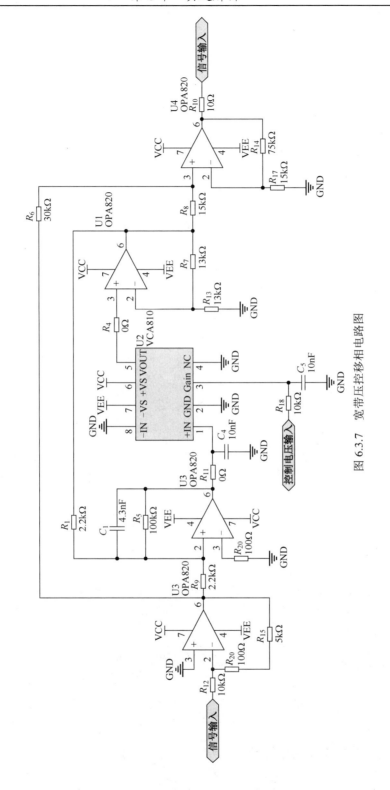

图 6.3.7　宽带压控移相电路图

通过调整该电路前级反相衰减器增益，克服该电路实际调试过程中可能出现的失真等问题，提高压控制相位的线性度。

6. 程控滤波器的设计

电路结构与前文压控移相电路设计，其控制电压由高精度 16 位数模转换器 DAC8563 产生，通过 INA2134 进行调理控制，输出-2～0V 的精确控制电压，与压控振荡器组合达到极高的控制精度。

7. RMS 检波器的设计

采用 LTC1968 检波器芯片，拥有最大 1V 的有效值输入，对应输出电压最大也为 1V，线性度良好，可检测 500kHz 的输入信号，带宽可达到 15MHz。

8. 减法器的设计

为了满足题目要求，减法器需要两路相减对称，故两路信号的增益保持一致，其电路如图 6.3.8 所示。

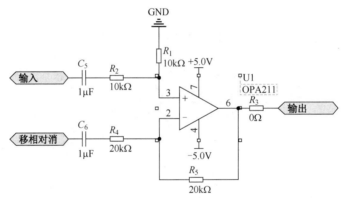

图 6.3.8　减法器电路

6.3.5　软件设计

单片机利用 ADC 采样有效值检波芯片的输出，利用牛顿法梯度搜索。控制程控移相器，使得有效值检波器的输出降至最小，此时检波器输出即为有用信号。软件流程图如图 6.3.9 所示。

图 6.3.9　软件流程图

6.3.6　系统测试方案与测试结果

1. 测试接口

整个系统预留出了进行测试所需的所有接口，如图 6.3.10 所示。

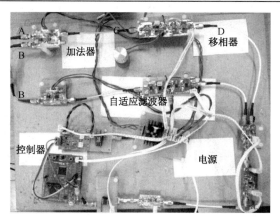

图 6.3.10　测试接口示意图

2．测试方法

1）基本要求

（1）加法器性能测试。

①打开系统电源开关，在 A、B 端口输入 1Vpp 的 10kHz 同频、同相位正弦波。

②同时改变 A、B 端口信号频率观察并记录 C 端口输出信号峰-峰值，填入表 6.3.1 中。

③关闭系统电源开关。

（2）移相器性能测试。

①打开系统电源开关，在 C 端口输入 10～100kHz，在 C、D 端口夹上示波器表笔。

②调节滑动变阻器的阻值，使相移值最大和最小。改变输入频率，读取 C、D 两路移相值，并填入表 6.3.2 中。

③关闭系统电源开关。

（3）自适应滤波测试。

①打开系统电源开关。

②A 端口输入 1Vpp 正弦波，B 端口输入 2Vpp 正弦波。

③示波器观测 E 端口输出，填入表 6.3.3 中。

④关闭系统电源开关。

2）发挥部分

（1）残存电压测试。

①打开系统电源开关。

②A 端口输入 1Vpp 正弦波，B 端口输入 2Vpp 方波。

③滤波器正常工作后，关闭有用信号源使 $U_A=0$，此时测得的输出为残余电压 U，填入表 6.3.4 中。

④关闭系统电源开关。

（2）响应时间测试。

①打开系统电源开关。

②A 端口输入 1Vpp 正弦波，B 端口输入 2Vpp 方波。

③在滤波器能够正常滤除信号 B 的情况下，关闭两个信号源。重新加入信号 B。

④降低示波器水平扫描速度，使示波器能够观测 1～2 秒 E 信号包络幅度的变化。

⑤测量其从加入信号 B 开始，至幅度衰减 1%的时间即为响应时间，并填入表 6.3.5 中。

⑥关闭系统电源开关。

3．测试数据

表 6.3.1　"加法器"测试记录表

输入频率/kHz	10	20	40	80	100
信号 C 峰-峰值/Vpp	2.01	2.00	2.00	2.00	1.99

表 6.3.2　"移相器"测试记录表

输入频率/kHz	10	20	40	80	100
0° 移相值	0.5	0.8	1.5	2.6	3.5
180° 移相值	176	177	178	179	179

表 6.3.3　"滤波幅度"测试记录表

信号 A 频率/kHz	10	20	40	80	100
信号 B 频率/kHz	10.1	20.1	40.1	80.1	99.9
信号 E 幅度/mV	999	993	989	975	941
信号 A 频率/kHz	10	20	40	80	100
信号 B 频率/kHz	10.01	20.01	40.01	80.01	100.01
信号 E 幅度/mV	989	973	989	965	951

表 6.3.4　"残存电压"测试记录表

信号 A 频率/kHz	10	20	40	80	100
信号 B 频率/kHz	10.1	20.1	40.1	80.1	99.9
信号 E 幅度/mV	3.9	6.9	4.6	5.7	8.7

表 6.3.5　"响应时间"测试记录表

信号 A 频率/kHz	10	20	40	80	100
信号 B 频率/kHz	20	30	50	70	90
响应时间/s	0.8	0.7	0.5	0.5	0.5

4．结果分析

从测试数据可以看出，本系统可实现利用参考噪声信号，从 A+B 混合移相信号中提取出有用信号源；其中残存电压的抑制可做到 0.4%，响应时间最大为 0.8 秒；移相器在 10～100kHz 范围内可移相 0°～180°，幅度起伏小于 5%；有用信号源和干扰源的最小频率差小于 10Hz 时，滤波器对信号衰减小于 1%。本系统经过最终的级联和调试，工作可靠，可满足题目中所有的指标要求，部分指标（如工作频率带宽、噪声与信号源频差、输出幅度误差、干扰信号的衰减等）超出题目要求。

6.4　增益可控射频放大器

本题为 2015 年全国大学生电子设计竞赛试题 D 题。

6.4.1　任务要求及评分标准

1．任务

设计并制作一个增益可控射频放大器。

2．要求

1）基本要求

（1）放大器的电压增益 $A_V \geqslant 40$dB，输入电压有效值 $V_i \leqslant 20$mV，其输入阻抗、输出阻抗均为 50Ω，负载电阻 50Ω，且输出电压有效值 $V_o \geqslant 2$V，波形无明显失真。

（2）在 75～108MHz 频率范围内增益波动不大于 2dB。

（3）–3dB 的通频带不窄于 60～130MHz，即 $f_L \leqslant 60$MHz、$f_H \geqslant 130$MHz。

（4）实现 A_V 增益步进控制，增益控制范围为 12～40dB，增益控制步长为 4dB，增益绝对误差不大于 2dB，并能显示设定的增益值。

2）发挥部分

（1）放大器的电压增益 $A_V \geqslant 52$dB，增益控制扩展至 52dB，增益控制步长不变，输入电压有效值 $V_i \leqslant 5$mV，其输入阻抗、输出阻抗均为 50Ω，负载电阻 50Ω，且输出电压有效值 $V_o \geqslant 2$V。波形无明显失真。

（2）在 50～160MHz 频率范围内增益波动不大于 2dB。

（3）–3dB 的通频带不窄于 40～200MHz，即 $f_L \leqslant 40$MHz 和 $f_H \geqslant 200$MHz。

（4）电压增益 $A_V \geqslant 52$dB，当输入信号频率 $f \leqslant 20$MHz 或输入信号频率 $f \geqslant 270$MHz 时，实测电压增益 A_V 均不大于 20dB。

（5）其他。

3．说明

（1）基本要求（2）和发挥部分（2）用点频法测量电压增益，计算增益波动，测量频率点测评时公布。

（2）基本要求（3）和发挥部分（3）用点频法测量电压增益，分析是否满足通频带要求，测量频率点测评时公布。

（3）放大器采用 +12V 单电源供电，所需其他电源电压自行转换。

6.4.2　题目分析

1．设计任务

设计小信号宽带放大链路，要求带内纹波小，带外截止特性好，并具有一定的驱动能力。

2．系统功能及主要技术指标

本题目的基本思路是前级低噪声放大器，增益由可控放大器及末级功率放大器组成，难点在于放大链路中各级增益的分配、级间的阻抗匹配、滤波器的宽频带和带外的快速滚降特性等。

（1）增益大于 40dB，控制范围为 12～40dB，即 28dB，步进 4dB，若为数字调节，则至少需要 7 个挡位。

（2）带宽为 60～130MHz，发挥部分为 40～200MHz，带内波动小于 2dB。

（3）输出电压有效值大于 2V，即在 50Ω 负载下，功放输出功率需大于 19dBm。

（4）高通滤波要求在 20～40MHz 范围内衰减 32dB，至少需要 6 阶，而低通滤波器要求在 200～270MHz 范围内衰减 32dB，至少需要 13 阶。

6.4.3　方案论证

1. 固定增益放大器方案选择

方案一：采用集成单端放大器。采用单片集成低噪声、电流反馈型运算放大器搭建，如 THS3201，其带宽高达 1.8GHz。优点是能够保证足够的带宽；缺点是单端放大器的抗噪声能力有限，在高增益时容易引入大量噪声，并且容易自激。

方案二：采用集成全差分放大器。如采用全差分型运算放大器 LMH6554。优点是不仅保证了题目要求的带宽范围，还有更好地抑制噪声的能力和较强的抗干扰能力，且性能稳定。将全差分低噪声宽带放大器作为前置放大器，能够更有效地保证后级系统性能优异。

考虑到本题要求的宽带、低噪声和较强的抗干扰能力，本设计选用方案二。

2. 可控宽带增益方案选择

方案一：切换电阻衰减网络。采用固定增益放大，切换衰减网络。首先由放大器级联实现固定增益放大，再由继电器切换衰减网络（如 π 型或 T 型）实现增益控制。该方案中衰减网络由纯电阻搭建，其优点是噪声小、成本低；缺点是增益调节精度受限于电阻值精度，且引入电子开关，电路复杂，挡位数量有限。

方案二：采用数控增益放大器 DVGA。选用宽带、全差分的数控可变增益放大器（DVGA），内部集成了控制单元，其增益由单片机的命令字控制。例如，LMH6401 的带宽高达 4.5GHz，增益调节范围为-6～26dB，增益步进为 1dB。其优点是增益控制简单灵活、带宽高，并且是全差分型运算放大器，有较强的抗干扰能力。

考虑到带宽要求和本题的程控增益范围，本设计采用方案二。

3. 功率放大电路选择

方案一：采用射频三极管搭建 A 类功率放大器。本方案带宽足够宽、增益高，且非线性失真小，有很强的负载驱动能力；但电路设计复杂，通带内平坦度难以保证，不利于调试。

方案二：采用集成射频功率放大芯片。采用单片集成射频功率放大器，如 AH101 是中功率、高线性度射频放大器，其带宽为 1.5GHz，400MHz 内增益起伏≤0.5dB，输出功率高达 26.5dBm，电路结构简单，稳定性强，容易搭建。

考虑到输出幅度的要求和在宽带时良好的线性度，本设计采用方案二。

4．系统总体方案

系统主要由 5 个模块组成：前置低噪声固定增益放大器、宽带可控增益放大器、LC 带通滤波器、后级射频功率放大器、单片机控制电路及显示模块。整个系统由+12V 单电源供电，系统总体框图如图 6.4.1 所示。

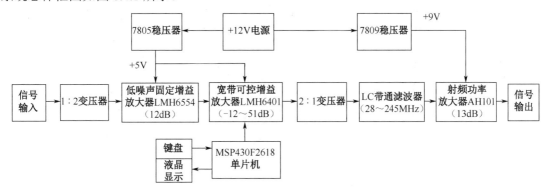

图 6.4.1　系统总体框图

图 6.4.1 中，输入信道的射频变压器不仅将信号源与本放大器系统隔离开，达到了抑制干扰的目的，还完成了 1:2 的阻抗变换；低噪声固定增益放大器由 LMH6554 构成；宽带可控增益放大器由两级 DVGA 芯片 LMH6401 串联构成；输出射频变压器将差分信号还原为单端信号；LC 带通滤波器由高通滤波器和低通滤波器串联构成；射频功率放大器由增益为+13dB 的中功率放大器 AH101 构成；单片机完成了增益设置和增益显示。

6.4.4　理论分析与电路设计

1．射频放大器链路设计

为满足题目要求，设计核心应围绕带宽增益积、增益分配、通频带计算几个重点。如图 6.4.2 所示，由于 LMH6401 的增益为-6～+26dB，两级串联时系统的初始增益为-12dB，因此前级固定增益放大器的增益设置为 12dB，各级之间阻抗匹配引入-12dB 的衰减，后级射频功率放大器增益为 13dB，考虑到射频变压器等的插入损耗，整个系统实现 0～64dB 的增益调节范围。

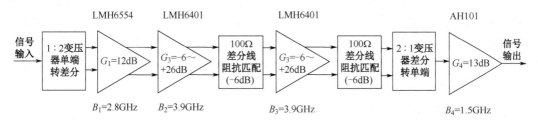

图 6.4.2　放大器链路组成

前级固定增益放大器是系统信号链的重点与设计难点，要求前置放大器具有低噪声、高带宽、低失真等优良特性。全差分运算放大器 LMH6554，噪声输入电压低至 100Ω。前置放大器放大倍数及反馈电阻均依据数据手册设计，具体电路如图 6.4.3 所示。

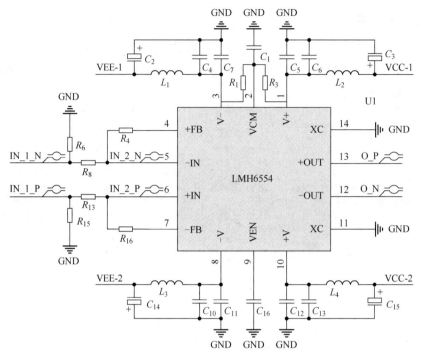

图 6.4.3　低噪声固定增益放大器

2. 增益调节设计

采用数字可变增益全差分放大器 LMH6401 作为可变增益级，单片机通过 SPI 方式与 LMH6401 通信。LMH6401 的增益动态范围为-6～+26dB，步进 1dB，两级 LMH6401 级联即可实现-12～+52dB，共计 65dB 的动态范围。

依据数据手册，LMH6401 增益调节范围为-6～+26dB，两级级联理论上可实现-12～52dB 的增益范围调节，动态范围为 65dB，完全满足题目要求。其增益调节由 MSP430 单片机控制，具体电路如图 6.4.4 所示。

3. 通频带内增益起伏控制

由于各运放带宽增益积限制、幅频特性不平坦、噪声干扰等诸多因素，系统通频带内增益会出现起伏现象。根据数据手册，LMH6554 在 $G=4$、$R_F=200\Omega$ 条件下 830MHz 内增益起伏不大于 0.1dB；LMH6401 在 $R_L=200\Omega$ 条件下 700MHz 内增益起伏不大于 0.5dB；射频功率放大器 AH101 带宽 1.5GHz、400MHz 内增益起伏不大于 0.5dB；后级 LC 滤波采用带内波动为 0.2dB 的切比雪夫型滤波器。另外，各级之间进行了严格的阻抗匹配，最大程度上减小了各级间的反射，使放大器在通带内的增益起伏最平坦。

4. 滤波电路计算

由于题目要求-3dB 的通频带不窄于 40～200MHz，而且当电压增益 $A_v \geqslant 52$dB 时，信号频率 $f \leqslant 20$MHz 或 $f \geqslant 270$MHz，电压增益 $A_v \leqslant 20$dB。因此，要设计 LC 带通滤波器，并且要求 LC 带通滤波器带宽尽可能宽、过渡带尽可能窄，且在小于 20MHz 及大于 270MHz 时衰减要大于-32dB。本系统设计截止频率为 28MHz、通带内起伏为 0.2dB 的 15 阶切比雪夫型高通 LC

滤波器与截止频率为 245MHz、通带内起伏为 0.2dB 的 21 阶切比雪夫型低通滤波器级联形成带通滤波器。

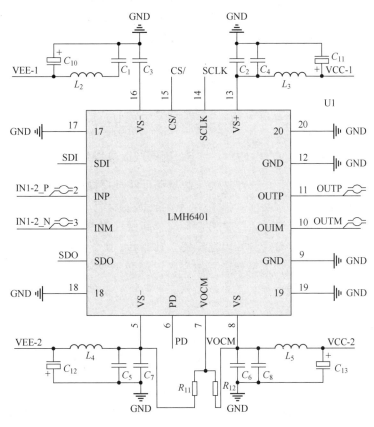

图 6.4.4　增益调节电路

设计截止频率为 28MHz 的 15 阶高通 LC 滤波器与截止频率为 245MHz 的 21 阶低通 LC 滤波器级联形成带通滤波器，在 20MHz 时的增益为-74dB，在 270MHz 时的增益为-80dB，具体电路如图 6.4.5 所示。

（a）高通滤波器

（b）低通滤波器

图 6.4.5　带通滤波器设计

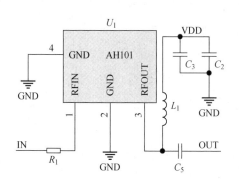

图 6.4.6　后级功率放大电路设计

5. 输出功率级计算

题目要求在负载为 50Ω 时输出正弦波电压有效值最大，本方案设计的后级射频功率放大电路由中功率、高线性度放大器 AH101 构成，由+9V 供电，AH101 的带宽范围为 20～1500MHz，输出功率可达+27dBm，在 50Ω 负载上输出幅度可达 5Vrms，超出题目要求。

后级功率放大电路由中功率射频放大器 AH101 构成，具体电路设计如图 6.4.6 所示。

6. 射频放大器稳定性

信号在运放及反馈回路中产生附加相移，超过相位裕量容易自激，在本系统的设计中，反馈均为运放单级反馈，并制作 PCB 电路板，使各项寄生参数最小；芯片的电源入口加入型滤波；各级之间做好阻抗匹配，用以抑制噪声并减小反射；射频放大器容易受到测量仪器及外界高频噪声等干扰，本系统利用射频变压器将前级小信号低噪放与输入信号和后级强信号隔离；制作金属屏蔽盒，盒外控制信号线引入盒内时采用穿芯电容，进一步降低外界信号干扰。

6.4.5　软件设计

系统采用单片机控制 LMH6401 实现增益控制，实现增益 1dB，步进任意可设。该系统具有液晶显示功能，人际交互界面友好，功耗低。软件流程如图 6.4.7 所示。

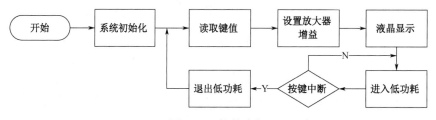

图 6.4.7　软件流程

6.4.6　系统测试方案与测试结果

1. 测试仪器清单

测试仪器清单如表 6.4.1 所示。

表 6.4.1　测试仪器清单

序　号	仪器名称	型　号	指　标	生产厂商	数　量
1	数字示波器	DSO-X 3102A	500MHz	Agilent	1
2	矢量网络分析仪	E5603A	100kHz～8.5GHz	Agilent	1
3	信号源	TFG3950G	500MHz	SUING	1
4	直流稳定电源	SS3323	30V/3A	SUING	1

2. 放大器增益测试

测试方案：用信号源产生固定频率为 100MHz 正弦波信号； MSP430 单片机设置放大器在 0～64dB 范围内以 4dB 步进，记录输入、输出电压信号有效值。

测试条件：信号源输出频率为 100MHz 正弦波，单片机程控设置增益，记录输入、输出电压有效值。测试结果如表 6.4.2 所示。

表 6.4.2 放大器增益测试结果

预设增益/dB	0	4	8	12	16	20	24	28	32
输入电压/mVrms	20	20	20	20	20	20	20	20	20
输出电压/mVrms	20.1	32.4	50.7	79	126	199	310.5	502	788
实际增益/dB	0.04	4.19	8.08	11.93	15.98	19.96	24.03	27.99	31.91
增益绝对误差	0.04	0.19	0.08	−0.07	−0.02	−0.04	0.03	−0.01	−0.09
增益相对误差/%	NULL	0.69%	0.09%	0.58%	0.08%	0.21%	0.12%	0.02%	0.28%
预设增益/dB	36	40	44	48	52	56	60	64	
输入电压/mVrms	20	20	10	10	5	5	3	2	
输出电压/mVrms	1268	2035	1587	2508	1999	3180	3108	3100	
实际增益/dB	36.04	40.15	44.01	47.98	52.03	56.07	60.30	63.81	
增益绝对误差	0.04	0.15	0.01	−0.02	0.03	0.07	0.3	−0.19	
增益相对误差/%	0.11%	0.38%	0.03%	0.03%	0.01%	0.12%	0.51%	0.31%	

结果分析：放大器增益 0～64dB 可通过单片机设置，增益绝对误差不大于 0.3dB，最大输出电压可达 5Vrms，完全满足题目要求。

误差分析：数控增益放大器的增益失调会导致增益有部分偏移。

3. 放大器增益起伏测试

测试方案：用矢量网络分析仪测量放大器带宽及通带内增益平坦度。

测试条件：矢量网络分析仪输出端接 40dB 衰减器后接入放大器输入端，将放大器的增益设置为 52dB，将放大器的输出端接入矢量网络分析仪测量的信号输入端。放大器增益起伏度测试结果如表 6.4.3 所示。

表 6.4.3 放大器增益起伏度测试结果

输入频率/MHz	10	20	34	40	50	60	70	80
测量增益/dB	−54	−50	10.17	11.9	12.1	12.1	11.6	12.0
实际增益/dB	−14	−10	50.17	51.9	52.1	52.1	51.6	52
增益起伏/dB	−66	−62	−1.83	−0.1	0.1	0.1	−0.4	0
输入频率/MHz	90	100	110	120	130	140	150	160
测量增益/dB	11.5	11.3	11.8	11.3	11.2	11.6	11.1	11.2
实际增益/dB	51.5	51.3	51.8	51.3	51.2	51.6	51.1	51.2
增益起伏/dB	−0.5	−0.7	−0.2	−0.7	−0.8	−0.4	−0.9	−0.8

输入频率/MHz	170	180	190	200	210	220	230	240
输出电压/mVrms	11.2	11.3	10.78	10.3	10.1	9.0	9.7	8.9
实际增益/dB	51.2	51.3	50.78	50.3	50.1	49	49.7	48.9
增益起伏/dB	−0.8	−0.7	−1.22	−1.7	−1.9	−3	−2.3	−3.1

结果分析：40～180MHz 增益起伏小于 1dB，34～210MHz 增益起伏小于 2dB，远远超出题目指标要求。

误差分析：PCB 板信号线间的寄生电容电感，会导致通频带的波动；滤波器通频带起伏，会导致射频宽带放大器通频带的波动。

4．放大器的带宽测试及带外衰减测试

测试方案：用矢量网络分析仪测量放大器带宽及通带内增益平坦度。

测试条件：矢量网络分析仪输出端接 40dB 衰减器后接入放大器输入端，将放大器的增益设置为 52dB，将放大器的输出端接入矢量网络分析仪测量的信号输入端。带宽测试结果如图 6.4.8 所示。

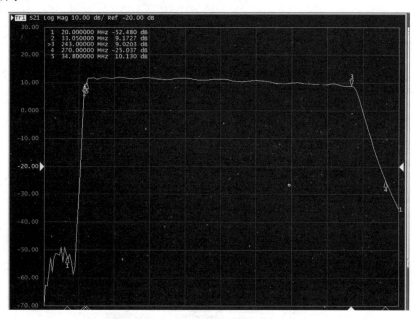

图 6.4.8　放大器的带宽测试结果

结果分析：从图 6.4.8 中可以看出，放大器-3dB 通频带为 33～243MHz，当信号频率为 20MHz，电压增益为-12dB，当信号频率为 270MHz 时，电压增益为 15dB，超出题目指标要求。

误差分析：电感电容值的偏差造成-3dB 通频带的偏移；矢量网络分析仪的底噪，会造成阻带衰减测试不准。

5．输入阻抗、输出阻抗和负载电阻的测量

（1）输入阻抗的测量：设置信号源输出阻抗为 50Ω，设置示波器 50Ω 输入阻抗，测量系

统输出为 2Vrms，在信号输入端串联 100Ω 电阻，测量系统输出为 1Vrms，可知系统输入阻抗为 50Ω。

（2）输出阻抗的测量：设置示波器 1MΩ 输入阻抗测量整个系统的输出，有效值为 2V。设置示波器 50Ω 输入阻抗测量整个系统的输出，有效值为 1V，可知放大器输出阻抗为 50Ω。

（3）负载电阻的测量：输出端接 50Ω 输入阻抗的示波器，负载即为 50Ω。

6.4.7 设计实现的实物图

增益可控射频放大器实物图如图 6.4.9 所示。

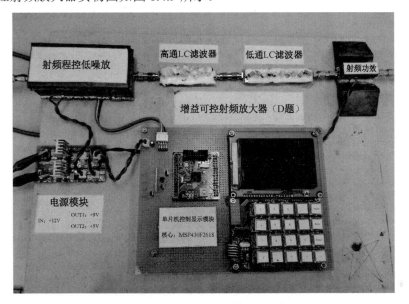

图 6.4.9 增益可控射频放大器实物图

6.5 80～100MHz 频谱仪

本题为 2017 年全国大学生电子设计竞赛试题 F 题。

6.5.1 任务要求及评分标准

1. 任务

设计制作一个简易频谱仪。频谱仪的本振源用锁相环制作，其基本结构如图 6.5.1 所示。

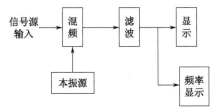

图 6.5.1 频谱仪的基本结构

2. 要求

1）基本要求

制作一个基于锁相环的本振源。

（1）频率范围：90～110MHz。

（2）频率步进：100kHz。

（3）输出电压幅度：10～100mV，可调。

（4）在整个频率范围内可自动扫描；扫描时间在 1～5s 可调；可手动扫描；还可预置在某一特定频率。

（5）显示频率。

（6）制作一个附加电路，用于观测整个锁定过程。

（7）锁定时间小于 1ms。

2）发挥部分

制作一个 80～100MHz 频谱分析仪。

（1）频率范围：80～100MHz。

（2）分辨率：100kHz。

（3）可在频段内扫描并能显示信号频谱和对应幅度最大的信号频率。

（4）测试在全频段内的杂散频率（大于主频分量幅度的 2%为杂散频率）个数。

（5）其他。

3. 说明

在频谱仪滤波器的输出端应有一个测试端子，便于测量。

6.5.2　题目分析

1. 设计任务

设计一简易频谱检测仪。

2. 系统功能及主要技术指标

本题目的基础部分为频谱仪的核心结构本振源，为完成整个频谱仪需要加入混频器、滤波器、信号幅度检测电路、频谱图显示电路。

（1）本振源扫频带宽为 90～110MHz，步进为 100kHz，共计 200 个频点，输出电压幅度为 10～100mV，扫频时间可调，频点可设，锁定时间小于 1ms。

（2）射频输入带宽为 80～100MHz，步进为 100kHz。

（3）输入信号时，本振源扫频，若本振源与输入信号混频后，信号在滤波器频带内，则检测中频幅度，即可得到输入信号频点及幅度。

6.5.3　方案论证

1. 锁相环设计

方案一：采用鉴相器、环路滤波器、压控振荡器和分频器等分立部件搭建锁相环电路。

该方案采用的分立部件虽然廉价且易于采购，但各电路需逐级调试，级联后系统不稳定且输出精度低。

方案二：采用锁相环芯片 RFFC2072 结合外部环路滤波搭建锁相环电路。RFFC2072 是一款内置了锁相环、压控振荡器的芯片，这款芯片的输出频率可以通过配置引脚在线设置。RFFC2072 的内部本振（LO）输出频率范围为 80MHz～2.7GHz，可实现 90～110MHz 频率输出。并且通过数字接口配置内部寄存器，可实现输出频率以定值步进扫描，性能稳定，电路搭建简单，调试方便。

综合考虑，本设计选用方案二。

2. 混频部分设计

方案一：采用分立元件搭建混频器。采用吉尔伯特结构搭建混频器具有输入动态范围大、噪声系数小、端口之间功率隔离度好、成本低等优点，但电路结构复杂，搭建与焊接步骤烦琐，导致制作及调试分立元件混频器需要大量时间。

方案二：采用集成微波混频器实现混频功能。集成微波混频器具有体积小、高频特性良好、频率输出范围大等优点，相比于分立元件，集成微波混频器功率损耗小，外围电路简单，级联调试方便，能够更有效地保证后级系统性能优异。

综合考虑，本设计选用方案二。

3. 窄带滤波器设计

方案一：采用无源 LC 滤波器搭建滤波电路。可采用低通滤波器与高通滤波器级联构成窄带滤波器，通过调节滤波器截止频率与带外衰减度，即可实现窄带滤波。但无源 LC 滤波器 Q 值不高，对电容电感高频特性有较高要求，且调试过程复杂。

方案二：采用陶瓷谐振滤波器。陶瓷滤波器具有插入损耗小、耐功率性好、介质常数高、可承受高功率等特点，通过选择谐振频率合适的陶瓷谐振器即可实现低损耗、高衰减的窄带滤波，且电路结构简单，滤波器 Q 值较高。

综合考虑，本设计选用方案二。

4. 功率分配器设计

方案一：采用微带结构功率分配器。微带结构功率分配器设计难度大、介质损耗大且隔离电阻、微带线成本较高，微带线长度导致系统体积较大。

方案二：采用集总结构功率分配器。用仿真软件设计功率分配器，实际电路由电容电阻与手绕电感构成，整体电路结构简单、体积较小，且两路输出隔离度、分配损耗均可通过改变电容电感调节。

综合考虑，本设计选用方案二。

5. 总体方案设计

本系统主要由 5 个模块组成：本振源模块、混频模块、滤波器模块、输出调理模块、单片机控制电路及显示模块。系统总体框图如图 6.5.2 所示。

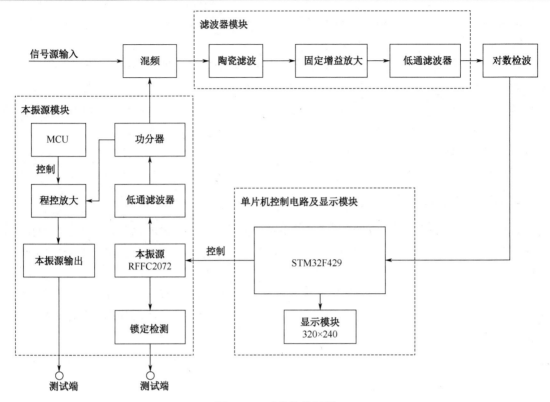

图 6.5.2   系统总体框图

6.5.4   理论分析与电路设计

1. 本振源频率步进分析与计算

锁相环是一种反馈电路，通用锁相环由鉴相器、环路滤波器及压控振荡器 3 个模块构成，其原理图如图 6.5.3 所示。

图 6.5.3   锁相环原理图

本设计采用的锁相芯片 RFFC2072 内置锁相环、压控振荡器，因此外部连接环路滤波电路即可构成锁相环路，锁定产生固定频率信号。RFFC2072 的内部本振（LO）输出频率范围为 80MHz～2.7GHz，可完全满足题目 90～110MHz 频率的要求。此外，RFFC2072 可通过数字接口配置内部寄存器，恰当设置锁相环可实现 100kHz 频率步进调节。本振输出频率的步进值可由下式计算：

$$F_{\text{step}} = \frac{F_{\text{REF}} \times p}{R \times 2^{24} \times \text{LO\_DIV}}$$

式中，F_{step} 为参考输入频率，R 为参考时钟分频系数，p 为预分频系数，LO_DIV 为本振的分频系数。经计算，参考输入频率一定时，可通过 R、p、LO_DIV 的位置来设置频率步进值为 100kHz。

2．DC/DC 变换器稳压方法

环路滤波器是锁相环（PLL）电路中的重要组成部分，锁相环未锁定时，鉴相器通过比较锁相环输出及参考时钟输入，输出端会输出高频的方波。环路滤波器一般为线性电路，由线性元件电阻、电容及运算放大器组成。环路滤波器用于衰减由输入信号噪声引起的快速变化的相位误差和平滑相位检测器泄漏的高频分量，即滤波，以便在其输出端对原始信号进行精确的估计，环路滤波的阶数和噪声带宽决定了环路滤波器对信号的动态响应。有源环路滤波器原理图如图 6.5.4 所示。

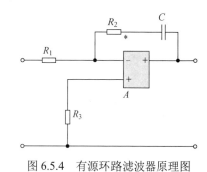

图 6.5.4　有源环路滤波器原理图

传递函数：

$$K_F(j\omega) = \frac{1 + j\omega\tau_2}{j\omega\tau_1}$$

式中，$\tau_1 = R_1C = R_2C$。

幅频特性：

$$|K_F(\omega)| = \frac{\sqrt{1 + (\omega\tau_2)^2}}{\omega\tau_2}$$

相频特性：

$$\varphi(\omega) = \arctan\omega\tau_2 + \frac{\pi}{2}$$

根据以上计算公式，设置合适参数计算得到环路滤波器的电容、电阻参数：R_1=47Ω，R_2=22kΩ，R_3=470Ω，C=180pF。

锁相环电路是系统信号链的设计重点与难点，主要由锁相环芯片 RFFC2072 结合外部环路滤波电路构成完整反馈环路，实现输出可调、频率可调的本振源。整个锁相环电路如图 6.5.5 所示。

3．滤波器电路分析和计算

低通滤波器采用多阶无源巴特沃斯滤波器。在信号频率较高的情况下，无源 LC 滤波器更具优势，而巴特沃斯滤波器虽通频带最为平坦，但其过渡带较长、带外衰减缓慢，因此通过增加滤波器阶数使其在阻带有较大的衰减量。

巴特沃斯低通滤波器可用如下振幅的平方与频率的关系式表示。

$$|H(\omega)|^2 = \frac{1}{1 + (\frac{\omega_p}{\omega_c})^{2n}}$$

式中，n 为滤波器的阶数，ω_c 为截止频率，是振幅下降为-3dB 时的频率，ω_p 为通频带边缘
频率，$\dfrac{1}{1+\varepsilon^2}=|H(\omega)|^2$（在通频带边缘的数值）。

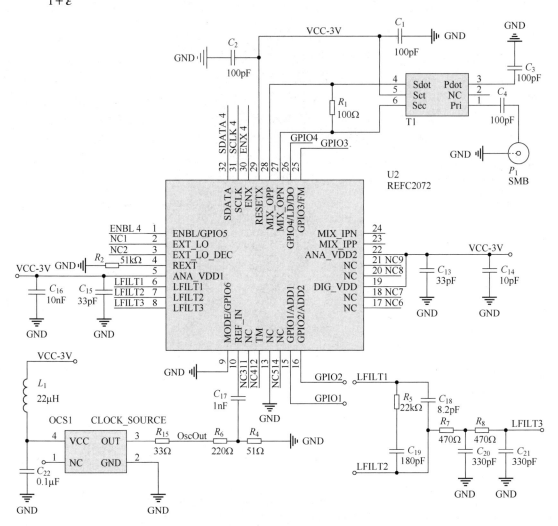

图 6.5.5　锁相环电路

低通滤波器参数可利用软件 Filter Solution 设计，根据题目指标要求，设置其截止频率
f_0=12、阶数 n，计算出电容为 pF 级、电感为μH 级和 nH 级。搭建电路过程中根据实际效果对
容值、感值做适当调整。

滤波器电路部分由陶瓷窄带滤波器与低通滤波器构成，实现滤波器特性：中心频率为
10.7MHz，带宽为 100kHz，带外衰减不小于 30dB。其中，低通滤波器由 9 阶无源巴特沃斯结
构滤波器组成，具体电路如图 6.5.6 所示。陶瓷窄带滤波器由三级中心频率为 10.7MHz、带宽
为 180kHz 的陶瓷滤波器级联而成，实现带宽为 100kHz 的窄带滤波特性，如图 6.5.7 所示。

4. 单片机输入调理电路

对数检波电路构成输入调理模块，完成硬件电路输出信号便于单片机 STM32F429 采集与

处理。信号经过对数检波电路输出的直流电压与输入信号幅度成线性关系，便于单片机 ADC 采集、计算与显示。对数检波电路如图 6.5.8 所示。

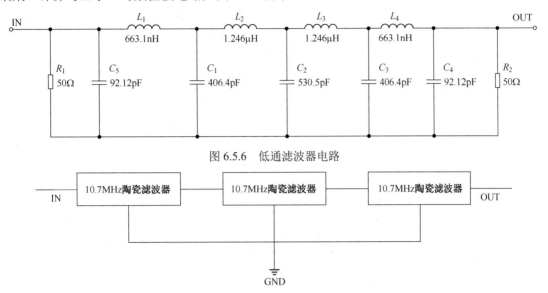

图 6.5.6 低通滤波器电路

图 6.5.7 陶瓷窄带滤波器

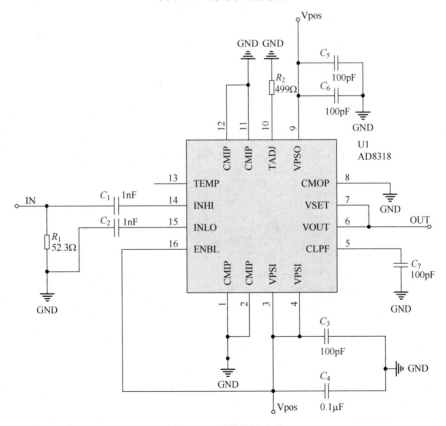

图 6.5.8 对数检波电路

5．功分器电路设计

功率分配器将本振源输出匹配的两路，实现两路输出相互独立。功分器采用仿真软件设计，两路输出隔离-30dB，分配损耗为 0.5dB，实现两路之间有相同的功率输出，功率分配器电路如图 6.5.9 所示。

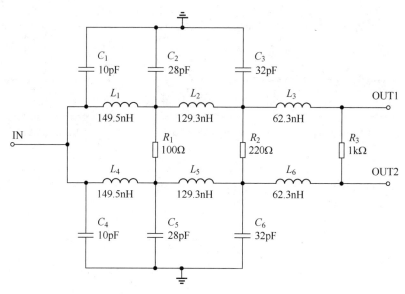

图 6.5.9　功率分配器电路

6.5.5　软件设计

本系统中单片机主控模块主要实现 3 个功能：本振源频率控制、扫频模式设置和频谱图绘制及显示，以实现本振源频率的任意设置与步进调节，频谱分析仪的自动扫描、最大值保持的模式切换，被测信号的频率与幅值显示。该系统程序流程图如图 6.5.10 所示。

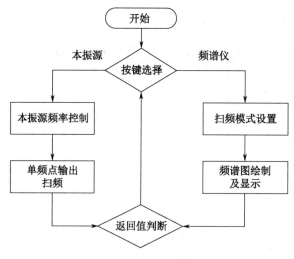

图 6.5.10　程序流程图

6.5.6 系统测试方案与测试结果

1. 测试仪器清单

测试仪器清单如表 6.5.1 所示。

表 6.5.1 测试仪器清单

序号	仪器名称	型号	指标	生产厂家	数量
1	数字示波器	DSO-X 3102A	1GHz	Agilent	1
2	函数信号发生器	33600A	120MHz	Agilent	1
3	频谱分析仪	N9000A	9kHz～3GHz	Agilent	1
4	矢量网络分析仪	E5603A	100kHz～8.5MHz	Agilent	1
5	直流稳定电源	SS3323	30V/4A	Suin	1

2. 本振源功能测试

（1）本振源频率范围测试：将本振源输出端接入频谱仪进行多次扫频，最终测得本振源频率范围为 80～200MHz。

（2）本振源锁定时间测试：将示波器探头接至锁定过程预留观测端子，观测其锁定过程。经示波器多次观测，测得其锁定时间为 400μs，小于题目要求。

（3）本振源频率测试：将示波器探头接入本振源测试端子，对本振源的设置频率进行调节，通过示波器观测并记录输出频率与幅度。

测试方案：主控模块控制本振源产生多个单频点，预置频率范围为 80～200MHz，用示波器测量输出信号的实际频率。

测试条件：本振源测试点输出适当幅度信号，测试结果如表 6.5.2 所示。

表 6.5.2 本振源频率测试结果

90～110MHz 频率预置测试						
预设频率	90	90.1	95	100	105	100.9	110
实际频率	90.008	90.1	95.005	100.001	105.004	100.892	109.993
误差/%	0.0089	0.0000	0.0053	0.0010	0.0038	0.0079	0.0064
80～200MHz 频率预置测试						
预设频率	80	100	120	140	160	180	200
实际频率	80.006	100.001	119.997	140.002	160.004	180.008	199.991
误差/%	0.0075	0.0010	0.0025	0.0014	0.0025	0.0044	0.0045

结果分析：通过表 6.5.2 可知，本振源频率范围为 80～200MHz，频率步进为 100kHz，输出信号频率最大误差为 0.0089%，输出幅度在 5～200mV 范围内可调，锁定过程可接入示波器观测，锁定时间为 400ns，题目要求各项指标均已达到，并且频率范围与锁定时间均超出题目指标。

误差分析：参考源精度限制本振源输出频率精度。

3. 频谱仪功能测试

（1）将频谱分析仪滤波部分输出端接入频谱分析仪，多次扫频，观察其频谱特性并记录其全频段内杂散的频率，以及相对于主频分量的幅度。

（2）将频率在 80～100MHz 范围内变化且幅度已知的信号接入系统，观察并记录系统所显示的频率与幅度。

测试方案：输入固定功率的正弦波信号，预置频率范围为 80～100MHz。用主控模块控制本振源产生多个单频点的方式，记录频谱仪显示信号功率。

测试条件：输入频率单位为 MHz，测试结果如表 6.5.3 所示。

表 6.5.3　频谱分析仪测试结果

输入功率	0dBm						
输入频率/MHz	80	80.1	84.9	85	85.1	89.9	90
频谱仪显示/dBm	−0.02	−0.01	0	−0.02	−0.01	−0.05	−0.02
输入频率/MHz	90.1	94.9	95	95.1	99.9	100	100.1
频谱仪显示/dBm	−0.03	−0.05	−0.01	0	−0.02	−0.02	−0.03

结果分析：分析测得频谱分析仪的扫频范围为 80～100MHz，分辨率为 100kHz。经扫频仪多次测试，全频带内未出现可见杂散。

误差分析：信号传输过程中的微小差损导致频谱仪显示信号功率出现误差。

6.5.7　设计实现的实物图

设计实现的实物图如图 6.5.11 所示。

图 6.5.11　80～100MHz 频谱仪实物图

6.6　短距视频信号无线通信网络

本题为 2015 年全国大学生电子设计竞赛试题 G 题。

6.6.1　任务要求及评分标准

1. 任务

设计并制作一个短距视频信号无线通信网络，其示意图如图 6.6.1 所示。该网络包括主节点 A、从节点 B 和从节点 C，实现由从节点 B 和从节点 C 到主节点 A 的视频信号传输。传输的视频信号为模拟彩色视频信号（彩色制式不限），由具有 AV 输出端子的彩色摄像头提供。每个从节点预留 AV 视频输入（莲花 RCA）插座，通过一根 AV 连接电缆与摄像头 AV 输出端子连接。节点必须使用水平全方向天线，确保节点在水平全方向上都能达到要求的通信距离。

图 6.6.1　短距视频信号无线通信网络示意图

2. 要求

1）基本要求

（1）实现由从节点 B 到主节点 A 的单向视频信号传输。主节点 A 预留 AV 视频输出（莲花 RCA）插座，可以输出 AV 模拟彩色视频信号。采用具有 AV 输入端子的电视机显示通信的视频内容，电视机的彩色制式应与彩色视频信号制式一致。要求电视机显示的视频内容应清晰无闪烁、色彩正常，与摄像头直接用 AV 电缆连接到电视机的图像质量无明显差异（可拍摄题目附件的电视测试卡作为图像比较的参照物），最小通信距离不小于 5m。

（2）实现由从节点 C 到主节点 A 的单向视频信号传输，图像质量与通信距离要求同基本要求（1）。

（3）同时实现从节点 B 和 C 到主节点 A 的单向视频信号传输。图像质量与通信距离要求同基本要求（1）。主节点 A 可通过开关选择显示从节点 B 或从节点 C 的视频内容。

（4）通过开关控制，从节点 B 和 C 在其发射的视频信号中，分别叠加对应字符"B"和"C"的图案，在主节点 A 的电视机屏幕上与视频内容叠加显示。字符显示颜色、位置与大小自定。

2）发挥部分

（1）从节点 B 和 C 必须分别采用两节 1.2～1.5V 电池独立供电。摄像头也要求采用电池独立供电，摄像头功耗不计入从节点 B 和 C 的功耗。启动产生叠加字符功能，在通信距离为 5m 时，图像质量要求同基本要求（1）。从节点 B 和 C 的功耗均应小于 150mW。

（2）可以指定从节点 C 为中继转发节点（指定的方式任意），实现由从节点 B 到主节点 A 间的视频信号中继通信。要求从节点 B 到主节点 A 总的通信距离不小于 10m，图像质量要求同基本要求（1）。

（3）从节点 C 在转发从节点 B 视频信号到主节点 A 的同时，仍能传输自己的视频信号到主节点 A。主节点可通过开关选择显示从节点 B 或从节点 C 的视频内容，图像质量与通信距离要求同基本要求（1）。

（4）其他（如尽可能降低从节点 B 和 C 的功耗等）。

3. 说明

（1）网络节点可以使用成品收发模块，但其工作频率和发射功率应符合国家相关规定。

（2）摄像头与从节点间的信号连接仅限一根 AV 视频电缆，不得再使用其他有线或无线连接方式。

（3）本题所述的通信距离是指两个节点设备外边沿间的最小直线距离。

（4）发挥部分必须在完成基本要求（4）的功能后才能进行，否则发挥部分不计入成绩。

（5）发挥部分（2）、（3）必须在发挥部分（1）要求的供电方式下进行。

6.6.2　题目分析

这是 2015 年全国大学生电子设计竞赛 G 题，是一个典型的无线通信题目，考查视频无线传输，以及多节点组网、中继组网和多路选择接收等知识点。

1. 设计任务

设计并制作一个包含 A、B、C 节点的短距视频信号无线通信网络。

2. 系统功能及主要指标分析

（1）设计无线发射模块，可使用符合国家规定的工作频率和发射功率的成品收发模块。

（2）设计字符叠加模块，要尽量降低功耗。

（3）设计合适的升压电源，发挥部分为 1.2～1.5V 低电压电池供电，摄像头也要求由此电压供电，需要进行电源管理电路设计。

6.6.3　方案论证

1. 方案分析与比较

1）无线发射模块方案的比较与选择

方案一：自制分立元件调制电路。

利用三极管等分立元件自行搭建无线发射模块，该方案原理清晰、功耗低，但调试难度较大且电路稳定性较难保证。

方案二：成品集成发射模块。

此方案使用成品无线发射模块使电路设计简化，并提高了视频信号的稳定度，但其缺点是功耗相比分立元件发射电路较大。

方案三：成品分立元件发射模块。

此方案采用成品分立元件组成的发射模块，该方案优点是电路功耗较低、电路调试难度较低，缺点是载频稳定性较差。

综上所述，为降低发射节点功耗并降低电路调试难度，本设计选用方案三。

2）字符叠加功能方案的比较与选择

方案一：采用集成 OSD 芯片显示字符。

该方案使用 MAX7456、UPD6465、OSD7556 等集成 OSD 芯片，优点是芯片功能完整、使用方便；缺点是运行功耗较大。

方案二：使用单片机实现字符叠加。

该方案使用单片机实现字符的叠加功能，优点是可以使用低功耗单片机降低运行功耗；缺点是程序设计较复杂。

综上所述，在实现字符叠加功能的前提下，为了降低发射节点功耗，本设计选用方案二，使用 ATmega328 低功耗单片机完成该功能。

3）升压模块方案的比较与选择

方案一：电荷泵升压电路方案。

该方案采用低功耗电荷泵 DC-DC 升压电路，优点是功耗较低，缺点是电路较为复杂。

方案二：采用集成芯片搭建升压电路。

该方案采用 LT1377 集成芯片，优点是电路结构简单、稳定性较好，缺点是效率较低、功耗较大。

综上所述，由于接收节点不计入功耗要求，为降低电路调试难度，本设计选用方案二。

2．总体方案设计

系统整体框图如图 6.6.2 所示，摄像头采集到的模拟视频信号由从节点 B 或从节点 C 经过调制后发射出去，主节点 A 接收调制信号并经过解调和放大调理后，通过 AV 接口接入电视机，最终在电视机上显示从节点 B 或从节点 C 处摄像头所拍摄的视频内容。在从节点 B 或从节点 C 发射模块中可以由单片机字符叠加模块产生字符信息并加入发射信号中。本系统还可以由从节点 C 作为中继，转发从节点 B 发射的模拟视频信号到主节点 A 处。因为从节

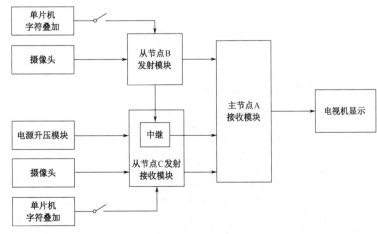

图 6.6.2 系统整体框图

点 C 中继部分的成品接收模块采用 9V 直流供电方式,所以使用电源升压模块将由电池提供的 2.4～3.0V 直流电压转化为供接收模块使用的 9V 直流电压。

6.6.4　理论分析与电路设计

1. 字符叠加

字符叠加硬件电路如图 6.6.3 所示,VD_2 和 R_3 串联构成加法电路,用来把字符和模拟视频信号叠加;C_4 右端接比较器输入,用于判断帧同步;VD_3、VD_4、R_4、R_5 和 R_6 用于同步行,产生一个判决门限,接比较器输入。

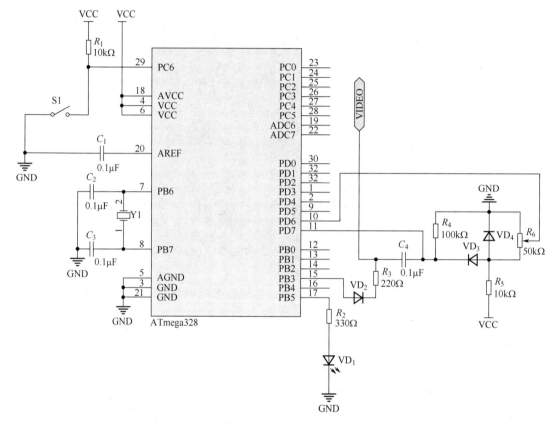

图 6.6.3　字符叠加硬件电路

2. 无线发射模块理论分析

由于低频信号难以通过天线发射出去,因此需要将低频信号调制到高频信号中,再将此高频调制信号通过天线发射。考虑到发射功耗要求,使用三端式振荡器产生高频信号作为本振信号,再与摄像头采集的信号进行混频产生调制信号,通过天线发射此调制信号。

无线发射模块电路由两级晶体管连接而成,第一级晶体管构成三端式振荡器,产生本振信号,第二级晶体管构成混频器,将输入的视频信号与本振信号进行上混频,产生高频调制信号,进而从天线发射出去。无线发射模块电路如图 6.6.4 所示。

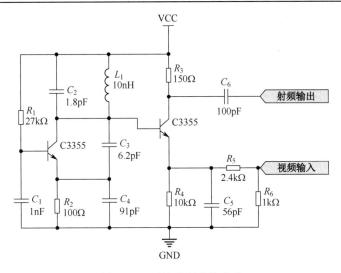

图 6.6.4　无线发射模块电路

3．无线接收模块理论分析

天线接收到发射的信号后，先进行高频放大，然后进行下混频到中频，再对此中频信号放大，进行选频滤波后通过 AV 电缆送入电视机中显示无线发送的视频内容。无线接收模块框图如图 6.6.5 所示。

图 6.6.5　无线接收模块框图

4．电源升压模块理论分析

电源升压模块电路如图 6.6.6 所示，利用开关电源芯片 LT1377 构成升压结构。根据芯片数据手册可用下式计算最终产生电压。

$$U_{\text{out}} = U_{\text{REF}} \left(1 + \frac{R_2}{R_3} \right)$$

其中，$U_{\text{REF}} = 1.245\text{V}$，取 $R_2 = 68\text{k}\Omega$，$R_3 = 11\text{k}\Omega$，即可得 $U_{\text{out}} = 9\text{V}$。

6.6.5　软件设计

混合视频信号可以看成间隔为 $64\mu\text{s}$（PAL 制）的行扫描信号，每个行扫描信号都是同步脉冲和数据流的组合。使用单片机的模拟输入端口配合外围电路，捕获

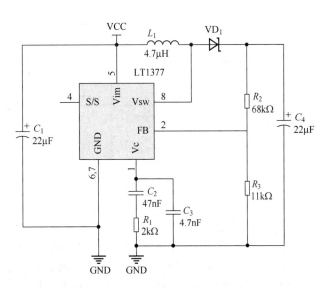

图 6.6.6　电源升压模块电路

行扫描信号的同步脉冲并触发中断，在中断处理函数内处理字符的打点过程，在主循环中周期性地判断是否有新字符需要输出。由于所用单片机中断服务函数不可重入的机制，因此在处理中断服务函数产生字符时，再将数据送入硬件 SPI 后使处理器处于休眠状态，处理完成后再唤醒，这样的处理也能在一定程度上降低系统功耗。程序流程图如图 6.6.7 所示。

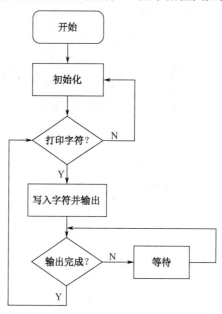

图 6.6.7　程序流程图

6.6.6　系统测试方案与测试结果

1. 测试仪器

测试仪器及型号如表 6.6.1 所示。

表 6.6.1　测试仪器及型号

序　号	仪器名称	型　号	指　标	生产厂家	数　量
1	数字示波器	3102A	1GHz 5G Sa/s	Agilent	1
2	直流稳压电源	SS3323	3CH	SUING	1
3	信号发生器	F80	80MHz	SP	1
4	数字万用表	UT603	三位半	UNI-T	1

2. 测试方法

1）基本要求

（1）从节点 B 到主节点 A 的单向视频信号传输测试：将摄像头连接到从节点 B，主节点 A 连接到电视机上。用摄像头拍摄电视测试卡，观察电视机显示的视频内容是否清晰无闪烁、色彩是否正常。再将摄像头直接连接到电视机上，观察前后两次电视机显示的图像质量差异。

（2）从节点 C 到主节点 A 的单向视频信号传输测试：将摄像头连接到从节点 C，主节点

A 连接到电视机上。用摄像头拍摄电视测试卡，观察电视机显示的视频内容是否清晰无闪烁、色彩是否正常。再将摄像头直接连接到电视机上，观察前后两次电视机显示的图像质量差异。

（3）同时实现两个从节点（B 和 C）到主节点 A 的单向视频信号传输测试：拨动开关选择显示从节点 B 的视频内容，观察电视机显示图像；再拨动开关选择显示从节点 C 的视频内容，观察电视机显示图像。

（4）叠加字符图案测试：拨动开关选择显示从节点 B 的视频内容，观察电视机屏幕上是否有字符"B"叠加进视频内容；再拨动开关选择显示从节点 C 的视频内容，观察电视机屏幕上是否有字符"C"叠加进视频内容。

2）发挥部分

（1）功耗测量：测量从节点 B 的输入电压，再将电流表串入电路中，读出供电电流大小，即可计算出从节点 B 的功耗；再测量从节点 C 的输入电压，将电流表串入电路中，读出供电电流大小，即可计算出从节点 C 的功耗。

（2）从节点 C 为中继的测量：将从节点 B 到主节点 A 的通信距离设为 10m，从节点 C 作为中继转发节点，在电视机屏幕上观察显示的图像质量。

（3）选择显示从节点 C 的视频内容或从节点 C 转发从节点 B 的视频内容测试：通过开关选择显示从节点 C 的视频内容或从节点 C 转发从节点 B 的视频内容，观察图像质量。

3．测试数据

实测数据如下。

1）基本要求测试结果

（1）当通信距离为 9.8m 时，通过电视机显示的从节点 B 到主节点 A 传输的视频内容清晰无闪烁、色彩正常。

（2）当通信距离为 9.8m 时，通过电视机显示的从节点 C 到主节点 A 传输的视频内容清晰无闪烁、色彩正常。

（3）主节点 A 可通过开关选择显示从节点 B 或从节点 C 的视频内容。

（4）从节点 B 发射的视频信号中可以叠加字符"B"，从节点 C 发射的视频信号中可以叠加字符"C"。

2）发挥部分测试结果

（1）从节点 B 功耗［发挥部分（1）］：电压为 2.96V，电流为 19.7mA，功耗为 58.312mW；从节点 C 功耗［发挥部分（1）］：电压为 2.98V，电流为 19.9mA，功耗为 59.302mW。

（2）中继通信测试：可以实现以从节点 C 作为中继的通信。

（3）主节点 A 可通过开关选择显示从节点 B 或 C 的视频内容。

6.6.7　设计实现的实物图

1. 主节点 A

短距视频信号无线通信网络主节点 A 实物图如图 6.6.8 所示。

2. 从节点 B、C

短距视频信号无线通信网络从节点 B、C 实物图如图 6.6.9 所示。

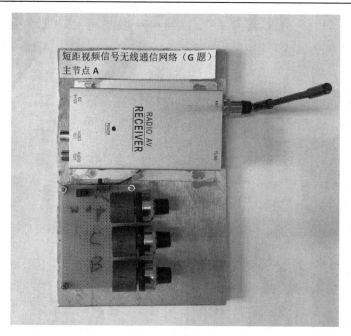

图 6.6.8　短距视频信号无线通信网络主节点 A 实物图

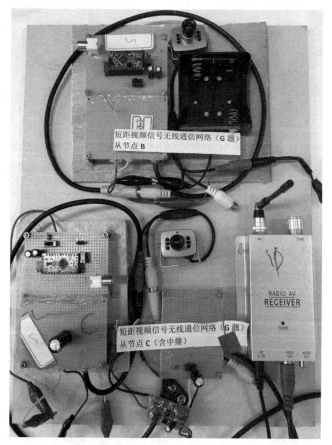

图 6.6.9　短距视频信号无线通信网络从节点 B、C 实物图

6.7　简易幅频特性测试仪

本题为 2013 年全国大学生电子设计竞赛试题 E 题。

6.7.1　任务要求及评分标准

1. 任务

根据零中频正交解调原理，设计并制作一个双端口网络频率特性测试仪，包括幅频特性和相频特性，其示意图如图 6.7.1 所示。

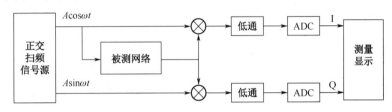

图 6.7.1　频率特性测试仪示意图

2. 要求

1）基本要求

制作一个正交扫频信号源。

（1）频率范围为 1～40MHz，频率稳定度不大于 10^{-4}；频率可设置，最小设置单位为 100kHz。

（2）正交信号相位差误差的绝对值不大于 5°，幅度平衡误差的绝对值不大于 5%。

（3）信号电压的峰–峰值不小于 1V，幅度平坦度不大于 5%。

（4）可扫频输出，扫频范围及频率步进值可设置，最小步进值为 100kHz；要求连续扫频输出，一次扫频时间不大于 2s。

2）发挥部分

（1）使用基本要求中完成的正交扫频信号源，制作频率特性测试仪。

① 输入阻抗为 50Ω，输出阻抗为 50Ω。

② 可进行点频测量；幅频测量误差的绝对值不大于 0.5dB，相频测量误差的绝对值不大于 5°；数据显示的分辨率：电压增益为 0.1dB，相移为 0.1°。

（2）制作一个 RLC 串联谐振电路作为被测网络，如图 6.7.2 所示，其中 R_i 和 R_o 分别为频率特性测试仪的输入阻抗和输出阻抗；制作的频率特性测试仪可对其进行线性扫频测量。

① 要求被测网络通带中心频率为 20MHz，误差不大于 5%；有载品质因数为 4，误差不大于 5%；有载最大电压增益不小于 –1dB。

② 扫频测量制作的被测网络，显示其中心频率和 –3dB 带宽，频率数据显示的分辨率为 100kHz。

③ 扫频测量并显示幅频特性曲线和相频特性曲线，要求具有电压增益、相移和频率坐标刻度。

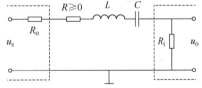

图 6.7.2　RLC 串联谐振电路

（3）其他。

3. 说明

（1）正交扫频信号源必须自制，不能使用商业化 DDS 开发板或模块等成品，自制电路板上需有明显的覆铜"2013"字样。

（2）要求制作的仪器留有正交信号输出测试端口，以及被测网络的输入、输出接入端口。

（3）本题中，幅度平衡误差是指正交两路信号幅度在同频点上的相对误差，定义为 $\dfrac{U_2 - U_1}{U_1} \times 100\%$，其中 $U_2 \geqslant U_1$。

（4）本题中，幅度平坦度指信号幅度在工作频段内的相对变化量，定义为 $\dfrac{U_{\max} - U_{\min}}{U_{\min}} \times 100\%$。

（5）参考图 6.7.2，本题被测网络电压增益取 $A_{\mathrm{v}} = 20\lg \left| \dfrac{U_{\mathrm{o}}}{U_{\mathrm{s}}/2} \right|$。

（6）幅频特性曲线的纵坐标为电压增益（dB）；相频特性曲线的纵坐标为相移（°）；特性曲线的横坐标均为线性频率（Hz）。

（7）在发挥部分中，一次线性扫频测量完成时间不超过 30s。

6.7.2　题目分析

1. 设计任务

设计具有幅频特性和相频特性功能的双端口网络频率特性测试仪。

2. 系统功能及主要指标分析

（1）设计扫频信号源，扫频范围为 1～40MHz，步进值为 100kHz，幅度大于 1Vpp，频率稳定度受限于参考时钟源，具有 I、Q 两路信号，相位差与幅度平衡误差需满足指标。

（2）设计混频器，要求各端口间有较高的隔离度。

（3）设计中频信号的低通滤波器，带宽设置需满足混频器中频输出带宽及 ADC 采样率。

（4）设计待测网络，即串联 RLC 谐振电路，谐振点为 20MHz，Q 值为 4，可计算出对应的 L、C 值。

6.7.3　方案论证

1. 正交扫频信号产生

方案一：采用 DDS 的原理，用 FPGA 控制外接的双通道高速 D/A 芯片，实现两路正交信号的输出。题目要求的扫频输出最大频率为 40MHz，采用 FPGA 与一般的 D/A 芯片很难实现高频率的输出，而且此方案的成本较高。

方案二：使用 MSP430F2618 控制专用 DDS 芯片 AD9854 产生正交扫频信号。AD9854 内部具有两路高速、高性能的正交 DAC，可以很容易地实现数字合成的正交 I、Q 两路输出。并且 AD9854 内部时钟高达 300MHz，可以很容易地实现扫频范围为 1～40MHz 的正交信号输出。该方案不但能够很好地完成题目要求，而且比方案一的性价比更高。故采用方案二。

2．混频器方案

方案一：利用二极管的非线性特性来实现混频，此方案所需要用到的器件很容易获得，且价格低廉。不过此方案所需要的分离元件数量较多，而且电路复杂，调试也相对困难。

方案二：使用 AD835 乘法器专用芯片来实现混频，AD835 具有 250MHz 的带宽，完全满足设计要求，而且输出幅度在不同频率值时相对稳定。相对于方案一，其外围电路相对简单，可行性更强，故采用方案二。

3．特性曲线的显示

方案一：示波器的 X-Y 显示模式。在 Y 轴上加曲线信息，根据需要在示波器屏幕上显示的位置要求，输出对应的直流电平给 Y 通道。同时，X 轴加锯齿波扫描，锯齿波的扫描递增速度与 Y 轴的信息同步，使用较高的扫描速度，在示波器上即可显示稳定的波形。不过题目发挥部分要求在显示幅频与相频特性曲线时显示坐标刻度，这一点用示波器画图实现起来比较困难。

方案二：用分辨率为 400×240 的彩色液晶屏作为显示装置。通过单片机控制液晶屏画图十分方便，可以很容易地实现题目要求的在显示频率特性曲线时，标出具有电压增益、相移和频率坐标刻度的功能。而且相对于示波器显示而言，液晶屏可以显示更多有用的信息，故采用方案二。

6.7.4　理论分析与电路设计

1．系统原理

系统原理框图如图 6.7.3 所示。

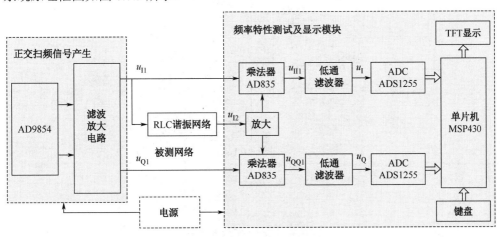

图 6.7.3　系统原理框图

通过 MSP430F2618 控制 DDS 芯片 AD9854，经滤波放大电路后产生两路正交扫频信号，I 路 $u_{I1} = A\cos(\omega t)$，Q 路 $u_{Q1} = A\sin(\omega t)$。其中，I 路信号经过被测网络后输出信号为 $u_{I2} = B\cos(\omega t + \varphi)$。$u_{I2}$ 经放大后分别与 u_{I1} 和 u_{Q1} 经乘法器 AD835 混频，得到 I、Q 两路信号分别为 u_{II1} 和 u_{QQ1}。

$$u_{II1} = \frac{AB}{2}\cos(2\omega t + \varphi) + \frac{AB}{2}\cos(-\varphi)$$

$$u_{QQ1} = \frac{AB}{2}\sin(2\omega t + \varphi) + \frac{AB}{2}\sin(-\varphi)$$

(6-7-1)

使用低通滤波器滤除高频分量后所得到的 I 和 Q 的两路直流分量分别为

$$u_I = \frac{AB}{2}\cos(-\varphi)$$

$$u_Q = \frac{AB}{2}\sin(-\varphi)$$

(6-7-2)

其中，A 为已知的正交扫频信号的幅度。经过被测网络后的信号幅度为

$$B = \sqrt{4(UI^2 + UQ^2)/A^2}$$

(6-7-3)

通过计算可分别获得 I 路信号经过被测网络后的电压增益 G 与相移 φ。

$$G = 20\lg\frac{B}{A}\text{dB}, \qquad \varphi = -\arctan(U_Q / U_I)$$

(6-7-4)

2．正交扫频信号源输出放大电路设计

为了满足题目要求的测试仪输入阻抗为 50Ω，在 AD9854 的输出端口接一级由 OPA690 构成的同向比例放大器，在 OPA690 输出端口接一个 50Ω 的电阻，其电路如图 6.7.4 所示。

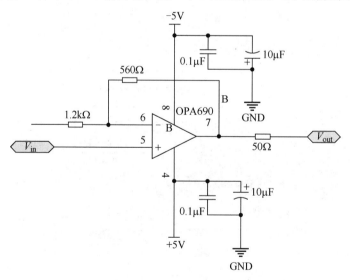

图 6.7.4　同向比例放大器电路

3．混频电路设计

混频电路采用 AD835 乘法器芯片来实现，电路如图 6.7.5 所示。

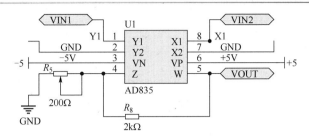

图 6.7.5 AD835 混频电路

4. 滤波器设计

为了得到式(6-7-1)中的低频分量，需要设计低通滤波器。为了能够更好地滤出低频分量，低通滤波器的截止频率应尽可能小，不过考虑到扫频时扫频速度较快，可适当提高低通滤波器的截止频率，通过减小时间常数以减小单位响应的上升时间，实际设计截止频率为 1kHz 的二阶低通滤波器，1MHz 信号理论上可衰减 60dB，可以很好地实现对高频分量的衰减。

混频器后的 1kHz 低通滤波器采用 OPA227 实现，电路如图 6.7.6 所示。

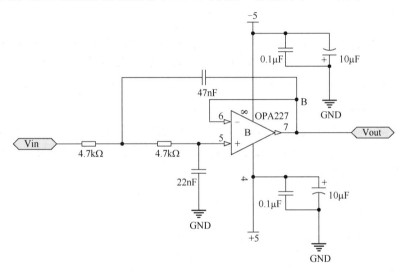

图 6.7.6 1kHz 低通滤波器电路

5. 被测网络设计

题目要求制作一个由 R、L、C 元件组成的 RLC 串联谐振网络，谐振时电路阻抗为纯电阻 $Z(\omega_o)=R$，电压和电流同相。

该谐振网络的谐振频率 f 及品质因数 Q 分别为

$$f = \frac{1}{2\pi\sqrt{LC}}, \qquad Q = \frac{1}{R}\sqrt{\frac{L}{C}} \tag{6-7-5}$$

题目要求谐振频率 $f=20\text{MHz}$，品质因数 $Q=4$，故根据式(6-7-5)选取 $L=3.2\mu\text{H}$，$C=15\text{pF}$。由于输入信号频率高且范围宽，因此为了获得尽可能高的品质因数，电感使用高频磁芯自制电感。图 6.7.7 所示为根据取值利用 MultiSim 仿真出来的被测网络的幅频曲线和相频曲线。

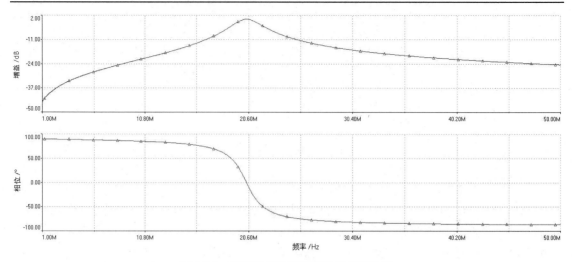

图 6.7.7 被测网络的幅频曲线和相频曲线

从仿真波形中可以看出，所选择的谐振网络参数满足要求。

6. ADC 设计

由于被测网络的最大衰减（1MHz 附近）接近 40dB，输入被测网络的信号峰-峰值大于 1V，因此选择 ADC 的分辨率至少应该为 1V/40dB=10mV，这里选用了 24 位 AD 芯片 ADS1255，其分辨率为 $2.5V/2^{24}=0.1\mu V$，能够满足题目的要求。

7. 特性曲线显示

使用分辨率为 400×240 的彩色液晶屏显示被测网络的特性曲线，首先设定正交扫频信号源的扫频范围和扫频步进值，然后开始扫频。扫频结束显示被测网络的幅频特性曲线，并且可用按键切换显示相频特性曲线。

6.7.5 软件设计

程序流程图如图 6.7.8 所示。

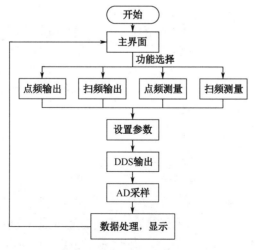

图 6.7.8 程序流程图

6.7.6　系统测试方案与测试结果

1．测试条件

函数信号发生器型号：suin TFG6300。

200M 数字示波器型号：GWINSTEK、GOS-2202A。

直流稳压电源型号：SUING SS3323 可跟踪直流稳定电源。

2．测试方案及结果分析

1）正交扫频信号源的测试

测试方法：在频率范围为 1～40MHz 时分别对扫频信号源的两路输出信号（I 路和 Q 路内）抽取足够多的测试点，记录两路信号此时的幅度及频率，并分别找出两路信号幅度的最大值与最小值，用以计算幅度平坦度、幅度平衡误差的绝对值及频率稳定度。测试结果如表 6.7.1 和表 6.7.2 所示。

表 6.7.1　I 路输出信号测试结果

设置频率/MHz	1	5	10	15	20
设置频率/MHz	1.00	5.00	10.00	15.00	20.00
设置频率/MHz	25	30	35	40	
设置频率/MHz	25.00	30.00	35.00	40.00	
幅度最大值 U_{max}/V	1.88		幅度最小值 U_{min}/V	1.80	

表 6.7.2　Q 路输出信号测试结果

设置频率/MHz	1	5	10	15	20
实际频率/MHz	1.00	5.00	10.00	15.00	20.00
设置频率/MHz	25	30	35	40	
实际频率/MHz	25.00	30.00	35.00	40.00	
幅度最大值 U_{max}/V	1.90		幅度最小值 U_{min}/V	1.82	

结论：

（1）输出信号的峰-峰值大于 1V。

（2）由表 6.7.1 和表 6.7.2 可得，I 路的频率稳定度为 0，Q 路的频率稳定度为 0。

（3）通过计算公式 $(U_{max} - U_{min})/U_{min} \times 100\%$，可得幅度平坦度。

由表 6.7.1 可知，I 路 U_{max}= 1.88，U_{min}=1.80，所以 I 路幅度平坦度为 4.4%。

由表 6.7.2 可知，Q 路 U_{max}= 1.90，U_{min}= 1.82，所以 Q 路幅度平坦度为 4.3%。

（4）当幅度平衡误差最大时，U_1=1.86V，U_2=1.80V。

通过公式 $(U_2 - U_1)/U_1 \times 100\%$，可得幅度平衡误差绝对值为 3.2%。

2）RLC 串联谐振网络指标测试

测试方法：将 RLC 串联谐振网络从电路中独立取出，从示波器中输出峰-峰值为 2V 的正弦波信号，改变输入信号的频率为 1～40MHz，观察信号幅度的变化，记录下信号最大值所对应的频率，即为中心频率。

结论：经过测试可知中心频率为 21.40MHz。

3）中心频率、-3dB 带宽与绘图测试

将被测网络接入仪器中，设置扫频范围为 1～40MHz，步进值为 100Hz，使用绘图功能在液晶屏上画出被测网络的幅频特性曲线和相频特性曲线，并标出中心频率和-3dB 带宽。

结论：由液晶屏画出的幅频特性曲线可知中心频率为 21.00MHz，-3dB 带宽为 4.8MHz。

6.8　红外光通信装置

本题为 2013 年全国大学生电子设计竞赛试题 F 题。

6.8.1　任务要求及评分标准

1. 任务

设计并制作一个红外光通信装置。

2. 要求

1）基本要求

（1）红外光通信装置利用红外发射管和红外接收模块，定向传输语音信号，传输距离为 2m，如图 6.8.1 所示。

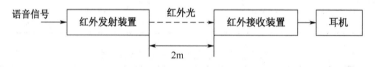

图 6.8.1　红外光通信装置方框图

（2）传输的语音信号可采用话筒或 3.5mm 音频插孔线路输入，也可由低频信号源输入，频率范围为 300～3400Hz。

（3）接收的声音应无明显失真。当发射装置输入语音信号改为 800Hz 单音信号时，在 8 Ω 电阻负载上，接收装置的输出电压有效值不小于 0.4V。不改变电路状态，减小发射装置输入信号的幅度至 0V，采用低频毫伏表（低频毫伏表为有效值显示，频率响应范围低端不大于 10Hz、高端不小于 1MHz）测量此时接收装置输出端噪声电压，读数不大于 0.1V。如果接收装置设有静噪功能，必须关闭该功能后再进行上述测试。

（4）当接收装置不能接收发射装置发射的信号时，要用发光管指示。

2）发挥部分

（1）增加一路数字信道，实时传输发射端环境温度，并能在接收端显示。数字信号传输时延不超过 10s。温度测量误差不超过 2℃。语音信号和数字信号能同时传输。

（2）设计并制作一个红外光通信中继转发节点，改变通信方向 90°，延长通信距离 2m，如图 6.8.2 所示。语音通信质量要求同基本要求（3）。

中继转发节点采用 5V 直流单电源供电，其供电电路如图 6.8.3 所示。串接的毫安表用来测量其供电直流电流。

（3）在满足发挥部分（2）要求的条件下，尽量减小中继转发节点供电电流。

（4）其他。

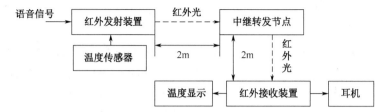

图 6.8.2　红外光通信中继转发装置方框图

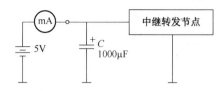

图 6.8.3　中继转发节点供电电路

3. 说明

（1）本装置的通信信道必须采用红外光信道，不得使用其他通信装置。发射端及转发节点必须采用分立的红外发射管作为发射器件，安装时需外露发射管，以便检查。不得采用内部含有现成通信协议的红外光发射芯片或模块。

（2）中继转发节点除外接的单 5V 供电电源之外，不得使用其他供电装置（如电池、超级电容等）。

（3）测试时，自备 MP3 或录音机及音频连接线。

4. 评分标准

评分标准如表 6.8.1 所示。

表 6.8.1　评分标准

项　　目		主　要　内　容	满　　分
设计报告	系统方案	红外光通信装置总体方案设计	4
	理论分析与计算	通信原理分析，提高转发效率的方法	6
	电路与程序设计	总体电路图、程序设计	4
	测试方案与测试结果	测试数据完整性等	4
	设计报告结构及规范性	摘要、设计报告正文结构、图表的规范性	2
	总分		20
基本要求	完成（1）		25
	完成（2）		5
	完成（3）		15
	完成（4）		5
	总分		50
发挥部分	完成（1）		10
	完成（2）		10
	完成（3）		25
	其他		5
	总分		50

6.8.2 题目分析

从整体来看，题目可以分为音频信号调理与采集、数字信号采集、信号整合、红外发射装置与接收装置、信号恢复、显示及其他。其中，设计的关键及实现难度最大的部分是信号整合，而这个题目的挑战在于如何组织信号，使其仅通过一个信道，同时传输一路模拟信号及一路数字信号。其余部分的信号调理、采集、发送及低功耗设计都将围绕这个问题展开，这些设计更多考验的是参赛者的基础能力。

信号整合与红外光具体传输信号的形式有关，此形式大致可以分为以下两类。

（1）红外光传输经过调制后的混合信号。调制方式多种多样，根据音频信号特点，一般多用 FSK 调制方式，此处 FSK 是指二进制信号的频移键控，简单来讲，就是用两种频率分别表示 0 和 1 加载到载波上。此时红外光上加载的是一个连续的模拟信号，通信信道为模拟信道。

（2）红外光直接传输经过打包后的数字信号。将量化过的语音信号和温度数字信号按照一定的数据包格式进行打包，信道上直接传送二进制数据包，红外光传送的是幅值离散的数字波形。

本节将依据以上讨论的两种情况，对整体设计分别进行概述。

6.8.3 红外光信道传输模拟信号

红外光信道传输模拟信号有多种思路。

方案一：只将数字信号经过 FSK 调制加载到音频信号上，而音频信号不做调制直接发送（一般需要进行信号的调制，是为了方便信号通过无线传输时，天线易于制作且容易覆盖信号频谱带宽。此题目则不涉及这个问题）。发送原理是红外发射管的发射强度随着加载在发射管两端的电压信号变化而变化，相应的接收管随着接收到的光强变化，输出电流也跟着变化。在接收端做简单的电流/电压转换恢复信号。

方案二：直接传送模拟的音频信号可能引入环境噪声，进而造成信息丢失、音质变差。为了避免这种情况，可以先对采集到的模拟信号进行 AD 采样量化、编码，再把这些数字信号使用调频调制方式加载到载波上。同时，对温度数据信号也通过频率调制加载到载波上，只要使这两个信号的调制频带范围相隔较远即可。

方案二虽然需要经过 AD 采样量化，但是对提高信号抗干扰能力、增大传播距离是十分有益的；方案一不加调制直接发射，易受外界自然光等干扰且不稳定。题目要求传输距离为 2m，且为音频信号，在实验室环境中没有太强干扰情况下，使用方案一也是可行的。往年比赛中也有参赛队伍使用方案一，并达到了比较好的通信效果。

方案一直接传输未经调制的音频信号，使用频分复用的方法将温度数字信号经过 FSK 加载至音频信号。这种方案类似于纯模拟方式实现，将语音信号用低噪声放大器进行相关的前置放大，信号直接调制二极管两端电压，二极管的发光强度和调制的模拟电压强度近似成正比。接收端接收到变化的光照强度，转换成模拟电压或电流信号，经音频功放后驱动喇叭。题目要求音频信号范围为 300~3400Hz，这里可以考虑使用 200~300Hz 表示数字 1，100~200Hz 表示数字 0，来传输温度数字信号，这样载波是 200Hz，也可以使用高频段，如载波 38kHz。在音频信号输入端，经过自动增益控制放大至合适幅度后，加入 300~3400Hz 的带通滤波器，留下 0~300Hz 带宽供调制使用。温度数字信号的频率调制可以用单片机实现，根据温度数字信号产生相应频率的 PWM 波,经过两级的有源带通滤波器来达到较好的滤波效果,尽量不对音频信号产生干扰。两路信号经过加法器电路进行整合之后,送入红外驱动电路发送。此处注意,红外驱动电路一般为电压/电流转换电路,将电压信号转换为电流信号驱动红外发射管,而红外发射管的光强与电流不一定成严格的线性关系,所以要求发射管和接收管的光强与电流特性尽可能对称,以避免信号出现非线性失真。

在接收端,对接收信号进行跟随放大之后,进一步经过 100~3400Hz 带通滤波器滤除传输过程中引入的干扰,再经过放大发送或解调,在解调部分接收到的信号经过放大后,一路经过 300~3400Hz 带通滤波器送入音频驱动电路,一路经过 100~300Hz 带通滤波器,再经过零比较后送入单片机比较捕获模块测量频率,从而获取数据。系统整体结构框图如图 6.8.4 所示。

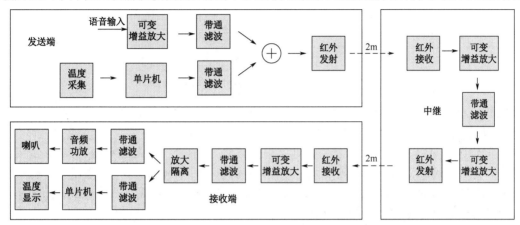

图 6.8.4　系统整体结构框图

300~3400Hz 有源带通滤波器电路如图 6.8.5 所示,其余频率滤波器可参考电路结构,重新计算阻容值。放大器、跟随器、加法器使用培训过程中的经典电路,不再赘述。这种方案实现时考虑更多的模拟方法,整体方案对数字电路单片机的压力较小,需要扎实的模拟功底,尽可能降低传输过程中引入的干扰。

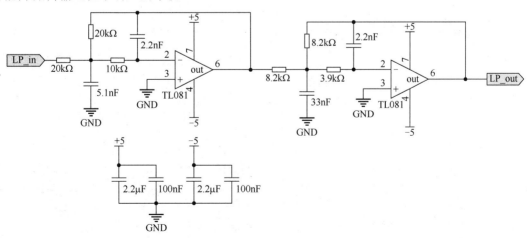

(a) 3400Hz 低通滤波器

图 6.8.5　300~3400Hz 有源带通滤波器电路

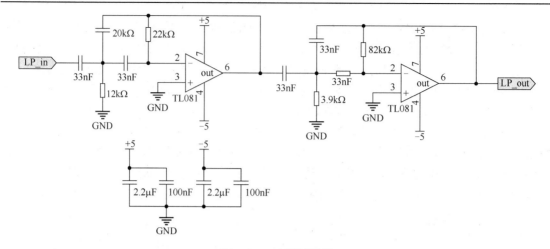

（b）300Hz 高通滤波器

图 6.8.5　300～3400Hz 有源带通滤波器电路（续）

　　题目要求当接收装置不能接收发射端发射的信号时，要用发光管指示。可通过整形包络检波得到直流信号，并与设定阈值相比较，结果驱动指示灯。

　　由于传送的是模拟信号，为了更好地保证音频信号质量，在中继部分最好对信号进行一次滤波，去除传输过程中引入的噪声。这无形中增加了中继部分的功耗，如果最终音频质量极佳，为了降低中继部分功耗可以考虑去掉此级信号调理。同时，放大电路和驱动电路尽量使用精密低功耗运算放大器以降低整体功耗。

　　方案二对音频信号进行采样量化，使用频率调制的同时调制音频信号和数字温度信号至不同的频率上。语音信号经 AD 采样离散化，量化位数为 8 位，共 256 个量化级。将信号电压与对应的载波周期一一对应。载波频率不高，单片机使用测频法调整门限时间可精确测量调制频率，分辨的频率数量足以达到 256 个。

　　系统整体结构框图如图 6.8.6 所示。

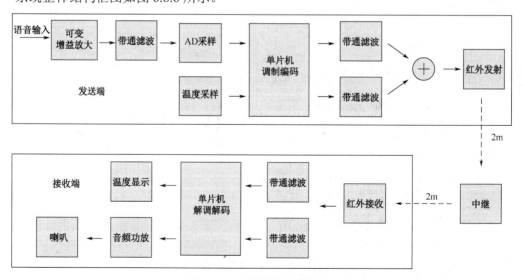

图 6.8.6　系统整体结构框图

其中, ADC 可使用单片机内部自带 ADC 进行采样, 进一步降低了电路设计复杂度。单片机可考虑使用 TI 公司的 MSP430f5/f6 系列, 内置一个 12bit SAR ADC, 音频信号采样使用 8kHz 的频率采样即可。ADC 的前端自动增益放大器有很多方案可选, 可使用程控增益放大器、压控增益放大器, 或者使用固定增益放大器可变衰减的方案, 此处不再赘述。

ADC 也可以使用专用的音频信号编码器实现, 如经典的摩托罗拉公司 PCM 编解码芯片 MC145480 以及 TI 公司的 TLV320AIC 系列低功耗声音编解码器。这类专用的集成电路芯片一般都包含音频采集所需的整套系统功能, 包括前级的预采样滤波器、语音数字化 ADC、还原重构所需的 DAC、重构滤波器、平滑处理等, 整体性能也远高于使用分立器件或使用运算放大器, 独立 ADC、独立 DAC 在 PCB 板上搭建的单板电路, 使用方便, 节省时间。

FSK 实现方式可参考方案一, 使用单片机定时器同时产生两路调制方波, 经带通滤波器后送入加法器电路, 产生最终调制信号。解调与中继设计可参考方案一, 在实际调试中, 为了减小干扰, 可并联使用多个发射管与接收管, 在接收端也可考虑使用一些聚光设备(如聚光透镜等), 提高红外光强度, 增强抗干扰能力, 思维不一定要局限于电信号的放大。接收端信号同步可参考如下方法: 将信号调制为如图 6.8.7 所示的波形, 每个比特位周期只有一半时间有信号, 另一半时间为空。在接收端使用简单的包络检波电路, 调整充电电容和放电电阻, 再经施密特触发器整形, 可得到理想的上升沿信号, 将此信号作为接收端单片机频率测量起始信号。

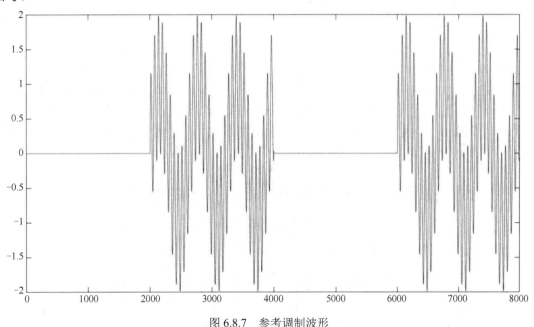

图 6.8.7　参考调制波形

6.8.4　红外光信道传输数字信号

采集到的音频信号先经过前级自动增益调理, 送入 ADC 进行采样编码, 同时通过温度采集模块获取温度数字信号, 将语音信号和温度信号进行打包, 添加数据包头。再通过红外发射管直接将二进制数据包发出。如果音频采样使用专用的音频编解码器, 那么只需要数字电路单片机进行温度采集和数据打包。由于系统实时性较强，对单片机压力大，因此需要高主频单片机及快速响应灵敏度高的红外管。此外，也可以考虑使用 FPGA，利用其并行计算优势，同时执行驱动音频编码、温度数字信号采集、数据打包发送 3 个功能单元。系统框图如图 6.8.8 所示。

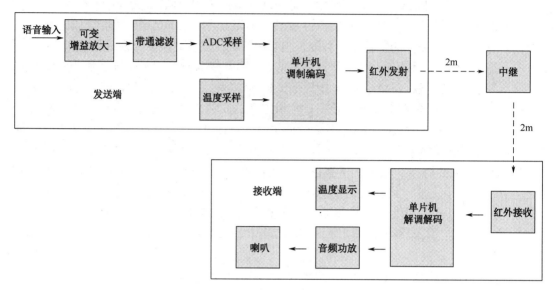

图 6.8.8　系统框图

数据打包有多种形式，可以使用自定义的简单数据打包方式：包头+音频数据+温度数据+校验，如图 6.8.9 所示。为了实现方便，也可进行形式简单的校验，如同码校验等。数据发送时使用脉冲编码。脉冲编码多种多样，例如，脉宽编码可以使用一定脉冲宽度的脉冲信号表示逻辑 1，而逻辑 0 使用更短脉宽表示，如图 6.8.10 所示。这样在整个工作期间红外管不总是导通的，进而降低红外管的功耗，如图 6.8.11 所示。

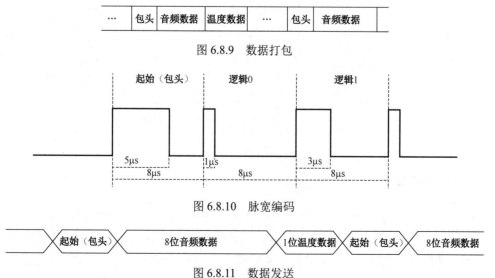

图 6.8.9　数据打包

图 6.8.10　脉宽编码

图 6.8.11　数据发送

在实际操作中，由于温度数据不需要那么高的实时性，可以将温度数据分比特传送，每个数据包只传送 16 位温度数据中的一位。而温度数据码流再使用类似于串口协议的解码方式还原数据，解码端以固定的波特率检测信号从 1 到 0 的跳变，表示起始信号，接收固定数据后检查校验位，再重新开始检测起始信号，如图 6.8.12 所示。

起止式异步协议

图 6.8.12　一种异步串口协议编解码

中继部分可将接收到的红外光信号直接经过两级反相器驱动给发送电路（如 74LS04），电路简洁，功耗低。

在接收部分，数据包先经过解包，其音频数据可使用相同的音频编解码芯片进行恢复。题目要求发送端停止发送数据时，接收端需点灯显示。可在接收端设定一段时间，在此时间内没有接收到数据包即认为发送端停止发送数据，点灯示意。

在红外光信号的整合与传输部分，一共给出 3 种方案供读者参考，可借鉴其想法而不局限于此，设计更简单精妙的实用电路完成题目要求。在电子设计竞赛中建议两点：①在方案论证时，多考虑专用的集成电路芯片和已经设计成熟的功能模块，因为比赛时间有限，如果有可以借鉴的典型电路或成熟的功能模块，就可以降低自己的设计风险，节省实现时间；②模拟电路设计需要更多的经验积累和直观感觉，考虑参赛本科生模拟电路设计经验不足，如果感觉本团队模拟设计能力较弱，那么方案论证时尽量考虑用简单的必要模拟电路，先实现基本功能。而将发挥部分的复杂功能使用数字电路实现，这样可以避免一部分关键电路调不出来，整个作品无法测试的尴尬处境。

6.8.5　红外管发射驱动电路与接收电路

发射管和接收管的选型要考虑快响应、高灵敏的管子，这里给出几种红外管的型号：TSFF6410 红外发射管、TFDU4100 红外接收管、TSGH6400 红外发射管、SFH203 红外接收管，仅供参考。

这些普通红外发射管的驱动电路十分简单，可使用简单的三极管驱动。如果要求进一步增大驱动能力，那么可以考虑双管推挽输出。

如果红外管传送数字信号，中继部分可以直接接入两个工作在开关状态的共源极三极管放大器组成两个级联的反相器驱动，也可以使用集成反相器（如 SN74LVC1G14）驱动，同时对信号进行整形。

发射管驱动电路和接收电路可参考图 6.8.13 和图 6.8.14 所示的电路，也可进一步将跟随器改为同相输入放大器放大信号。

TFDU4100 红外接收管是一个集成红外接收模块，内部集成有自动增益放大器、比较器、输出驱动等电路，有很强的抗干扰能力。驱动参考电路如图 6.8.15 所示。

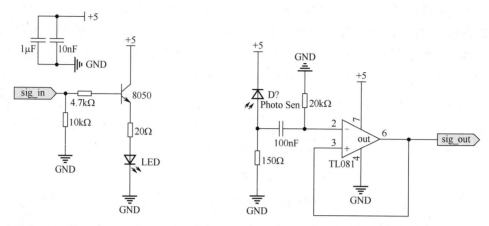

图 6.8.13　发射管驱动电路（发送二值数字信号）　　　图 6.8.14　发射管接收电路

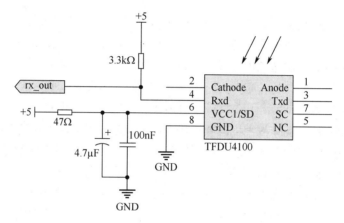

图 6.8.15　TFDU4100 驱动参考电路

　　现今有许多类似 TFDU4100 的集成红外发送接收模块可供使用，这些集成模块一般都包含性能优越的滤波放大电路，如 RPM841-H11 一体化红外接收头。这些集成块的驱动和使用方法参考生产公司的使用手册。

6.8.6　语音驱动及其他

　　音频信号驱动是设计的最后一级。考虑使用音频功率放大器搭建功率放大电路，如 TDA2822、LM386 等，如图 6.8.16 和图 6.8.17 所示。此部分电路已十分成熟，电路简单，输出声音基本无明显失真。

　　温度采集方案较多，推荐使用 DS18B20 数字温度传感器，直接输出数字信号，且测温范围和精度误差都满足题目要求，无须校准。此外，也可以使用模拟温度传感器，如铂电阻温度传感器等，如果不是赛前有充分准备，有调试好的电路模块可以直接使用，不建议再花费大量时间在温度采集上。关于温度采集相关成熟方案和资料很多，此处不再赘述。

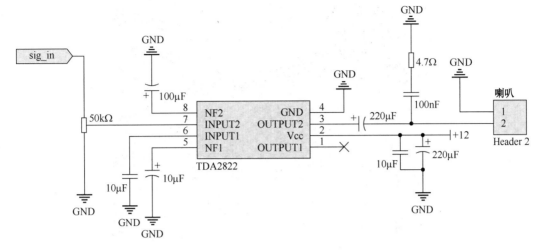

图 6.8.16 TDA2822 音频功率放大电路

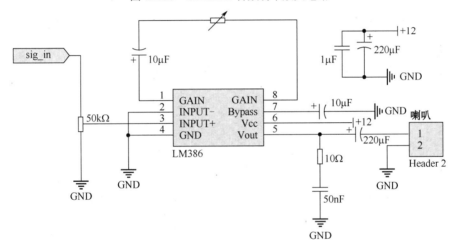

图 6.8.17 LM386 音频功率放大电路

6.8.7 测试方案与测试结果

如图 6.8.18 所示，搭建一套简易的红外通信装置，出于成本和易于实现的考虑，使用红外光传送数字信号的方法。输入音频信号经前置可调放大器（手动可调）放大后，送入 300～3400Hz 带通滤波器滤波，然后进行 AD 采样。数字信号调制使用 STM32 单片机，采样使用单片机内部自带 ADC。红外管使用 TSFF6410 红外发射管和 TFDU4100 红外接收管，解调同样使用 STM32 单片机。功放电路使用 TDA2822 音频放大器。中继节点接收信号，经SN74LVC1G14 反相器驱动后直接送给发送模块。所用电路均为上文方案论证中示例电路。在调试时，注意接收管方向尽可能地对齐发射管方向，使接收到的信号最强，发送端发送单频信号接收端（高阻）实测波形如图 6.8.19 所示。

1．测试仪器

实验使用的测试仪器如表 6.8.2 所示。

图 6.8.18 系统测试图

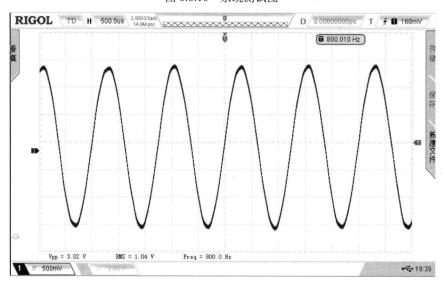

图 6.8.19 发送端发送单频信号接收端（高阻）实测波形

表 6.8.2 测试仪器

序　号	仪　器	型　号
1	信号源	KEYSIGHT-33600A
2	示波器	RIGOL MSO4054
3	直流电源	GWINSTEK GPS-3303C
4	数字万用表	TEKTRONIX DMM4040
5	卷尺	
6	温度计	

2. 测试方案与测试结果分析

1）接收装置输出电压有效值测试

发射端输入 800Hz 正弦信号，输出端接入 8Ω 负载电阻，用示波器观察输出端电压信号波形，测试其有效值。测试结果如表 6.8.3 所示，直接通信时测量 3 次数据均大于 400mV，加入中继转发节点后，3 次测量数据也均大于 400mV，满足题目要求。

表 6.8.3 输出电压有效值测试结果

测试次数	第一次	第二次	第三次	平均
直接通信，输出电压有效值/mV	667	664	662	664
加入中继，输出电压有效值/mV	621	622	619	621

2）接收装置输出噪声测试

在 1）的基础上，将发射端输入信号的幅度降为 0V，使用示波器做带宽限制（DC-10MHz），模拟低频毫伏表，测量输出端噪声电压。测试结果如表 6.8.4 所示，直接通信时，3 次测量结果均小于 100mV，加入中继转发节点后，3 次测量结果也均小于 100mV，满足题目要求。

表 6.8.4 接收装置输出噪声测试结果

测试次数	第一次	第二次	第三次	平均
直接通信，输出噪声电压有效值/mV	23	23	22	23
加入中继，输出噪声电压有效值/mV	27	28	26	27

3）基本功能测试

（1）传输音频信号测试。使用 3.5mm 直径的音频插线孔从手机耳机口输入一段音乐，在接收端接好喇叭，保持 2m 的通信距离，听声音质量。进一步拉大通信距离，直到声音质量有明显下降，噪声变大。记录通信距离。

测试结果：当传输距离为 2m 时，音质良好，能听到些许噪声，声音较清晰。继续拉大通信距离，至 2.8m 时开始出现大量噪声，音质下降。

结果分析：在 2m 通信距离时，音质无失真，最大通信距离为 2.8m。

（2）发送端停止发送时，接收端发光管指示测试。

在基本功能测试（1）的基础上，当正常播放音乐时，观察记录接收端指示发光二极管的亮灭状态。切断发送端的供电电源，接收端无法接收到信号，观察记录此时指示二极管的亮灭状态。观察测试结果，正常传送音频信号时，指示二极管灭。切断发送端电源，指示二极管亮。

4）发挥功能语音和温度同时传输测试

测试时发送端一边发送音乐，一边发送环境温度，同时温度计监测环境温度。接收端检查温度显示结果和声音质量。在一天的 3 个不同时间段分别进行测量，使环境温度有较明显变化。

测试结果：测试温度值如表 6.8.5 所示。

表 6.8.5 发挥功能语音和温度同时传输测试结果

测试次数	第一次	第二次	第三次
环境温度值/℃	15.4	18.6	13.1
测试温度值/℃	16	19	14

测试温度和环境温度误差不大于1℃，测试温度实时传输。同时音乐播放正常，声音洪亮清晰，几乎听不到噪声。

5）中继转发装置功耗测试

使用5V直流电源供电，按题目要求搭建测试电路，毫安表使用数字万用表电流挡，3次测量电流平均值为8mA，功耗为40mW。

从测试结果可以看出，系统达到题目基本要求和发挥部分，并达到了良好的通信效果。